"十一五"国家重点图书出版规划项目

城市规划新境域丛书

城市地下空间总体规划

陈志龙 著
刘　宏

东南大学出版社
·南京·

内容提要

城市地下空间总体规划是科学合理开发城市地下空间利用的必要工作，是城市规划的一个重要组成部分。本书主要内容包括：城市地下空间规划理论、规划编制内容和编制程序，城市地下空间资源评估、需求预测，城市地下空间总体布局与形态，城市地下交通规划、公共服务空间规划、市政设施规划、物流系统规划，城市居住区地下空间规划，历史文化保护下的地下空间开发，城市地下空间综合防灾等。

本书可供城市规划、城市设计、城市建设人员阅读，也可供相关专业人员学习、参考。

图书在版编目（CIP）数据

城市地下空间总体规划/陈志龙，刘宏著. —南京：
东南大学出版社，2011.3（2019.5重印）
（城市规划新境域丛书）
ISBN 978 - 7 - 5641 - 2584 - 4

Ⅰ. ①城… Ⅱ. ①陈… ②刘… Ⅲ. ①地下建筑物—城市规划
Ⅳ. ①TU984.11

中国版本图书馆 CIP 数据核字（2010）第 262959 号

出版发行：东南大学出版社
社　　址：南京四牌楼2号　邮编：210096
出 版 人：江建中
网　　址：http://www.seupress.com
电子邮箱：press@seu.edu.cn
经　　销：全国各地新华书店
印　　刷：江苏兴化印刷有限责任公司
开　　本：700mm×1000mm　1/16
印　　张：20
字　　数：336 千
版　　次：2011 年 4 月第 1 版
印　　次：2019 年 5 月第 7 次印刷
书　　号：ISBN 978-7-5641-2584-4
定　　价：79.00 元

本社图书若有印装质量问题，请直接与读者服务部联系。电话（传真）：025—83792328

目 录

1 绪论 …………………………………………………………………… 1
　1.1 城市空间与城市地下空间 …………………………………………… 1
　1.2 城市规划与地下空间规划 …………………………………………… 1
　1.3 城市可持续发展与城市地下空间开发利用 ………………………… 3
　　1.3.1 节约城市土地资源 ……………………………………………… 4
　　1.3.2 节约城市能源、水资源 ………………………………………… 8
　　1.3.3 缓解城市发展中的各种矛盾 …………………………………… 10
　本章注释 ……………………………………………………………… 16

2 城市地下空间规划理论发展综述 …………………………………… 18
　2.1 国内外地下空间规划理论与方法 ………………………………… 18
　2.2 城市地下空间资源和需求量研究 ………………………………… 19
　　2.2.1 国外研究成果及实践 …………………………………………… 19
　　2.2.2 国内研究成果和实践 …………………………………………… 21
　2.3 城市地下空间发展的后发优势 …………………………………… 22
　　2.3.1 城市地下空间具有后发居上的可能性 ………………………… 22
　　2.3.2 后发优势的经济与政府背景 …………………………………… 23
　　2.3.3 影响后发优势的现实因素及对策 ……………………………… 23
　本章注释 ……………………………………………………………… 25

3 城市地下空间总体规划工作内容和编制程序 ……………………… 27
　3.1 城市地下空间总体规划的任务和原则 …………………………… 27
　　3.1.1 城市地下空间总体规划的任务 ………………………………… 27
　　3.1.2 城市地下空间规划的原则 ……………………………………… 28
　3.2 城市地下空间规划的工作内容和工作特点 ……………………… 29
　　3.2.1 城市地下空间总体规划的基本内容 …………………………… 29
　　3.2.2 城市地下空间总体规划的特点 ………………………………… 30
　3.3 城市地下空间总体规划的调查研究与基础资料 ………………… 31

  3.4 城市地下空间总体规划的重点和期限划分 …………… 33
  3.5 城市地下空间总体规划重点需要解决的问题 …………… 33
  本章注释 ……………………………………………………… 35

4 地下空间资源评估 …………………………………………… 36
  4.1 地下空间资源评估目的与意义 ………………………… 36
  4.2 评估理论与方法 ………………………………………… 36
  4.3 城市地下空间资源质量评估指标体系 ………………… 37
  4.4 城市地下空间资源数量计算模型 ……………………… 37
    4.4.1 城市地面建筑物下地下空间资源计算模型 ……… 37
    4.4.2 城市道路、广场下地下空间开发模型 …………… 39
    4.4.3 城市绿地地下空间开发模型 ……………………… 39
    4.4.4 城市水体下地下空间开发模型 …………………… 40
    4.4.5 城市高地、山体地下空间开发模型 ……………… 40
    4.4.6 城市其他情况的地下空间开发模型 ……………… 41
  4.5 案例解析：无锡市主城区城市地下空间资源评估 …… 41
    4.5.1 评估的范围与区域划分 …………………………… 41
    4.5.2 基本地质环境情况 ………………………………… 42
    4.5.3 城市地下空间资源质量评估 ……………………… 47
  4.6 城市地下空间资源数量计算 …………………………… 50
  4.7 无锡城市地下空间资源开发利用结论与建议 ………… 52
    4.7.1 评估结论 …………………………………………… 52
    4.7.2 地下空间资源的配置和重点发展区域 …………… 53
  本章注释 ……………………………………………………… 54

5 城市地下空间需求预测 ……………………………………… 55
  5.1 城市地下空间开发目的 ………………………………… 55
  5.2 城市地下空间开发意义 ………………………………… 55
    5.2.1 有利于构筑资源节约型和谐城市 ………………… 55
    5.2.2 有利于打造布局紧凑型立体城市 ………………… 56
    5.2.3 有利于创建环境友好型宜居城市 ………………… 57
  5.3 地下空间需求预测理论 ………………………………… 58
  5.4 层次分析法需求预测的理论与方法 …………………… 64

    5.4.1 研究总体思路 …… 65
    5.4.2 需求概念分析 …… 65
    5.4.3 需求影响因素分析 …… 66
    5.4.4 需求影响要素分析 …… 67
    5.4.5 需求模型的建立 …… 79
    5.4.6 需求预测的计算 …… 81
  5.5 案例分析：武汉市主城区城市地下空间需求量预测 …… 88
  本章注释 …… 104

6 城市地下空间总体布局与形态 …… 106
  6.1 城市地下空间功能、结构与形态 …… 106
    6.1.1 城市发展与城市地下空间结构的演化方式 …… 107
    6.1.2 城市地下空间功能、结构与形态的关系 …… 109
  6.2 城市地下空间功能的确定 …… 110
    6.2.1 城市地下空间功能的确定原则 …… 110
    6.2.2 功能类型 …… 111
    6.2.3 复合利用分类 …… 111
    6.2.4 主要功能 …… 112
  6.3 城市地下空间发展阶段与功能类型 …… 112
    6.3.1 城市地下空间发展阶段与特征 …… 112
    6.3.2 城市地下空间开发各发展阶段规划要点 …… 113
  6.4 城市地下空间布局的基本原则 …… 114
    6.4.1 可持续发展原则 …… 114
    6.4.2 系统综合原则 …… 115
    6.4.3 集聚原则 …… 116
    6.4.4 等高线原则 …… 116
  6.5 城市地下空间总体布局 …… 117
    6.5.1 国外地下空间布局理论 …… 117
    6.5.2 城市地下空间的基本形态 …… 118
    6.5.3 城市地下空间布局方法 …… 121
  6.6 城市地下空间的竖向分层 …… 125
  本章注释 …… 127

7 城市地下交通规划 ……………………………………………… 128
7.1 概述 …………………………………………………………… 128
7.1.1 地下交通与城市生态环境 ………………………………… 128
7.1.2 城市地下交通的综合效益分析 …………………………… 129
7.2 地下交通设施规划方法 ……………………………………… 129
7.2.1 地下交通设施的分类 ……………………………………… 130
7.2.2 地下交通设施规划遵循的原则 …………………………… 130
7.2.3 地下交通设施的规划思路 ………………………………… 131
7.2.4 地下交通设施规划的布局 ………………………………… 131
7.3 城市地下轨道交通规划 ……………………………………… 133
7.3.1 城市地铁路网规划 ………………………………………… 133
7.3.2 地铁车站规划 ……………………………………………… 138
7.4 地下步行系统规划 …………………………………………… 145
7.4.1 地下步行系统的组成 ……………………………………… 145
7.4.2 地下步行系统布局 ………………………………………… 146
7.4.3 地下步行系统规划要点 …………………………………… 152
7.5 地下停车系统规划 …………………………………………… 158
7.5.1 我国当前城市停车现状 …………………………………… 158
7.5.2 地下停车的价值 …………………………………………… 160
7.5.3 停车场选择模型 …………………………………………… 161
7.5.4 地下停车系统规划 ………………………………………… 162
7.5.5 地下停车系统的形成 ……………………………………… 165
7.5.6 地下公共停车场(库)与私有地下车库连接后的管理问题 … 170
本章注释 …………………………………………………………… 171

8 地下公共服务空间规划 ………………………………………… 173
8.1 地下公共服务空间布局 ……………………………………… 174
8.1.1 布局特征与原则 …………………………………………… 174
8.1.2 地下公共服务空间规划要求 ……………………………… 176
8.2 地下公共服务空间规划要点 ………………………………… 178
8.3 其他地下公共服务空间规划 ………………………………… 186
本章注释 …………………………………………………………… 189

9 地下市政设施规划 ……………………………… 190
9.1 概述 …………………………………………… 190
9.2 地下市政设施规划方法 ………………………… 191
9.2.1 规划原则 …………………………………… 191
9.2.2 规划思路 …………………………………… 192
9.3 地下综合管沟 …………………………………… 193
9.4 综合管沟的经济分析 …………………………… 197
9.4.1 综合管沟的经济效益 …………………… 197
9.4.2 综合管沟的环境和社会效益 …………… 197
9.4.3 综合管沟的防灾效益 …………………… 198
9.5 综合管沟的组成和分类 ………………………… 198
9.5.1 综合管沟的组成 ………………………… 198
9.5.2 综合管沟的分类 ………………………… 200
9.6 综合管沟规划 …………………………………… 203
9.6.1 地下综合管沟的规划原则 ……………… 203
9.6.2 综合管沟的规划策略 …………………… 203
9.6.3 综合管沟的规划可行性分析 …………… 205
9.6.4 规划布局 …………………………………… 208
9.6.5 规划设计基本要求 ……………………… 209
9.6.6 综合管沟特殊部位 ……………………… 211
9.6.7 综合管沟与其他地下设施交叉 ………… 212
9.7 地下市政站场规划 ……………………………… 213
9.7.1 地下市政站场建设概况 ………………… 213
9.7.2 地下市政站场分类 ……………………… 214
9.7.3 地下市政站场规划 ……………………… 215
本章注释 ……………………………………………… 217

10 城市地下物流系统规划 ……………………… 219
10.1 概述 …………………………………………… 219
10.2 城市地下物流系统的功能与构成 …………… 223
10.2.1 管道形式地下物流系统 ………………… 223
10.2.2 隧道形式地下物流系统 ………………… 224
10.2.3 地下物流系统的功能 …………………… 225

10.3 城市地下物流系统规划 …………………………………… 226
　　10.3.1 地下物流系统 ……………………………………… 226
　　10.3.2 地下物流的防灾作用(以北京交通为例) ………… 232
　　10.3.3 地下物流系统规划的可行性分析(以北京为例) … 234
本章注释 ……………………………………………………… 236

11 城市居住区地下空间规划 …………………………………… 237
11.1 居住区地下空间开发利用的效益 ………………………… 237
　　11.1.1 完善小区服务功能 ………………………………… 237
　　11.1.2 改善居住区生态环境 ……………………………… 238
　　11.1.3 丰富居住区的建筑环境艺术 ……………………… 238
　　11.1.4 减少居住区环境污染 ……………………………… 239
　　11.1.5 改善居住区交通环境 ……………………………… 239
　　11.1.6 增强居住区防灾抗灾能力 ………………………… 240
11.2 居住区地下空间主要功能 ………………………………… 240
11.3 居住区地下空间规划基本原则和要点 …………………… 243
　　11.3.1 基本原则 …………………………………………… 243
　　11.3.2 规划设计要点 ……………………………………… 243
11.4 居住区地下空间开发模式 ………………………………… 244
本章注释 ……………………………………………………… 246

12 历史文化保护下的地下空间开发 …………………………… 248
12.1 当前我国快速城市化过程中的历史文化保护现状 ……… 248
　　12.1.1 城市化发展中历史文化保护面临的问题与挑战 … 248
　　12.1.2 历史文化保护与地下空间资源的关系 …………… 249
12.2 历史文化保护与地下空间开发模式 ……………………… 254
　　12.2.1 文化保护与地下空间开发模式 …………………… 254
　　12.2.2 文化保护与地下空间开发规划策略与内容 ……… 258
　　12.2.3 城市历史文化保护与地下空间开发规划引导 …… 261
本章注释 ……………………………………………………… 264

13 城市地下空间综合防灾 ……………………………………… 266
13.1 综合防灾现状分析 ………………………………………… 266

13.1.1　国外现状综述 …………………………… 266
　　　13.1.2　国内现状综述 …………………………… 269
　13.2　地下空间主动防空防灾理念 …………………… 273
　　　13.2.1　地下空间综合防灾的地位 ………………… 273
　　　13.2.2　地下空间主动防灾理念的含义 …………… 275
　　　13.2.3　地下空间在防灾中的主要功能 …………… 275
　13.3　地下空间的抗灾特性 …………………………… 276
　　　13.3.1　地下空间的抗爆特性 ……………………… 276
　　　13.3.2　地下空间的抗震特性 ……………………… 277
　　　13.3.3　地下空间对地面火灾的防护能力 ………… 278
　　　13.3.4　地下空间的防毒性能 ……………………… 278
　　　13.3.5　地下空间对风灾、洪灾的减灾作用 ……… 279
　13.4　地下空间综合防灾规划引导内容 ……………… 281
　　　13.4.1　地下空间防空 ……………………………… 281
　　　13.4.2　地下空间抗震 ……………………………… 284
　　　13.4.3　利用地下空间防化学事故 ………………… 289
　　　13.4.4　地下空间防生命线系统灾害 ……………… 293
　13.5　主要结论 ………………………………………… 295
　本章注释 ……………………………………………… 296

全书参考文献 ……………………………………… 298

1 绪论

1.1 城市空间与城市地下空间

城市是一定地域范围内的空间实体，它的产生、形成与发展都存在内在的空间秩序和特定的空间发展模式，城市各物质要素空间分布特征及其不同的地理环境会演变为不同风格的城市形态。城市空间系统是城市范围内社会、生态以及基础设施等各大系统的空间投影及空间关系的总和，它是决定城市集聚效益的重要因素，同时也决定了城市各构成要素关系的合理性和运营的有效性。城市空间系统可以从各要素的空间位置、集聚程度以及城市空间形态几个方面考察分析。[1]

城市的空间集聚程度也是城市空间系统构成中的一个重要方面。城市从本质上看就是一种人类活动的集聚方式的空间载体。城市空间集聚程度过低，城市运营效益必然不高，城市的优越性也就无法体现；然而，如果城市空间的密度过高，又反过来会影响城市系统的正常运行。

城市空间形态是城市总体布局形式和分布密度的综合反映。它是城市平面和高度的三维形态。

城市地下空间是城市空间系统中地平面以下部分的空间，往往以地下建筑的形式出现，它常常起到补充城市地上空间的作用。

1.2 城市规划与地下空间规划

地下空间开发需要一定的物质基础、功能需求和社会认知，因此，在评估一个城市地下空间的开发时机、开发规模、规划编制的主要内容与发展方向时，通常以经济总量和固定资产投资这两个经济指标来衡量。我国经过二十多年城镇化的快速发展，以特大城市为中心，区域经济为纽带，自北向南已经初步形成了10大都市密集区，都市密集区共有城市174座，面积仅占全国国土面积的3.1%，经济总量却占全国的45%以上。以长三角、珠三角和京津三大城市密集区为例，2008年三大

城市地下空间总体规划

城市密集区上半年地区生产总值 53 275.94 亿元，占全国经济总量的 36.4%；城镇固定资产投资为 17 792.8 亿元，占全国投资总量的 30.7%。[2]而就目前已编和在编地下空间规划城市的分布情况来看，也主要分布于这 10 大都市密集区。

城镇化率的提高和城市的不断扩张，让北京、上海、深圳等发展较快的几个城市面临未来二三十年后无地可用的困境。以苏州市为例，据《苏州城市总体规划纲要（2004—2020）》预测，2010 年苏州城镇化水平达到 70%左右，城镇人口达到 616 万；2020 年城镇化水平超过 80%，城镇人口达到 800 万。苏州全市可开发利用土地面积为 3 634.83 km^2，其中约 50%可以作为城镇建成区用地，这样，全市建设用地的最大供给存量为 1 718 km^2。由于苏州产业用地比重大，如果按苏州市人均 120 m^2 的建设用地标准，可以预见，在 2050 年前后的苏州将无地可用。正是在这个背景下，我国政府为实现城市的可持续发展，先后提出了建设"资源节约型，环境友好型"社会，倡导低碳与生态的城市可持续发展战略，颁布实施了《中华人民共和国城乡规划法》。我国的城市地下空间规划也是在这一时期逐步在全国普及开来。[3]

早在 1997 年建设部就出台了《城市地下空间开发利用管理规定》，这一规定的出台标志着我国城市地下空间开发开始步入法制化、规范化和标准化的阶段。该规定经过数年实践后，针对当时城市地下空间开发遇到的问题，于 2001 年进行适应性的修订，从行政上确立了地下空间开发的主管部门，城市地下空间规划在城市规划体系中的地位、编制的条件、实施主体以及审批程序等内容。[4] 2008 年实施的《中华人民共和国城乡规划法》进一步明确了城市地下空间开发和地下空间规划的具体要求，"城市地下空间的开发和利用，应当与经济和技术发展水平相适应，遵循统筹安排、综合开发、合理利用的原则，充分考虑防灾减灾、人民防空和通信等需要，并符合城市规划，履行规划审批手续"。[5]

根据《中华人民共和国城乡规划法》和《城市地下空间开发利用管理规定》的相关规定，结合近年来对城市地下空间规划编制实践的经验总结，关于地下空间规划与城市规划的关系，笔者认为应从以下几个方面来理解。

1）城市地下空间开发的时机与作用

笔者认为，城市地下空间开发的时机与作用主要表现为：城市化快速发展是地下空间发展的大趋势；"资源节约型、结构紧凑型、低碳生态型"城市发展模式是城市和谐发展的必然选择；经济实力、城市空间需求的增长与不断减少的土地资源、不断上涨的能源成本是支撑城市地下空间开发的内在动力。从功能上看，地下空间开发利用有助于提升城市功能和战略地位，科学、合理、有序地引导城市开发利用地下空间资源，就必须补充和完善现行的城乡规划体系，通过编制地下空间规划将城市地下空间规划纳入城市规划管理的范围之中。

2）地下空间规划在城乡规划体系中的地位

城市地下空间规划应以我国宏观经济与社会发展政策为指导方针，符合当地经济与社会发展战略，并在城市总体规划框架内，结合城市各专项规划内容、控制指标进行编制，指导城市地下空间开发的地下综合规划，它是城市总体规划体系的重要组成部分，是指导城市地下空间开发的法定依据之一。

3）地下空间开发中的人防规划也应重视

我国城市地下空间开发最早是源于国防需要，人防工程是因其所具备的特殊功能，在非和平时期保障城市正常运转，抵御外来打击的重要战略设施，因此，人防工程建设在我国大中型城市地下空间开发中至今仍起着主导作用。根据人防法规和政策的要求，我国城市的地下空间开发必须兼顾人防要求，人防工程也应贯彻"平战结合，平灾结合"的指导方针。人防规划是我国规划体系中有明确标准和规范的法定规划之一，人防工程规划应贯穿和融入城市地下空间规划之中，人防工程规划内容是地下空间规划主要的强制性内容。[6]

1.3 城市可持续发展与城市地下空间开发利用

1992年，联合国环境与发展大会通过了著名的《关于环境与发展的里约热内卢宣言》，制订了21世纪议程，得到了世界各国的普遍认同，无论是发达国家还是发展中国家，都把可持续发展战略作为国家宏观经济发展战略的一种必然选择。我国也已编制完成并公布了《中国21世纪议程》，向世界作出了可持续发展的承诺。改革开放以来，我国经济有了很大的发展，与此相随，我国的城市化进入了加速发展阶段。城市化水平从1990年的18.96%提高到2008年底的30.4%，预计到21世纪中叶将达到65%。经济与城市化水平的高速发展导致城市建设的急剧发展，在此背景下，我国政府提出了建设资源节约型、环境友好型社会的要求，实现城市经济发展与资源环境的协调发展。[7]

1.3.1 节约城市土地资源

我国城市发展沿用"摊煎饼"式的粗放经营模式，表现在城市范围无限制地外延发展。我国城市土地利用的集约化程度在国际上处于较低水平。据气象卫星遥感资料判断和测算，1986年至1996年10年间，全国31个特大城市城区实际占地规模扩大50.2%。据国家土地管理局的监测数据分析，大部分城市占地成倍增长，图1.1为北京市1987年与2001年热岛分布图。根据预测，到21世纪中叶我国设市城市将达到1 060个左右，7亿～10亿人将在城市中居住生活。[8]

图1.1 北京市1987年与2001年热岛分布图

据统计，1986年至1996年，全国非农业建设占用耕地2 963万亩*。这比韩国耕地总和还多。平均每年占地相当于我国三个中等县的耕地。这是已经考虑了开发复垦耕地7 366万亩增减相抵后的结果，实际上开发复垦增加的新耕地质量较低，3亩以上才能弥补原1亩耕地的损失。这一现象到如今不仅没有得到有效控制，而且还有日益加剧的趋势，以2008年为例，全国实有耕地面积18.257 4亿亩，加上复耕补充的耕地，仍净减少29万亩。[9]由于城市一般位于自然条件较好的区域，所以耕地减少中优质耕地损失十分惊人。如1991年至1995年，全国水田净减1 004万亩。按照城市化发展的相关分析，以目前人均城市用地100 m²的水平计算，到21世纪中叶，我国的城市发展将再占地1亿多亩。按人口平均，中国是耕地资源小国，人均仅有1.44亩，仅及世界

---

*1 hm²=15亩

人均值 4.65 亩的 31%，图 1.2 为北京市 1987 年与 2001 年城市绿地比较。图 1.3 为北京市 1993 年与 2001 年用地比较。

1987 年城市绿化现状图　　　　　　2001 年城市绿化现状图

图 1.2　北京市 1987 年与 2001 年城市绿地比较

1993 年城市用地　　　　　　　　2001 年城市用地

图 1.3　北京市 1993 年与 2001 年城市用地比较

耕地资源是一个国家最重要的战略资源之一，土地资源的可持续利用是我国实施可持续发展战略的基础。我国土地能最大供应 17 亿人口的粮食是以人均耕地基本维持目前水平为前提的。正视耕地资源极其有限并将继续减少的严峻现实，成为中国政府和人民关注的最重大和最迫切的问题之一。为此，中共中央、国务院下发了《中共中央、国务院关于进一步加强土地管理切实保护耕地的通知》，实行耕地总量预警制度，确保耕地数量动态平衡，对人均耕地面积降低到临界点的地区，拟宣布为耕地资源紧急区或危急区，原则上不准再占用耕地。城市人口的急剧发展与地域规模的限制已成为中国城市发展的突出矛盾。因此我国城市发展只能走土地资源集约化使用的发展模式。

城市地下空间总体规划

综观当今世界，很多发达国家和发展中国家已把对地下空间开发利用作为解决城市资源与环境危机的重要措施、实施城市土地资源集约化使用与城市可持续发展的重要途径。自 1977 年在瑞典召开第一次地下空间国际学术会议以来，召开了多次以地下空间为主题的国际学术会议，通过了不少呼吁开发利用地下空间的决议和文件。例如 1980 年在瑞典召开的"Rock Store"国际学术会议产生了一个致世界各国政府开发利用地下空间资源为人类造福的建议书。1983 年联合国经社理事会下属的自然资源委员会通过了确定地下空间为重要自然资源的文本，并把它包括在其工作计划之中。1991 年在东京召开的城市地下空间国际学术会议通过了《东京宣言》，提出了"21 世纪是人类开发利用地下空间的世纪"。国际隧协正在为联合国准备题为"开发地下空间，实现城市的可持续发展"的文件，其 1996 年年会的主题就是"隧道工程和地下空间在城市可持续发展中的地位"。1997 年在蒙特利尔召开的第七届地下空间国际学术会议的主题是"明天——室内的城市"，1998 年在莫斯科召开了以"地下城市"为主题的国际学术会议。

在实践方面，瑞典、挪威、加拿大、芬兰、日本、美国和前苏联等国在城市地下空间利用领域已达到相当的水平和规模。发展中国家，如印度、埃及、墨西哥等国也于 20 世纪 80 年代先后开始了城市地下空间的开发利用。向地下要土地、要空间已成为城市历史发展的必然和世界性的发展趋势，并以此作为衡量城市现代化的重要标志。

城市地下空间是一个十分巨大而丰富的空间资源，如得到合理开发，使土地资源集约化使用，特别是缓解城市中心区建筑高密度的效果是十分明显的。

据一项初步调查估计，北京市建成区 10 m 深以上的地下空间资源量为 19.3 亿 m^3，可提供 6.4 亿 m^2 的建筑面积，将大大超过北京市现有建筑面积。通过对近年来的多部城市地下空间规划编制的基础研究分析，如仅对城市浅层地下空间资源（深度 30 m）的初步估算，开发面积为城市建设用地的 30%（道路与绿地建设用地），再乘以 0.4 可利用系数，则地下空间可供开发的空间资源是城市房屋建筑总量若干倍。如表 1.1 所示。[10]

日本于 20 世纪 50 年代末至 70 年代大规模开发利用浅层地下空间，到 80 年代末开始研究 50~100 m 深层地下空间的开发利用，并于 2001 年出台了大深度地下空间开发利用的法律（大深度地下の公共の使用に

1 绪论

表 1.1　2006 年部分城市地下空间开发规模与地下空间资源可合理开发规模[11~13]

	北京	上海	广州	武汉	郑州
开发规模（万 m²）	3 000	2 800	520~1 000	550~750	330
年末房屋建筑面积（亿 m²）	5.43	7.03	2.86	1.83	1.1
2006 年建成区	1 182	820	735	440	282
可供开发规模（亿 m²）	47.28	32.8	29.4	17.6	11.28
2020 年规划建设用地(km²)	778（中心城）	667（中心城）	1 772	450（主城区）	400（中心城区）
可供开发规模（亿 m²）	31.12	26.68	70.88	18	16

関する特別措置法），该法对大深度地下空间开发利用的法律地位、开发用途、开发深度、土地征用等方面进行明确的规定,如图 1.4 所示。因此，国际上有的学者预测 21 世纪末将有三分之一的世界人口工作、生活在地下空间中是并不夸张的。

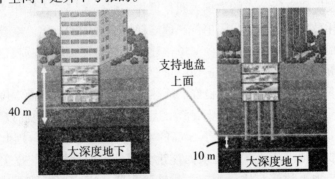

图 1.4　日本大深度地下空间开发深度的界定示意

国外城市地下空间开发利用的经验是：把一切可转入地下的设施转入地下，城市发展的成功与否取决于地下空间是否得到了合理的开发利用。世界各国开发利用地下空间的实践表明，可转入地下的设施领域非常广泛，包括交通设施、市政基础设施、商业设施、文化娱乐体育设施、防灾设施、储存及生产设施、能源设施、研究实验设施、会议展览及图书馆设施。其中大量应用的领域为交通设施，包括地铁、地下机动车道、地下步行道和地下停车场。特别是地铁，据地铁论坛网站的数据统计，截至 2010 年年底共有 50 多个国家的 179 个城市共建设轨道交通线约 10 000 km，地下线通车里程约 5 000 km；市政基础设施，包括市政管网、排水及污水处理系统、城市生活垃圾的清除、回收及处理系统，大型供水、贮水设施；商业设施，包括地下商业中心、地下街以及以商业为主兼有文化娱乐及餐饮设施的地下综合体；贮存设施，包括粮库、食品库、冷库、水库、油料库、燃料库、药品库及放射性废弃物和有害物的储库。

1.3.2 节约城市能源、水资源

除土地资源外，按人口平均，我国也是资源小国。我国人均能源占有量不到世界平均水平的一半，人均水资源为世界人均水平的 25%。因此实现资源可持续利用有着重要意义。在这方面，地下空间的利用大有可为。在每个国家的总能耗中，建筑能耗是大户。建筑物建成后使用过程中，每年所需要消耗能量的总和称为建筑能耗。据统计，在欧美一些国家建筑能耗约占全国总能耗的 30%。而建筑能耗中用于建筑物的采暖、通风空调的能耗约占全国总能耗的 19.5%。据世界能源研究所与国际环境发展研究所公布的数据表明，世界上前十名经济大国中，中国是单位能耗最高的国家。我国单位产值能耗接近法国的五倍。在建筑内部环境控制中，我国仅采暖一项，单位建筑能耗是发达国家的三倍。因此降低建筑内部环境能耗具有迫切的重要意义。[14]

地下空间由于岩土具有良好的隔热性，可防止造成地面温度变化的诸多因素，如刮风、下雨、日晒等的影响，实际表明，地面以下 1 m，日温几乎没有变化，地面以下 5 m 的室内气温常年恒定。因此将建筑物全部放在地下岩土中，比地面建筑要明显少消耗能量。据美国进行的地面与地下建筑对比分析的大量试验表明，堪萨斯城地下建筑相对于地上建筑的节能率有：服务性建筑为 60%，仓库为 70%，制造厂为 47% ~ 90%，其他五个地区地下建筑的节能高于地上建筑节能为：明尼阿波利斯及波士顿地区 48%，盐湖城 58%，罗克斯迈勒地区 51%，休斯敦地区为 33%。如果和一般的地上建筑相比较，地下建筑节能更为显著。[14]

1 绪论

更应特别指出的是，地下空间开发利用为自然能源的利用，特别是可再生能源的利用，开辟了一条广阔有效的途径。

地下空间为大规模的热能贮存提供了独有的有利条件。太阳能是巨大的洁净可再生能源，但其来源随季节、昼夜有很大的不稳定性。太阳辐射热的主要部分和放热一般仅在夏季得到，这就需要季节性贮存，在地下的水、岩石和土壤中贮存热量往往是最佳的甚至是唯一的选择。而利用地下空间贮水，将冬季天然冰块贮存于地下，用于夏季环境控制的蓄冰空调，既经济又是清洁可再生冷源，在国外如北欧一些国家多有应用实例。

地下空间贮热和贮冷，由于岩、土的热稳定性与密闭性，使热量或冷量损失小，不需要保温材料，利用岩石的自承能力，构筑简单，维护保养费大为降低。这就使天然能源或工业大量余热的利用富有成效。例如瑞典已在斯德哥尔摩西北方向约 150 km 的阿累斯达建造了一座 15 000 m³ 的岩石洞穴热水库，洞穴顶部低于地面 25 m，其长 45 m、宽 18 m、高 22 m，蓄热温度范围为 70~150℃，以废物焚烧的热为热源，通过一换热器与区域供热系统联结。该工程于 1982 年建成，1984 年完成试验工作，工程投资 400 万美元。贮库用于阿累斯达的区域供热系统，每年能节油 400 m³ 以上。

日本、美国正在开发地下超导磁贮电库的技术，该库为螺旋状排列的环形洞室。德、日等国还在开发地下压缩空气贮库技术。德国已于 1979 年在岩盐层中建成一座地下压缩空气库，功率为 29 万 kW，贮气压力为 8 MPa。这两种技术都可有效地贮存低峰负荷时的多余电能，满足高峰供电需要，从而节省发电站功率和能耗。美国、德国等正在研究开发所谓非枯竭性的无污染能源——深层干热岩发电。美国已于 1984 年 6 月建成世界上第一个 10 MW 功率的干热岩电站。该电站主要由两个深度为 4 000 多 m 的钻孔及其贯通孔组成，冷水由钻孔灌注，另一钻孔产生 200℃蒸汽，直接进入发电站发电。[15]

我国水资源短缺问题日益明显。全国 476 个城市有 300 个缺水。预计到 2030 年，我国在中等干旱年份将缺水 300 多亿 m³。我国的水资源在时空分布上很不均匀。在缺水的同时，又有大量淡水因为没有足够储存设施白白流向大海。我国能如挪威、芬兰等国那样，利用松散岩层、断层裂隙和岩洞以及疏干了的地下含水层，或如日本那样在东京、横滨、名古屋以及札幌等建造人工地下河川、蓄水池和地下融雪槽，储存丰水季节中多余的大气降水、降雪供缺水季节使用，就可以部分克服水资源在时间上分布不均匀的缺陷。

地下空间还可为物资贮存和产品生产提供更为适宜的环境。地下空间独具的热稳定性和封闭性对贮存某些物资极为有利。目前国内外建造最多的是地下油库、粮库和冷藏库。在地下建造冷藏库，可以少用或不用隔热材料，温度调节系统也较地面冷库简单，运行和维护费用比地面冷库低得多。据统计资料分析，地下冷库的运行费用比地面冷库低25%～50%；在地下建造油库，不仅有利于减少火灾和爆炸危险，而且由于地下温度稳定，受大气影响较小，因而油料不易挥发和变质，可比地面油库节省20%～30%的管理费用。在处理好防潮防虫害基础上，利用地下温度稳定建造地下粮库，也具明显的经济效益。如江苏镇江市地下粮库，实测地面粮库和地下粮库的经济指标如表1.2所示。

表1.2　实测地面粮库和地下粮库的经济指标

项目	常年温度（℃）	相对湿度（%）	仓库空间利用率(%)	保管费（元/万斤）	粮食自然损耗率(%)	虫、鼠、雀损耗
地面粮库	−10~42	35~95	60	>13	2	明显
地下粮库	−12~18	70~77	90	>1	0	无

某些产品的生产对环境温湿度、清洁度、防微振、防电磁屏蔽提出了更高要求，如在无线电技术生产和测试中，不仅要求高精度空气环境，而且常要求工作间不受外界电磁干扰。在地面建筑中如创造此类环境条件必须增加复杂的空调系统，配合各种高效过滤器并远离铁道、公路和其他工业生产振源，需要专门的电磁屏蔽装置以切断电磁波的干扰等。而在地下空间内则可利用岩、土良好的热稳定性和密闭性，大大减少空调费用，减少粉尘来源；利用岩土层的厚度和阻尼，使地面振动的波幅大大减少和使电磁波受到极大的削弱，从而能够采取简单的方法达到高技术的要求。

1.3.3　缓解城市发展中的各种矛盾

城市化的快速粗放发展的另一恶果，是正在中国城市中形成的"城市综合征"。交通阻塞、环境污染、生态恶化是其集中表现。

1）缓解城市交通矛盾

交通是城市功能中最活跃的因素，是城市可持续发展的最关键问题。交通阻塞、行车速度缓慢已成为我国许多城市普遍的突出问题。就连新兴城市深圳也不例外。如北京市干道平均车速比十年前降低50%以上，而且正以每年递减2 km/h的速度继续下降。市区183个路口中，据统计，严重阻塞的达60%，阻塞时间长达半个小时。交通阻塞的关键在于城市道路面积在城市面积中的比例以及人均道路面积太低，每千米道路汽车拥有量太大。上海、北京每千米道路的汽车拥有量相应为506辆与345辆，为发达国家大城市相应拥有量的成倍乃至数倍。北京快速路面积居全国之首，立交桥数量居全国城市立交桥之首，可是就这样，城市道路发展较快的北京，改革开放以来道路面积仅增加0.6倍，而同期机动车数量增加了10倍，1996年底达到111万辆，1998年底达到140万辆，图1.5为北京市1986年与2000年交通状况分析图。道路的扩展远远赶不上车辆的增长，道路的增长永远跟不上机动车保有量的增长，这是世界上任何城市都无法逃脱的规律。所以城市交通拥挤也就成为必然，只能另找出路。

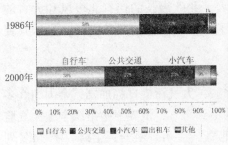 

图1.5　北京市1986年与2000年交通状况分析图

解决"停车难"，在很多发达国家的现代化城市其主要出路是修建地下停车库。地下停车库的突出优点是容量大、用地少，布局容易接近服务对象。因此，今后地下街、地下综合体的建设中，必须使停车场的面积保持适当的比例，特别是结合地铁车站修建地下车库，便于换乘地铁到达城市中心区，有助于减轻城市中心区的交通压力，既提高地铁的利用率又减轻了由汽车造成的城市公害。[16]

加拿大蒙特利尔的经验表明：建设城市地铁交通网与地下通道、地下停车库、郊区火车相结合的体系也是减少大城市中心区汽车数量、根治城市大气污染的有力措施。城市大气污染的主要原因，以北京为例，是由燃煤排放的二氧化硫、悬浮颗粒(占80%)和来源于汽车尾气的一氧化碳和氮氧化物(占40%~60%)。随着大城市汽车数量日益加速增长，汽车尾气越发成为城市大气污染的最主要原因。因此，控制汽车的污染，是根治城市大气污染的关键之一。

蒙特利尔地下有轨交通网是由东西二条地铁轴线、南北二条地铁轴线及环形地铁线和伸向城区中心地下的两条郊区火车道所组成。城区中心的 60 多个高层商业、办公及居住建筑综合大厦通过 150 个地下出入口及相应地下通道与这个地下交通网络的站台相连。中心区以外的人流上班、进行公务及商业活动时，通过郊区火车，或由自备汽车到达中心区边缘的地铁车站，车停在附近的地下停车场，然后乘地铁到达目的地车站，再经地下通道进入各高层建筑综合体。这样，城区中心区的机动车数量减少到最低限度。同时也使汽车尾气的排出量在城市中心区减低到最低限度。

西欧的一些国家为了降低市区的交通拥挤程度和大气污染程度，还在郊区通向市区的每个路口设置"路路通不停车电子收费系统"，在交通高峰时段，收取"市区交通拥挤费"。实际情况表明，这种交通模式和措施是有效的。特别是在加拿大、北欧漫长的伴有北极风和大雪的严冬季节，这样的交通模式保证了各种城市活动照常进行，显示其突出优势。

2）改善城市生态环境

当前我国城市环境形势相当严峻：大气污染日趋加剧，全国 500 多座城市，大气质量达到一级标准的不到 1%，世界卫生组织全球大气监测网对 150 个城市的监测表明，北京、兰州、西安、上海、广州名列世界十大污染严重的城市。世界二十大污染城市，我国占有十个。北京进入采暖期后，所有空气质量周报结果都是中度污染以上，少数为重度污染。1998 年 9 月，北京已出现光化学烟雾的先兆，上海、成都等市都曾出现了不同程度的光化学烟雾。我国酸雨面积超过国土面积 40%，1994 年降水监测结果显示，南方 81.8%左右的城市，北方一半以上的城市出现酸雨，我国酸雨区是世界上唯一的酸雨面积仍在扩大、降水酸度仍在升高的酸雨区。

1997 年全国污水排放总量约 415.8 亿 t，其中工业废水 226.7 亿 t，生活污水 189.1 亿 t。城市污水 80%以上未经处理排入江河，城市河段水质超过了三类标准的已占 78%。136 条流经城市的河流中 105 条水质污染严重超标，无法饮用。50%以上的城市地下水受到污染，全国有七亿至八亿人饮用污染超标水；水污染加重了缺水矛盾，由于污染因素造成的缺水量，占总缺水量的 10%。垃圾围城现象普遍，我国年生产生活垃圾 1.46 亿 t，处理的仅占 2.3%左右，其余只能堆积，堆存量高达 60 多亿 t，占地 30 多万亩，垃圾围城现象普遍。[17]

噪声污染普遍超标，全国有三分之一的城市居民生活在噪声超标的环境中，城市交通噪声大部分超过 70 分贝值，生活噪声大部分超过 55 分贝值。

建筑空间拥挤、城市绿化减少也是城市生态恶化的重要原因。随着城市经济的发展和房地产开发，城市建筑和道路的大规模建设使可用于园林绿化的绿地和开敞空间日益减少，据 1990 年统计，我国城市人均绿地面积只有 5.29 m^2。上海市人均绿地面积仅 1.9 m^2，距 2000 年人均绿地 7 m^2 的规划指标及国家制定的人均 10 m^2 卫生标准还有相当大的差距。与国外发达国家大城市相比，则差距更远。如伦敦人均 22.8 m^2，巴黎人均 25 m^2，莫斯科人均 44 m^2，华盛顿人均 40 m^2 而且分布均匀，真如城市花园一般。联合国建议城市公共绿地应达到人均 40 m^2 的水平。世界"绿都"华沙，人均占有绿地 70 m^2 以上，几乎是一座园林化的森林公园。但是我国许多大城市仅在公共建筑的边角有一些绿地，点缀一些供观赏的花坛，一些城市道路因拓宽相应缩小了甚至取消了绿化带，不少公园因增加地面游乐场所或建筑而减少了绿化面积，不少城市的独特自然景观和古老历史文化建筑因附近高层建筑的位置、高度、体量和尺寸不当或被不当的开发占用而遭到"破坏性影响"。

改善城市的生态环境，减少城市大气污染，除了发展地铁、轻轨等使用电能的公共交通网，减少尾气污染外，还要改变燃料能源结构，以天然气等清洁燃料代替燃煤，以消除二氧化硫、二氧化碳和悬浮颗粒物等主要污染源，并变分散供热为集中供热，为此要敷设规模很大的地下管网，更重要的还要大力加强城市绿化。

城市绿化是改善空气质量、消除有害物质的有效措施。城市绿林绿地能降低风速、滞留飘尘。根据上海科研所测定，树木的减尘率是 30.8%～50.2%，草坪的减尘率是 16.8%～39.3%。绿色植物进行光合作用时，吸收二氧化碳，释放氧气。据估算，1 hm^2 阔叶林每天能吸收约 1 000 kg 二氧化碳，释放 730 kg 氧气，净化 18 000 m^3 空气。很多树林可以吸收有害气体。据统计，城市绿化覆盖率每增加 10%，夏季可使大气中二氧化硫的浓度减少 30%，强烈致癌物质苯并芘的浓度减少 30%，颗粒悬浮物减少 20%，当城市绿化覆盖率增加到 50%时，大气中的污染物质可以基本得到控制。绿化的杀菌功能也是人所共知的，绿地空气中的细菌含量可减少 85%以上。城市绿化可有效降低温度，增加相对湿度，缓解"热岛效应"。据计算，城市绿地面积每增加 1%，城市气温降低 0.1℃。草坪能提高相对湿度 6%~12%，园林绿地能提高相对湿度 4%~30%。《中国 21 世纪议程》提出"大力发展城市绿化事业，到 2000 年，绿化覆盖率达到 30%，人均公共绿地面积达到 7 m² 左右的目标"，为此需要更多的地面来进行城市绿化。所以国外把一切可转入地下的设施转入地下，腾出地面改善环境。[18]

一些发达国家的先进城市如芬兰的赫尔辛基，加拿大的蒙特利尔和多伦多，挪威的奥斯陆，瑞典的斯德哥尔摩，美国的芝加哥和波士顿，以及日本的一些城市在地下空间建立污水收集、输送与处理的统一系统和垃圾、废弃物的分类、收集、输送和处理的统一设施。如芬兰赫尔辛基地下污水处理厂设在未来居民区地下 100 万 m³ 的岩洞中，它现代化地高效处理 70 万居民的生活污水和城市工业废水，节省了宝贵的地面建筑用地，消除了污水处理时散发的恶臭。美国佛罗里达州近年来在高层建筑的地下室设置垃圾自动分类收集系统。由于地下空间的封闭性，这样的统一系统可以把污水、垃圾的污染减少到最低限度。如果我国城市能达到美国 89%和英国 100%的城市生活污水的处理水平，则循环使用后可在一定程度上解决城市的缺水问题。[19]

3) 提高城市综合防灾能力

城市的总体抗灾抗毁能力是城市可持续发展的重要内容。对于人口和经济高度集中的城市，不论是战争或是平时自然灾害都会给城市造成人员伤亡、道路和建筑被破坏、城市功能瘫痪等重大灾难，构成城市可持续发展的严重威胁。1945 年广岛、长崎遭受原子弹袭击和 1976 年唐山大地震的破坏已众所周知。1988 年杭州市遭到台风袭击，由于供电线路大都架在地面上，90%被摧毁，15 天后才恢复。但是实践表明，灾害对城市的破坏程度与城市对灾害的防御能力成反比。1995 年日本阪神地震中，按抗震标准设计的建筑多完好无损。1989 年旧金山发生强烈地震，由于其城市基础设施抗灾能力较强。震后 48 小时生命线系统就完全恢复。唐山大地震中，城市的地下建筑破坏较轻。在城市抗灾抗毁方面，形势也相当严峻：在城市总体规划中，除防洪、防空外，缺少综合防灾的内容，城市基础设施的防灾措施基本上处于空白状态；城市规划设计中，缺少对防灾空间（避难空间）的规划；各项城市防灾系统达不到现代城市的标准；在城市中缺少统一的防灾组织和指挥机构。

现代城市的高密度化和生活水平的高标准，各种供给设施的建设将会急剧增加，需要改造和增设的管线就会越来越多。由于历史的原因，我国城市公用事业地下管线比较混乱，每年管线被破坏事故有上万起，直接经济损失达 7 亿多元。如某工程施工中将飞机场的指挥中心通信电缆挖断，致使数十架飞机停飞。又如 1995 年，济南市发生煤气爆炸特大事故，事故的原因是由于煤气管泄漏使电缆管沟内充满煤气而引爆。爆炸长度达 2.2 km。这些教训使我们认识到学习先进国家城市建设的经验，建设便于维修管理检查的多功能公用隧道——城市共同沟的必要。它是城市现代化的标志，建设它可以减少马路的反复开挖，以及施工对交通和城市居民生活的影响，特别是便于维护检查和拆换，减少事故，提高城市基础设施的抗灾能力。[20]

地下空间具有较强的抗灾特性。对地面上难以抗御的外部灾害如战争空袭、地震、风暴、地面火灾等有较强的防御能力，提供灾害时的避难空间、储备防灾物资的防灾仓库、紧急饮用水仓库以及救灾安全通道。如日本，许多地下公共建筑都被纳到城市防灾体系之中。

4）有效解决"城市综合征"

很多发达国家的先进城市，在医治"城市综合征"的过程中，相继对其城市中心区进行改造和再开发。城市向三维（或四维）空间发展，即实行立体化的再开发，是城市中心区改造发展的唯一现实可行途径。

发达国家的大城市中心区都曾经出现过向上部畸形发展而后呈现"逆城市化"或"城市郊区化"的教训。这个现象又称内城分散化和城市中心空心化，这是由于城市中心区经济效益高，所以房地产业集中于城市中心区投资，造成了城市中心区高层建筑大量兴建，由于人流、车流高度集中，为了解决交通问题，又兴建高架道路。高层建筑、高架道路的过度发展，使城市环境迅速恶化，城市中心区逐渐失去了吸引力，出现居民迁出，商业衰退的"逆城市化"现象。例如 20 世纪 70 年代至 80 年代，纽约人口年递减 0.4%，巴黎人口年递减 0.03%。

城市的发展历史表明，以高层建筑和高架道路为标志的城市向上部发展模式不是扩展城市空间的最合理模式。为了对大城市中心区盲目发展进行综合治理，发达国家的大城市相继进行了改造更新与再开发。对城市进行再开发的结果使这些人口下降的城市，恢复到 0.1%～0.3% 的年增长速度。但是城市中心区用地十分紧张，进行城市的改造与再开发是十分困难的。在实践中逐步形成了地面空间，上部空间和地下空间协调发展的城市空间构成新概念，即城市的立体化再开发。日本的一些大城市如东京、名古屋、大阪、横滨、神户、京都、川崎在20世纪60年代以来普遍进行了立体化再开发。在北美和欧洲，在20世纪六七十年代以来，也有不少大城市如美国的费城，加拿大的蒙特利尔、多伦多，法国的巴黎，德国的汉堡、法兰克福、慕尼黑、斯图加特，以及北欧的斯德哥尔摩、奥斯陆、赫尔辛基等进行了立体化再开发。[21]

充分利用地下空间是城市立体化开发的主要组成部分。这样的立体化再开发的结果是扩大了空间容量，提高了集约度，消除了步车混杂现象，交通顺畅，商业更加繁荣，增加了地面绿地，地面上环境优美开敞，购物与休息、娱乐相互交融。这样的成功经验值得我们在城市建设中借鉴与运用。有助于实现城市园林化和钱学森先生提出的"山水城市"的理想形态。而"城市郊区化"正如我国著名建筑学家吴良镛先生所指出的，完全不适合我国人均土地资源小的国情。

本章注释

[1] 李德华. 城市规划原理（第3版）[M]. 北京：中国建筑工业出版社，2001

[2] 潘家华，牛凤瑞，魏后凯. 中国城市发展报告（NO，2）. 北京：社会科学文献出版社，2009

[3] 中国城市规划设计研究院. 苏州市城市总体规划纲要（2004—2020）. 2007

[4] 建设部. 建设部关于修改城市地下空间开发利用管理规定的决定. 2001

[5] 中华人民共和国城乡规划法，第33条.（2007年10月28日第十届全国人民代表大会常务委员会第三十次会议通过）

[6] 牛凤瑞，潘家华，刘治彦. 中国城市发展30年（1978—2008）. 北京：中国社会科学文献出版社，2009

[7] 陈勇. 城市的可持续发展[J]. 重庆建筑大学学报，1998(2)

[8] 顾朝林. 中国城镇体系:历史·现状·展望. 北京：商务印书馆，1992

[9] 中华人民共和国国土资源部. 2008年中国国土资源公报. 2009

[10] 钱七虎. 城市可持续发展与地下空间开发利用[J]. 地下空间，

1998(2)

[11] 解放军理工大学地下空间研究中心. 武汉市主城区地下空间开发利用需求量预测研究. 2007

[12] 刘景矿，庞永师，易弘蕾. 城市地下空间开发利用研究——以广州市为例[J]. 建筑科学，2009(4)：72-75

[13] 北京市统计局，北京统计年鉴2007，北京市统计信息网.
http://www.bjstats.gov.cn

上海市统计局，上海统计年鉴2007，上海市统计信息网.
http://www.stats-sh.gov.cn

广州市统计局，广州统计年鉴2007，广州市统计信息网.
http://www.gzstats.gov.cn

武汉市统计局，武汉统计年鉴2007，武汉市统计信息网.
http://www.whtj.gov.cn

郑州市统计局，郑州统计年鉴2007. 北京：中国统计出版社，2007

[14] 钱七虎. 岩土工程的第四次浪潮[J]. 地下空间，1999(4)

[15] 李仲奎. "地下结构工程课程". 清华大学水利水电工程系，2003

[16] 童林旭. 地下空间与城市现代化发展[M]. 北京：中国建筑工业出版社，2005

[17] 朱琳俪. 试析上海城市地下空间治理与城市安全：[硕士学位论文]. 上海：复旦大学，2007

[18] 梁从诫. 2005：中国的环境危局与突围[M]. 北京：社会科学文献出版社，2006

[19] 肖锦. 城市污水处理及回用技术[M]. 北京：化学工业出版社，2002

[20] 尚春明，翟宝辉. 城市综合防灾理论与实践[M]. 北京：中国建筑工业出版社，2006

[21] 周健，蔡宏英. 我国城市地下空间可持续发展初探[J]. 地下空间，1996(3)

2 城市地下空间规划理论发展综述

2.1 国内外地下空间规划理论与方法

国外多数国家将地下空间规划纳入总体规划中,并制定法律法规以保障其实施。基本方针如下:

(1)强调规划的必要性和重要性,确保地下空间资源不被破坏或由于不适当的使用而浪费。

(2)必须制定有关标准、准则和分类,以便对地下空间的使用作出恰当的评估以决定其使用的优先权,更好地处理可能发生的使用上的冲突,并为将来更重要的利用提供预留空间。

(3)建立地下空间使用分类档案,包括规划方案和已建工程档案。

针对特殊地区或重点地区制定综合性开发方针和地下空间详细规划。

在规划审批上各国的情况有所不同:通常一般以防卫为主要建设目的的,以民防部门为主;而以交通、公共福利设施为主的,以城管部门为主;还有些城市成立专门的地下空间管理委员会作为管理部门。

当前我国在城市地下空间规划理论方面已经走在世界的前列,目前较为重要的规划理论有以下这些:

(1)城市生活空间扩展论。以西南交通大学的关宝树、钟新樵教授编著的《地下空间利用》一书为代表,书中明确提出了"地下设施规划"概念、层次、思考过程和评价方法。这一理论将城市地下空间开发的目标重新定位在城市发展的角度,同时认识到了地上地下规划同步协调的必要性。[1]

(2)功能规划论。以清华大学的童林旭教授编著的《地下建筑学》一书为代表,书中提出了将城市地下空间开发利用综合规划纳入到城市规划范畴中,为规划实践打下了理论基础。该书整体论述主要是建立在独立的地下空间功能系统上。[2]

(3)系统规划论。以同济大学陈立道、朱雪岩编著的《城市地下空

2 城市地下空间规划理论发展综述

间规划理论与实践》为代表,提出了借鉴地面城市系统规划的"地下空间系统规划",将系统论引入到地下空间规划领域。[3]

(4) 形态与功能综合规划论。以东南大学王文卿教授编著的《城市地下空间规划与设计》一书为代表,书中提出了以城市上、下部空间协调发展为核心的网络化的城市地下空间形态与功能综合规划的理论,尤其是简要提出了城市地下空间规划与城市规划协调的四原则。[4]

(5) 综合论。以中国人民解放军理工大学陈志龙、王玉北教授编著的《城市地下空间规划》为代表,该书首次对城市地下空间规划从功能、布局、形态、系统等诸多方面进行全面系统论述,对城市地下空间规划具有较强的指导性和操作性。[5]

2.2 城市地下空间资源和需求量研究

2.2.1 国外研究成果及实践

从 19 世纪末 20 世纪初在美国出现的城市美化运动(City Beautiful)开始,发达国家越来越关注人性化城市空间的塑造。尽管城市地下空间开发利用已有近百年的历史,但对城市地下空间进行全面规划、合理设计还是近二三十年的事情。

从国外地下空间研究看,以 John Carmody 和 Raymond Sterling 所著的 *Underground Space Design* 一书为代表,是较早一本对地下空间开发利用及设计进行论述的资料,书中从为人设计的角度出发,在探讨地下空间布局和形态时对地下空间综合体进行了论述,[10] 但书中偏向于单体地下建筑设计的研究,对城市地下空间整体需求和开发量的确定并没有涉及。[6]

在吉迪恩.S.格兰尼(美)和尾岛俊雄(日)所著的《城市地下空间设计》一书中,针对日本特有的地下商业街做了详细的介绍,探讨如何将原本单调、黑暗的地下通道变得像地上过道一样繁荣和生机勃勃。[11] 而对整个城市以及城市片区的地下空间规划量的确定并没有提及。[7]

Kimmo Rönkä 等人在 *Underground Space in Land-use Planning*(1998) 中曾简略提及地下空间规划中地下建筑面积主要由其最终使用目的决定。例如,地下停车场由停车数量决定;地下物资库主要取决于物资体积。[8]

城市地下空间总体规划

1998年在荷兰进行了一项所谓Randstad空间规划研究，这是一项利用地下空间资源解决城市问题的研究。[13] Randstad四省是荷兰的经济中心，人口稠密、绿地不足、现有基础设施拥挤问题严重。为解决这些问题，政府提出该项目研究。该研究提出城市基础设施100%建设在地下，城市按城市区域部分建设在地下，如表2.1，在特定地区可能获得多至50%的可用地下空间。[9]

表2.1 荷兰Randstad研究中不同建筑地下百分率

高品质商业和工业建筑物		低品质商业和工业建筑物		住 宅	
层次	地下百分率(%)	层次	地下百分率(%)	层次	地下百分率(%)
市中心，低层	33	一层地下	50	低层	25
市中心，高层	17	二层地下	67	高层	13
郊区，低层	20				
郊区，高层	20				

从国外文献来看，对地下空间资源评估、可开发容量的计算、地下空间综合开发方面研究较多，如Jaakko等完成了芬兰的一项地下空间在规划和土地利用方面的研究，提出以岩石区、环境影响和投资对地下空间资源进行评估分类，对各种城市功能的可行深度分布提出了具体建议。[10] Zhao等在对新加坡地下空间进行规划和位置选择研究时，将地质、水文、环境、心理、地面发展、社会、经济及政治因素均作为评估的因素而加以考虑。Boivin在研究加拿大魁北克市地下空间开发利用时，用地图来表达地下土体和基岩的厚度、倾向等空间分布信息，并以此来进行可视化辅助决策。[11]

在北美，以美国、加拿大为代表在城市中心区以地铁站为核心，以地下步行系统为网络，形成地下空间综合体。美国洛克菲勒中心(Rockefeller Center)地下综合体，在10个街区范围内，将主要大型公共建筑在地下连接起来。加拿大多伦多地下综合体，将4个街区宽，9个街区长内的20座停车库、旅馆、电影院、购物中心和1 000家左右商店连接起来，此外还连接着联邦火车站、5个地铁站和30座高层地下室，共有100多个地面出入口，改善了区域内交通和环境质量。蒙特利尔市地下城，连接地上地下大部分设施已经成为城市的重要特征。其人行通道网络全长 32 km，连有 10 个地铁站、2 个火车站、2 个长途汽车总站以及 62 座建筑、室内公共场所和商业街的 3 个会议中心与展览大厅 9 个酒店共 4 265 个房间、10 个剧场和音乐厅、1 个博物馆，总面积超过 400 万 m^2。从国外地下空间开发情况看，以上三个例子，地下空间的发展均是长期积累而成，建设时侧重于对专项和单体工程量的规划和设计，并没有对整个地区规划量进行研究。

法国巴黎的拉·德方斯区(la Defense)在建设中，吸取了巴黎老城区地下空间建设无规划、只注重单体设计的教训，在整个拉·德方斯区规划中，创造了一种"立体城市模式"，把地面留给人使用，而交通和储物功能全都放在地下。[12] 根据不同使用功能需求，确定地下空间规划量。从建成效果看，拉·德方斯区建设非常成功，在地面上看不到一辆行驶着的汽车，整个交通系统都在地下。[13]

总体来说，国外重在对单体和专项地下空间需求量的研究和设计，对城区和片区地下空间规划量理论研究的文献不多，国外地下空间开发量大多是在解决城市问题的过程中累积而成。

2.2.2 国内研究成果和实践

从 20 世纪 80 年代起国内就对地下空间规划方面开展基础性研究。陈立道教授在《城市地下空间规划理论与实践》中对地下空间需求量进行了预测，但预测方法主要是从城市实际用地和需求用量角度研究；陈志龙教授在《城市地下空间规划》一书中，从城市规划层面对地下空间需求预测进行了较系统的阐述，但对交通、商业等一些功能分量的确定缺乏定量的分析；王文卿教授在《城市地下空间规划与设计》中也只针对城市地上、地下空间均衡发展方面论述了地下空间的合理预测量，强调地上地下协调开发，并没给出如何确定地下空间开发量的方法；童林旭教授的《地下空间与城市现代化发展》中，提到对地下空间开发产生需求的条件，但没有对地下空间规划量的计算提出方法。[14]

束昱教授的硕士研究生王敏在 2006 年 3 月发表了《城市发展对地下空间的需求研究》一文，文中分析了影响需求的一些因素，对动静态交通、市政设施、人防工程等几方面的地下空间需求进行了定性分析，并对部分功能需求提出了计算思路。但文中并没有提及城市地下空间规划量，更没有解决城市地下空间规划量的确定问题。[15]

黄玉田等将北京市中心区地下空间资源按地下深度及城市功能的适

用性划分为 5 个级别，认为地下空间的资源量是指在一定历史阶段的科学技术水平与总需求相协调条件下的可利用地下空间总量；进而分析了北京中心区地下空间的地质背景，进行了工程地质分区，并基于因子分析和灰色评估法对北京市中心区地下空间资源质量进行了分析和评估。[16] 张春华等按土体的沉积类型、基岩埋深、基岩质量、边坡坡度的综合影响，将南京市的地基使用能力分成 5 级并绘出了分区图。童林旭等对北京二环以内（涉及东城、西城、崇文、宣武 4 区）62.5 km² 范围内的道路、广场、空地、绿地、水面、建筑物、文物古迹等用地进行了调查，并基于平面面积分析方法对调查区 10 m 以内的单建工程、地道、防空地下室、公用设施管道、地下铁道、人行过街地道等地下工程所占的地下空间面积进行了调查，将调查区内地面与地下空间的保留空间范围、可开发利用的地下空间范围相叠加，得到了北京市二环以内可供开发的地下空间范围(以面积表示)的分析与评估结果。[17]

2.3 城市地下空间发展的后发优势

2.3.1 城市地下空间具有后发居上的可能性

何谓后发优势？美国的经济学家格申克龙在《经济落后的历史透视》一书中提出相对后进性假说。后发优势理论认为，后进性国家由于可以直接吸收和引进先进国家技术以及可以利用本地区劳动力和土地资源费用较低等有利条件，实现跨越式发展。[18]中国城市规划研究设计院徐巨洲在《城市规划与城市经济发展》一文中提出，"对于正在进行现代化建设的中国城市，要尽快摆脱不发达经济状况，迅速发展生产力，一个十分重要的战略就是在实现工业化的同时，首先发挥城市的后发优势……跳过发达国家曾经走过的某些发展阶段，实现现代化城市的跨越式发展"。[19]

目前我国大规模发展地下空间的出发点是解决城市日益尖锐的问题，最终达到可持续发展的理想状态。综合性的地下空间建设需要大量的资金投入，第一步，以可持续发展为目标的"TOD"发展战略产生对轨道交通的需要，并带动相关地下空间和附近区域的发展；第二步，意识到利用地下空间的能力是决定一个城市现代化程度的标准，开始以市域为范围积极地推进地下空间规划，试图整体地、全面地综合考虑地下空间的利用。我们之所以能看到美好的前景，正是因为前20年发展积累的对地下空间的欠账，使得在技术与研究都能跟进的今天，地下空间开发利用的后发优势成为可能。

2.3.2 后发优势的经济与政府背景

为了经济发展高效地进行，权力的分配使用与适当集中仍将起着十分重要的作用。城市政府的集权体制对于地方公共事业部门的经营和管理有着极其重要的意义。现在，大家普遍认同于城市规划与城市管理的"集权主义理论"。在地下空间开发利用过程中，人为力起主导作用。地面的城市演进允许在一定范围内表现出"修修补补的渐进主义"，并在无意中形成城市的地区特点。而地下空间的建设不同于地面建筑，可逆性差，具有前瞻性的发展规划对于一个城市的发展是十分重要的，只有通过整体的形态规划（并适时调整）才能有效地进行扩展。并且多数地下空间行为是城市性而非个体的，所以人为力在地下空间的发展中起绝对重要的作用。

正因为人为力在地下空间发展中起主导作用，政府有能力集合一切力量实现城市目标，在集权体制下，进行"权力集中，功能分散"的系统运作，有利于政府在人口、资源和环境等严峻的现实背景下，将国家的区域规划落实到具体的实施项目中。北京申奥成功和上海举办世博会的同时，地铁建设飞速发展，相继建成了北京中关村西区、上海南站、上海虹桥枢纽、上海井字形交通等标志性的地下空间。目前市场经济与计划经济共存，但是政府调控能力并没有减弱，反而开放了投融资模式，形成国家、地方、企业、金融界、海内外商界等多渠道、多层次融资体系。

2.3.3 影响后发优势的现实因素及对策

1) 关于政府失灵与市场失灵

中国城市管理体制格局形成于计划经济时期，基本国情决定了政府在城市管理中的作用较为突出，但机构过度庞大，各地方政府间利益冲突十分尖锐，各方画地为牢、各自为政的经济行为严重阻碍着整个城市经济的整合发展。城市自身发展也伴随着一系列严重的社会、经济和环境问题，城市基础设施不堪重负、土地开发和利用极不合理、环境污染日益严重等现象屡见不鲜。如果政府没有正确的控制能力，市场化不规范，很容易在结合优势轨道上产生偏差，形成政府与市场的伪结合，政府反被市场牵着鼻子走，城市建设变得短视和利益至上。这种情况并非中国独有，在国外许多地方都有。

市场制度是推动经济发展的有效制度，也是地下空间发展的有力杠杆。但市场并非万能，市场失灵随处可见。市场失灵表现在：一是过度消耗资源，表现在地下空间开发上就是破坏地下空间不可再生的资源，因为需要立竿见影的效果，不能形成系统有效的开发，大量随意的浅层开发破坏后续开发能力；二是不健全的市场制度产生垄断，破坏市场公平和社会公平；三是市场制度解决不了城市地下空间布局（尤其作为公共产品的地下交通及市政设施），加剧矛盾，拉大差距。城市发展与城市规划不能完全顺应市场，应该起到防治市场失灵的作用。许多场合，市场的功能远远地超过了作为政府的决策工具的功能，它已经成为一种不断增长的力量，一种政府想积极控制而越来越难以控制的力量。实际上，政府在城市化运动中，资金中不小的比例来源于土地经营，如果没有长远的眼光，许多城市经营土地的发展策略就可能成为政府在决策和综合管理上造成被动局面的因素。

2）"为过去埋单"式的成本增长——密集建成区的问题

中国城市建设的一个严峻现实是建筑建设速度比基础设施的发展快。如果这两类发展不在一条水平线上，这就带来一个问题：在意识到并有能力投资基础设施时，便会面临在城市密集建成区开发所增加的巨额成本。

实质上，城市密集建成区的开发已是当前许多城市发展面临的瓶颈问题，这也是城市发展过快带来的后续问题，尤其是浅层地下空间的开发便显得不太现实。对于像北京、上海等城市而言，由于新中国成立后前几十年城市建设对地下空间开发留下的欠账，在已有的密集建成区进行地下空间的开发，或在已开发的浅层地下空间进行深层开发，成本将大为增加，这一点在未来的编制城市地下空间规划中必须注意。

3）避免"后发劣势"

"后发劣势"的概念是沃森提出的，英文是"curse to the late comer"，意为"对后来的诅咒"。它的意思是后发者可以通过模仿制度或者模仿技术不加速发展。但模仿技术容易，模仿制度却难，所以，在短期内后发者可能取得非常好的发展，但因为制度不健全，给长期的发展留下许多隐患，甚至长期发展可能失败。

地下空间开发技术已不是问题，现在面临的最大困难来源于机制问题。因为高强度集约化或多样混合功能离不开各个职能部门的能力合作，若没有一个能统一管理的职能部门协调，某些规划思想很难贯彻下去。城市规划是对未来城市发展的预测和选择，这种选择可能是技术性的，也可能是方法性的，还可能是制度性的。方法和技术固然重要，但只能被动地供决策者选用，而制度不仅可以影响决策者的行为，更可规定决策者的行为过程。在城市地下空间总体规划编制时，既要有系统长远的规划，又要有良好的机制，它是决策成本最小化的选择。

由于改革还在深化过程中，城市发展机制和社会意识还存在不足和某些缺陷，有些领导不顾城市发展规律，急功近利的现象时有存在，破坏了地下空间开发的整体协调和综合开发，为今后长远发展带来难以弥补的损失。另外由于部门与部门、行业与行业、地区与地区之间的壁垒，城市地下空间综合开发实施起来有相当大的困难，在现实的规划与建设中，经常遇到非技术难题。

本章注释

[1] 关宝树，钟新樵. 地下空间利用[M]. 成都：西南交通大学出版社，1989

[2] 童林旭. 地下建筑学[M]. 济南：山东科学技术出版社，1994

[3] 陈立道，朱雪岩. 城市地下空间规划理论与实践[M]. 上海：同济大学出版社，1997

[4] 王文卿. 城市地下空间规划与设计[M]. 南京：东南大学出版社，2000

[5] 陈志龙，王玉北. 城市地下空间规划[M]. 南京：东南大学出版社，2005

[6] John Carmody, Raymond Sterling. Underground Space Design[M]. New York: Van Nostrand Reinhold, 1993

[7] 吉迪恩. S. 格兰尼，尾岛俊雄；许方，于海漪译. 城市地下空间设计[M]. 北京：中国建筑工业出版社，2005

[8] Rönkä, K., Ritola, J. & Rauhala, K. Underground Space in Land-use Planning, Tunneling and Underground Space. Technology, 1998, 13(1): 39-49

[9] Monnikhof, R.A.H. 荷兰利用地下空间前途的可行性研究[J]. 地下空间，2000(3)

[10] Jaakko Y, Spatial planning in subsurface architecture[J]. Tunneling and Underground Space Technology, 1989, 4(1): 5-9

[11] Boivin D J. Underground space use and planning in the Quebec city area [J]. Tunneling and Underground Space Technolonge, 1990, 5(1-2): 69-83

[12] 耿永常, 赵晓红. 城市地下空间建筑[M]. 哈尔滨: 哈尔滨工业大学出版社, 2001

[13] 栗德祥, 邓雪娴. 巴黎拉·德方斯区的发展历程[J]. 北京规划建设, 1997(2)

[14] 童林旭. 地下空间与城市现代化发展[M]. 北京: 中国建筑工业出版社, 2005

[15] 王敏. 城市发展对地下空间的需求研究: [硕士学位论文]. 上海: 同济大学, 2006

[16] 黄玉田, 张钦喜. 北京市中心区地下空间资源评估探讨[J]. 北京工业大学学报, 1995, 21(2): 93-99

[17] 张春华, 罗国煜. 南京市地基的使用能力及其分区图的研究[J]. 水文地质工程地质, 1999(1)

[18] 亚历山大·格申克龙; 张凤林译. 经济落后的历史透视. 北京: 商务印书馆, 2009

[19] 徐巨洲. 城市规划与城市经济发展[J]. 城市规划, 2001(8)

3 城市地下空间总体规划工作内容和编制程序

3.1 城市地下空间总体规划的任务和原则

3.1.1 城市地下空间总体规划的任务

城市规划是人类为了在城市的发展中维持公共生活的空间秩序而作的未来空间安排的意志。这种对未来空间发展的安排意图,在更大的范围内可以扩大到区域规划和国土规划,而在更小的空间范围内,可以延伸到建筑群体之间的空间设计。因此,从更本质的意义上,城市规划是人居环境各层面上的,以城市层次为主导工作对象的空间规划。

城市地下空间规划是城市规划的重要组成部分,它是对城市未来地下空间开发利用进行的地下空间体系规划。城市地下空间规划的根本社会作用,是作为开发城市地下空间和管理城市地下空间的基本依据,是保证城市合理地开发利用城市地下空间的前提和基础,是实现城市社会经济发展目标的手段之一。

城市地下空间规划的任务是合理地、有效地和公正地创造有序的城市生活空间环境。这项任务包括实现社会政治经济的决策意志及实现这种意志的法律法规和管理体制,同时也包括实现这种意志的工程技术、生态保护、文化传统保护和空间美学设计,以指导城市地上地下空间的和谐发展,满足城市发展和生态保护的需要。

城市地下空间规划旨在合理地、有效地创造出良好的生活与活动的环境。城市地下空间规划的核心任务是根据不同的目的进行地下空间安排,探索和实现城市地下空间不同功能之间的互相管理关系。美国国家资源委员会认为:"城市规划是一种科学、一种艺术、一种政策活动,它设计并指导空间的和谐发展,以满足社会与经济的需要"。由此可见,城市地下空间规划的主要任务是引导城市地下空间的开发,对城市地下空间进行综合布局,协调地下与地上、地下与地下的建设活动,为城市地下空间开发建设提供技术依据。[1]

城市地下空间总体规划

中国现阶段城市地下空间规划的基本任务是保护城市地下空间资源，尤其是城市空间环境的生态系统，增强城市功能，改善城市地面环境，保障和创造城市安全、健康、舒适的空间环境。

3.1.2 城市地下空间规划的原则

1）开发与保护相结合原则

城市地下空间规划是对城市地下空间资源做出科学合理的开发利用安排，使之为城市服务。在城市地下空间规划过程中，往往会只重视地下空间的开发，而忽略了城市地下空间资源的保护。

城市地下空间资源是城市重要的空间资源，从城市可持续发展的角度考虑城市资源的利用，是城市规划必须做到的，因此，城市地下空间规划应该从城市可持续发展的角度考虑城市地下空间资源的开发利用。

保护城市地下空间资源要从多个方面加于考虑。首先，由于地下空间开发的不可逆性，在城市地下空间开发时，开发的强度应一次到位，避免将来城市空间不足时，再想开发地下空间时无法利用。其次，要对城市地下空间资源有一个长远的考虑，在规划时，要为远期开发项目留有余地，对深层地下空间开发的出入口、施工场地留有余地。第三，在现在城市地下空间规划时，往往把容易开发的广场、绿地作为近期开发的重点，而把相对较难开发的地块放在远期或远景开发，实际上目前越难开发的地块，随着城市建设的不断展开，其开发难度越来越大，有的可能变得不可开发，因此，在城市地下空间规划时，应尽可能地将有可能开发的地下空间尽量开发，而对容易开发的地块要适当考虑将来城市发展的需要，这也符合城市规划的弹性原则。

2）地上与地下相协调原则

城市地下空间是城市空间的一部分，城市地下空间是为城市服务的，因此，要使城市地下空间规划科学合理，就必须充分考虑地上与地下的关系，发挥地下空间的优势和特点，使地下空间与地上空间形成一个整体，共同为城市服务。

地上地下空间的协调发展不是一句空话，在城市地下空间规划时，首先在地下空间需求预测时就应将城市地下空间作为城市空间的一部分，根据地上空间、地下空间各自的特点，综合考虑城市对生态环境的要求、城市发展目标、城市现状等多方面的因素提出科学的需求量。其次，在城市地下空间功能布局时，不要为了开发地下空间而将一些设施

3 城市地下空间总体规划工作内容和编制程序

放在地下,而是要根据未来城市对该地块环境的要求,充分考虑地下空间的优势、地面空间状况、防灾防空的要求等方面的因素来确定是否放在地下。

3)远期与近期相呼应原则

由于城市地下空间的开发利用相对滞后于地面空间的利用,同时城市地下空间的开发利用是在城市建设发展到一定水平,因城市出现问题需要解决,或为了改善城市环境,使城市建设达到更高水平时才考虑,因此,在城市地下空间规划时,有长远的观念尤为重要。城市地下空间规划必须坚持统一规划,分期实施的原则。

另一方面,城市地下空间的开发利用是一项实际的工作,要使地下空间开发项目落到实处,就必须切合实际,因而在城市地下空间规划时,近期规划项目的可操作性就十分重要。因此,城市地下空间规划,必须坚持远期与近期相呼应的原则。

4)平时与战时相结合原则

城市地下空间本身具有抗震能力强、防风雨等防灾功能,具有一定的抗各种武器袭击的防护功能,因此城市地下空间可作为城市防灾和防护的空间,平时可提高城市防灾能力,战时可提高城市的防护能力。为了充分发挥城市地下空间的作用,就应做到平时防灾与战时防护结合,做到一举两得,实现平战结合。

城市地下空间平时与战时相结合有两个方面的含义,一方面,在城市地下空间开发利用时,在功能上要兼顾平时防灾和战时防空的要求;另一方面,在城市地下防灾防空工程规划建设时,应将其纳入城市地下空间的规划体系,其规模、功能、布局和形态应符合城市地下空间系统的形成。[2]

3.2 城市地下空间规划的工作内容和工作特点

3.2.1 城市地下空间总体规划的基本内容

城市地下空间规划工作的基本内容是根据城市总体规划等上层次的空间规划要求,在充分研究城市的自然、经济、社会和技术发展条件的基础上,制定城市地下空间发展战略,预测城市地下空间发展规模,选择城市地下空间布局和发展方向,按照工程技术和环境的要求,综合安

排城市各项地下工程设施,并提出近期控制引导措施。城市地下空间规划的基本内容有以下几个主要方面:

(1) 收集和调查基础资料,掌握城市地下空间开发利用的现状情况,勘察地质状况和分析发展条件。

(2) 研究确定城市地下空间发展战略,提出城市地下空间的发展规模和主要技术经济指标。

(3) 确定城市地下空间开发的功能,进行空间布局,综合确定平面和竖向规划。

(4) 提出各专业的地下空间规划原则和控制要求。

(5) 安排城市地下空间开发利用的近期建设项目,为各单项工程设计提供依据。

(6) 根据建设的需要和可能,提出实施规划的措施和步骤。

由于城市的自然条件、现状条件、发展战略、规模和建设速度各不相同,规划工作的内容应随具体情况而变化。在规划时要充分利用城市原有基础,老城区的地下空间开发以解决城市问题为主,新城区的地下空间开发以解决城市基础设施为主,使地下空间开发与城市建设协调发展。[3]

3.2.2 城市地下空间总体规划的特点

由于城市问题十分复杂,城市地下空间规划涉及城市交通、市政、通信、能源、居住、商业、文化、防灾、防空等各个方面。为了对城市地下空间规划工作的性质有比较深入的了解,必须进一步认识其特点。

1) 城市地下空间规划是系统性的工作

城市地下空间规划需要对城市地下空间的各种功能进行统筹安排,使之与地面空间协调。系统性是城市地下空间规划工作的重要特点。由于城市地下空间是城市空间的一部分,在城市地下空间规划时,若只考虑城市地下空间本身的规模、功能、形态、布局等,而不考虑城市地面空间与城市地下空间的协调和相互作用,城市地下空间规划就可能不切实际。

另一方面,城市地下空间规划涉及城市许多方面的问题,如当考虑城市地下空间开发条件时,涉及气象、工程地质和水文地质等范畴的问题;当考虑城市发展战略和发展规模时,涉及地上地下协调的工作;当具体布置各项地下空间建设项目时,又涉及大量工程技术方面的工作;

对于城市地下空间的组合、布局形式等，那又要从建筑艺术的角度来研究处理。而这些问题，都密切相关，不能孤立对待。城市地下空间规划不仅反映单项工程设计的要求和发展计划，而且还综合各项工程设计相互之间的关系；它既为各单项工程设计提供建设方案和设计依据，又须统一解决各单项工程设计相互之间技术和经济等方面的种种矛盾。因而城市规划部门和各专业设计部门有较密切的联系。因此，城市地下空间规划应树立全面观点，将城市地下空间作为城市大系统中的一部分加以考虑，使城市地下空间规划成为既是一个完整独立的系统，又是城市大系统中的一个小系统。[4]

2) 城市地下空间规划是法治性、政策性很强的工作

城市地下空间规划是对城市各种地下空间开发利用的战略部署，又是合理组织开发利用的手段，涉及国家的经济、社会、环境、文化等众多部门。特别是在城市地下空间总体规划阶段，一些重大问题的解决都必须以有关法律法规和方针政策为依据。例如城市地下空间发展战略和发展规模、功能、布局等等，都不单纯是技术和经济的问题，而是关系到城市发展目标、发展方向、生态环境、可持续发展等重大问题。因此，城市地下空间规划编制中必须加强法治观点，将各项法律法规和政策落实到规划中。

3) 城市地下空间规划工作具有专业性

城市地下空间的规划、建设和管理是城市政府的主要职能，其目的是增强城市功能，改善城市环境，促进城市地上地下的协调发展。城市地下空间规划涉及城市规划、交通、市政、环保、防灾、防空等各个方面，由于城市地下空间在地下，规划时受到城市水文、地质、施工条件、施工方法的制约，因此城市地下空间规划要充分考虑各专业的特点和要求，吸收各专业人员参与规划设计，同时将各专业的新技术、新工艺应用到地下空间的开发利用中，使城市地下空间规划具有先进性。[5]

3.3 城市地下空间总体规划的调查研究与基础资料

作为城市规划的一部分，调查研究是城市地下空间规划必要的前期工作，必须在弄清城市发展的自然、社会、历史、文化背景，以及经济发展的状况和生态条件的基础上，找出城市建设发展中拟解决的主要矛盾和问题。特别是城市交通、城市环境、城市空间要求等重大问题。

缺乏大量的第一手资料，就不可能正确认识城市，也不可能制定合乎实际、具有科学性的城市地下空间规划方案。调查研究的过程也是城市地下空间规划方案的孕育过程，必须引起高度的重视。

调查研究也是对城市地下空间从感性认识上升到理性认识的必要过程，调查研究所获得的基础资料是城市地下空间规划定性、定量分析的主要依据。

城市地下空间规划的调查研究工作一般有三个方面：

(1) 现场踏勘。进行城市地下空间规划时，必须对城市的概貌，城市地上空间、地下空间有明确的形象概念，重要的地上、地下工程也必须进行认真的现场踏勘。

(2) 基础资料的收集与整理。主要应取自当地城市规划部门积累的资料和有关主管部门提供的专业性资料，主要包括城市工程地质、水文地质资料，城市地下空间资源状况，城市地下空间利用现状，城市交通、环境现状和发展趋势等。

(3) 分析研究。将收集到的各类资料和现场踏勘中反映出来的问题，加以系统地分析整理，去伪存真、由表及里，从定性到定量研究城市地下空间在解决城市问题、增强城市功能、改善城市环境等方面的作用，从而提出通过城市地下空间开发利用解决这些问题的对策，制定出城市地下空间规划方案。

城市地下空间规划所需的资料数量大，范围广，变化多，为了提高规划工作的质量和效率，要采取各种先进的科学技术手段进行调查、数据处理、检索和分析判断等工作，如运用遥感技术探明城市地下空间资源情况，采用航测照片准确地判断出地面空间现状。运用计算机技术可以将大量的城市数据进行贮存、分析判断和综合评价等，进一步提高城市地下空间规划方法的科学性。[6]

根据城市规模和城市具体情况的不同，城市地下空间规划编制深度要求的不同，基础资料的收集应有所侧重，不同阶段的城市地下空间规划对资料的工作深度也有不同的要求。一般地说，城市地下空间规划应具备的基础资料包括下列部分。

(1) 城市勘察资料(指与城市地下空间规划和建设有关的地质资料)：主要包括工程地质，即城市所在地区的地质构造，地面土层物理状况，城市规划区内不同地段的地基承载力以及滑坡崩塌等基础资料；水文地质，即城市所在地区地下水的存在形式、储量及补给条件等基础资料。

3 城市地下空间总体规划工作内容和编制程序

（2）城市测量资料：主要包括城市平面控制网和高程控制网、城市地下工程及地下管线等专业测量图以及编制城市地下空间规划必备的各种比例尺的地形图等。

（3）气象资料：主要包括温度、湿度、降水、蒸发、风向、风速、冰冻等基础资料。

（4）城市地下空间利用现状：主要包括城市地下空间开发利用的规模、数量、主要功能、分布及状况等基础资料。

（5）城市人防工程现状及发展趋势：主要包括城市人防工程现状，人防工程建设目标和布局要求，人防工程建设发展趋势等有关资料。

（6）城市交通资料：主要包括城市交通现状，交通发展趋势，轨道交通规划，汽车增长情况，停车状况等。

（7）城市土地利用资料：主要包括现状及历年城市土地利用分类统计、城市用地增长状况、规划区内各类用地分布状况等。

（9）城市市政公用设施资料：主要包括城市市政公用设施的场站及其设置位置与规模，管网系统、容量以及市政公用设施规划等。

（10）城市环境资料：主要包括环境监测成果，影响城市环境质量有害因素的分布状况及危害情况，以及其他有害居民健康的环境资料。[7]

3.4 城市地下空间总体规划的重点和期限划分

城市地下空间规划的阶段划分应符合城市规划有关法律的规定。按照《中华人民共和国城市规划法》第十八条规定，城市规划编制一般分为总体规划和详细规划两个阶段。大、中城市在总体规划基础上，可以编制分区规划。城市地下空间规划的阶段划分应与此规定相对应。

城市地下空间总体规划阶段的期限应与城市总体规划一致。规划期限一般为二十年，同时应当对城市远景发展作出轮廓性的规划安排。近期建设规划期限一般为五年。[8]

3.5 城市地下空间总体规划重点需要解决的问题

城市地下空间总体规划重点需要解决如下四个问题：

（1）城市地下空间功能的确定（参见表3.1"中国现阶段城市地下空间开发利用重点一览表"）。

城市地下空间总体规划

（2）城市地下空间的需求规模预测。
（3）城市地下空间的布局形态确定。
（4）城市地下空间的近期建设安排。

表 3.1 中国现阶段城市地下空间开发利用重点一览表

类　别	设施名称	建议开发深度(m)
① 交通运输设施	轨道交通(地铁、轻轨)、地下铁路	0~20
	地下道路(隧道、立体交叉口)	0~20
	步行者专用道	0~10
	机动车停车场	0~15
	非机动车停车场	0~10
② 公共服务设施	商业设施(地下商业街)	0~15
	文化娱乐设施(歌舞厅、博物馆)	0~15
	体育设施(体育馆)	0~15
③ 市政基础设施	引水干线	0~20
	给水管	0~10
	排水管	0~10
	地下河流	0~15
	燃气管	0~15
	热力管、冷气管、冷暖房	0~15
	电力管、变电站	0~15
	电信管	0~15
	垃圾处理管道	0~15
	共同沟	0~15
④ 防灾设施	蓄水池、人防工程	0~20
⑤ 生产储藏设施	动力厂、机械厂、物资库	0~20
⑥ 其他设施	地下室(设备房)	0~15

3 城市地下空间总体规划工作内容和编制程序

本章注释

[1] 刘贵利. 城市规划决策学[M]. 南京：东南大学出版社，2010

[2] 叶耀先. 城市更新的理论与方法[J]. 建筑学报，1986(10)

[3] 何世茂. 浅议地下空间开发利用规划主要框架及内容——基于南京城市地下空间开发利用总体规划的认识[J]. 地下空间与工程学报，2006.7(Z)

[4] 中国工程院课题组. 中国城市地下空间开发利用研究[M]. 北京：中国建筑工业出版社，2001

[5] 李葱葱. 城市地下空间利用规划初探——以重庆城市为例：[硕士学位论文]. 重庆：重庆大学，2003

[6] 沈清基. 城市生态与城市环境[M]. 上海：同济大学出版社，1998

[7] 童林旭. 地下建筑学[M]. 济南：山东科学技术出版社，1994

[8] 建设部. 城市地下空间开发利用管理规定. 2001

4 地下空间资源评估

4.1 地下空间资源评估目的与意义

地下空间是人类宝贵的资源，联合国自然资源委员会于1981年5月把地下空间确定为重要的自然资源，对世界各国开发利用给予支持。20世纪80年代以来，我国在城市建设中已开始注意地下空间资源的开发利用，城市地下空间资源是城市空间资源的重要组成部分，它是城市集约化发展，实施城市立体化开发的重要保障。

由于各个城市的地理环境、工程地质、水文地质、土地利用情况、城市环境、城市面临的问题等各不相同，要对一个城市的地下空间资源有一个明确的认识，有必要对城市地下空间资源进行评估，明确城市地下空间资源量，明确城市地下空间资源的分布和质量情况，明确城市地下空间的可开发量，为城市地下空间规划提供重要依据。

城市地下空间的数量可以定义为：在当前科技水平和城市发展阶段、满足人地协调前提下的城市地下某一深度范围内可供开发并承载某些城市功能的地下空间总量。这是一个受地面、地下多种因素综合影响的系统量。

城市地下空间资源质量通常指城市地下空间可开发利用程度的综合评价指数，可用综合指标评价后的相对分数或分级来表示。对城市地下空间资源质量进行评价，是制定资源开发利用规划、采取合理的开发方式与措施的科学依据。[1]

4.2 评估理论与方法

按照地下空间资源质量的定义，在对地下空间资源质量进行评价时往往要考虑诸多因素。这些因素，首先它们各自的属性、重要程度和可比性不相同，其次是对各因素属性指标进行评估和度量时，具有很大的不精确性和主观经验性。因此，地下空间资源质量评价和择优是一类模糊环境下复杂系统的多层次、多属性的决策问题。[2]

模糊综合评价适用于那些具有多种属性、受多种因素影响的且这些属性或因素有模糊性的评价问题,为此我们采用模糊综合评价方法来评估城市地下空间资源质量。其中各个因素权重的确定采用层次分析法来定,并采用主因素突出型算子对结果进行合成,用最大隶属度法对模糊综合评价结果进行分析。[3]

4.3 城市地下空间资源质量评估指标体系

城市所处的地形地貌对资源质量是有影响的,地形是在地下和地上的内外力量的相互矛盾斗争中形成的。城市的地形地貌主要包括平原、高地、丘陵等。对于不同的城市地形地貌,应根据具体条件确定地下空间利用的形式和形态。

在这次评估中我们选取了以下指标作为评估的依据和参考,一是区域地质构造,二是地下空间开发区域的岩土(或岩石)性质,三是水文地质,四是地面建筑对地下空间资源质量的影响,五是地下空间开发深度影响。[4]

4.4 城市地下空间资源数量计算模型

城市地下空间资源数量包括:可合理开发量、可有效利用量和实际开发量等几个不同的数量概念。

可合理开发量是指在指定区域内,不受各种自然因素和地面建筑因素制约的,在一定技术条件下可进行开发活动的空间容量。

可有效利用量是指在可合理开发量的资源分布范围内,满足城市生态和地质环境安全需要,保持合理的地下空间距离、密度和形态,在一定技术条件下能够进行实际开发并实现使用价值的空间容量。

4.4.1 城市地面建筑物下地下空间资源计算模型

建筑物荷载由基础传递到地基,并扩散衰减于周边更深、更远的岩土中,为了保证建筑物的稳定性,在对地下空间进行开发的时候,地基附近的一定空间是不可以开发的,而且这个不可开发的空间的大小和多种因素都相关,如地面建筑物的高度、地面建筑物的基底的面积、地基的形状、地下的地质构造等等。因为受上述多种因素的影响，所以地基所影响的范围应该是一个形状不规则地下空间范围。建筑物基础影响深度和范围，可根据基础埋深和地基稳定性要求确定。由土层中基础附加应力扩散曲线图[图4.1(a)]可以简化得到基础对地下空间资源影响范围分布图[图4.1(b)]。据此基础下部的地下空间可分为三个区域：第一部分区域主要受建筑物荷载所产生的地基附加应力的影响，其影响深度为

$$H=1.5b \sim 3b$$

式中，b——建筑物基础的宽度，在此范围内必须严格控制其地下空间的再开发利用。[5]

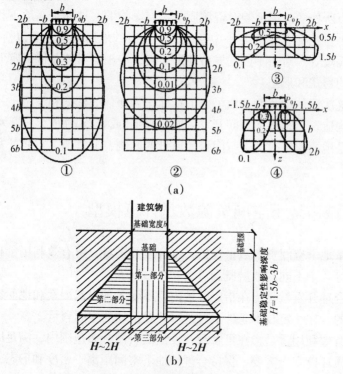

图4.1 地面基础影响示意图

第二部分区域主要受建筑物基础侧向稳定性的影响，局部受建筑物荷载所产生的地基附加应力的影响。对于此类地下空间的开发需要采取一些施工措施，防止建筑物的侧向失稳，所以其所在区域地下空间资源也不宜开发。

第三部分区域受建筑物地基稳定性的影响较小，是地下空间资源开发的蕴藏区，但要注意的是第一部分正下方的部分也就是图中标注第三

4 地下空间资源评估

部分字样的区域不能采用明挖施工,且应限制开发比例。

我们针对城市实际情况,结合实际的可操作性,将建筑物分为低层建筑、中层建筑和高层建筑,各类建筑的基础影响深度如表4.1。[6]

表4.1 各类建筑基础影响深度

建筑类别	建筑高度(m)	限制深度(m)
低 层	≤9	10
中 层	9~30	30
高 层	≥30	50~100

由表中可知中层以上的建筑物基础已经影响到次浅层的地下空间资源量,因此在城市建设规划时地面地下要全盘考虑,统一规划,以免造成资源的浪费。

4.4.2 城市道路、广场下地下空间开发模型

道路主要是由路基和路面组成的,它们共同承受行车荷载和自然因素的作用。隧道式和沟堑式地下机动车道是城市道路下地下空间开发利用的典型形式之一,在进行地下空间资源数量评估中我们模拟分析后得出其对地下空间资源的影响深度可以定为3 m,因此对于道路下的可开发资源量可以进行这样的计算:

$$V = (h_{开发深度} - 3) \times S_{道路面积}$$

这其中没有考虑在城市道路中路面下埋设的市政管线的影响,如在开发过程受到市政管线的影响建议采用建设综合管廊,移除原有管线的办法。

城市广场可参考道路情况进行计算。

4.4.3 城市绿地地下空间开发模型

国外有人对全球11种植被群落253种植物根系的统计结果表明:植物总根重和根冠的90%都集中在地表到1 m的土层深度内,1 m以下的根重、根数、根土比均明显下降,这其中包括了主根较深的乔木和沙漠植物。可见,1 m以上的土层集中了大部分根系,也即根群主要位于1 m以上。

因此,我们可以认为在城市绿地的林木植被类型的地区在进行地下空间开发时,其开发的数量理论上可以这样计算:适当增加林木植被所

需的土层厚度加上排水所需的厚度，一般可以取 1.70 m（林木植被所需厚度）+0.30 m（排水层厚度），也就是说林地在其地表 2 m 以下的范围内即可以进行地下空间的开发利用，在此基础上我们再放宽 1 m 范围以利于植被的生长。

综上所述，在城市绿地下进行地下空间开发时，开发容量可这样计算：

$$V=(h_{开发深度}-3)\times S_{绿地面积}$$

4.4.4　城市水体下地下空间开发模型

城市水域不仅对城市景观、生态和文化传承等方面具有重要作用，其在城市规划中一般采取保护或保护性开发。就技术而言，在城市水体下大规模地开发地下空间具有一定的潜在危险，不论暗挖施工还是明挖，都会在不同程度上造成地质环境的改变、地表水水质污染等环境问题。在大面积的水体中若采用暗挖施工的情况下，施工不当可能会导致隔水顶板的塌陷或泄漏，造成开挖现场大量涌水等严重问题。在城市水域下部的一定范围内的地下空间资源不宜大规模地开发利用，建议只进行必要的局部开发利用。一般开发形式有两种：

一是利用地下水域下部的空间埋设城市基础设施管线。由于设施管线属于微型隧道工程，在技术上处理得当对上部水域影响很小。

二是当城市内部水域对城市交通有阻碍作用，可以考虑穿越水域下部空间的交通隧道。例如南京的玄武湖隧道以及上海黄浦江过江隧道等。

在地下空间资源数量评估中，水体对下层地下空间的影响深度范围应该从水域底部至第一道隔水层为止，但在第一道隔水层以下开发地下空间的时候，要充分考虑隔水层承受上部水体的能力，因此在数量评估中我们假设在足够的技术保障下，认为第一道隔水层以下即为可开发利用的地下空间资源量。因此假定城市水域平均影响深度为地下 10 m，那么其容量为

$$V=(h_{开发深度}-10)\times S_{水体面积}$$

4.4.5　城市高地、山体地下空间开发模型

对于高地和山体中的地下空间开发利用，我们可以将高地和山体分为地上部分和地下部分分别考虑，对于高出地面的高地和山体的开发利

用目前主要集中用于军事目的、人防以及公路、铁路隧道等一些特殊用途中，在许多城市中山体和高地又是城市的绿肺之一，其表面植被在城市规划中时常是受保护的对象，所以我们建议在对地面以上部分进行地下空间开发利用时采用按需开发，以保护山体和绿地为原则。由于地表以下部分山体和高地往往地质条件较好，受外界的影响较小，所以对这类地下空间进行开发时可以考虑适度开发，但对于这类地下空间由于其有时远离市区再加上上部山体的制约，增加了开发难度，所以其有时整体效益较差，这类空间一般可以用作军事目的、货物仓储、物资的储备等用途。对山体和高地等地下空间开发利用数量的评估中一般需考虑在其内部进行多洞室的开挖及其相互影响等因素，只有掌握了它们之间的相互关系，我们才能安全、高效、正确地进行地下空间开发利用。

目前，洞室间距需根据工程经验类比及辅以围岩稳定性有限元、边界元数值分析、试验洞位移监测资料分析等方法综合确定。一般的，完整坚硬围岩内洞室间距不小于 1~1.5 倍开挖跨度；中等围岩内不小于 1.5~2 倍开挖跨度；较差围岩内不小于 2~2.5 倍开挖跨度。在高地应力区完整坚硬岩石中开挖洞室，尤其应注意应力调整围岩松弛破损的问题，其间距不宜过小。

在工程实际中除平行洞室最小间距外还需考虑在各种围岩条件下的最小覆盖厚度。

4.4.6 城市其他情况的地下空间开发模型

城市内的地面用地情况除上述的以外，还有其他的一些用地类型，例如城市对外交通用地、厂房用地、仓储用地等一些其他用地情况，在进行地下空间资源数量计算时可以参考相近类型的计算模型进行计算。对于连接城市交通的高速公路和铁路，我们在评估中取其的影响深度为 10 m。

4.5 案例解析：无锡市主城区城市地下空间资源评估

4.5.1 评估的范围与区域划分

由于在此次的资源评估中取得的资料有限，对无锡市规划范围内总体层面上进行定性与定量相结合的评估，而在竖向深度上划分为浅层和次浅层进行评估。

4.5.2 基本地质环境情况

无锡地区属亚热带季风温湿气候区，温和湿润、四季分明。据多年观测资料，年平均降水量 1 027.8 mm，年均蒸发量 1 438.6 mm，年平均气温 15.3℃。降水量在季节上分配不均，6~9 月是丰水期，期间降雨相对较集中，可占年降水量的 55% 左右。

无锡地处太湖水网平原，北近长江，南依太湖，其间以京杭大运河、梁溪、锡北运河为三大主干河道构成区内特有的水网系统。由于地势低平，水网水体径流迟缓，水位受人为调节控制，一般变化于 1.90~3.00 m 之间，每逢汛期，遭受洪水压力较大。

1）地形地貌

评估区内以堆积平原为主，在西南和东北部分布有片状和岛状基岩残丘低山，兀立于平原之中。根据地貌成因和地形特征差异，区内可分为构造剥蚀残丘、冲湖积平原、湖沼积平原三个不同的地貌单元。

（1）构造剥蚀残丘区

构造剥蚀残丘主要分布在惠山及环太湖地段，在堰桥、长安、查桥、安镇、东北塘乡镇境内亦有大小规模不等的残留山体。

山体受构造控制，多为泥盆系碎屑岩组成的单斜断块山体，在安镇附近可见二叠系灰岩，在遭受长期剥蚀作用下山体形态多呈浑圆状，相对高程一般在 50~200 m 之间，其中惠山三茅峰海拔高程 328.9 m，为无锡市区的制高点。

（2）冲湖积平原

冲湖积平原广泛分布于无锡城市及周边地区，地势较平展，河汊沟塘水网发育，自山前往平原方向微倾，地面高程变化在 3~5 m 之间，近地表广泛分布上更新统亚粘土。

（3）湖沼积平原

湖沼积平原主要分布在西北部京杭大运河以北的洛社、石塘湾、前洲地段（即古芙蓉湖），在藕塘、钱桥和东北塘等乡镇亦有零星分布。地势比较低，湿地较多，地面高程一般在 2~3 m 之间，近地表广泛堆积全新统淤质亚粘土。

在这次评估中三种地貌单元均有涉及，针对三个地貌单元结合地下空间开发的一些相关制约因素，对无锡市的地下空间资源质量进行了定

4 地下空间资源评估

量与定性相结合的综合评估。

2）区域地质

无锡市位于下扬子—钱塘褶皱带的东部，印支运动强烈挤压形成北东向褶皱及伴生的断层。燕山运动以后，断块间垂直升降差异运动成为主要表现形式，并一直延续至晚近期。在总体上以区域性缓和沉降为主，致使大面积接受较厚的第四纪沉积。

（1）前第四纪地层

评估区域区内局部分布的基岩残丘，前第四纪地层广泛出露，主要分布泥盆系砂岩、砂页岩（在安镇附近有小规模的二叠系灰岩组成的山丘）。在平原区皆为较厚的第四纪松散层覆盖，据区域地质资料反映，区内前第四纪地层发育比较齐全，志留系、泥盆系、石炭系、二叠系、三叠系、侏罗系、白垩系，第三系均有揭露，显示南相地层发育组合特征。其中石炭系、二叠系和三叠系主要为灰岩地层。

（2）第四纪地层

第四纪地层广泛分布于平原，厚度受基底起伏控制，一般变化在 60～170 m 之间。在第四纪沉积过程中，曾遭受古气候、海侵、河流等多种因素影响，在井下剖面中岩性成因变化比较复杂。目前和近期一段时间内所进行的地下空间开发利用活动主要也是集中在这一地层中上部范围内。据前人勘察研究成果，大体可作如下划分：下更新统、中更新统、上更新统和全新统。

（3）地质构造

无锡地质构造比较复杂，显示基本构架为断块降起与断凹相间排列展布，惠山及长安、张泾、查桥附近的山体都受隆起断块控制，为泥盆系—三叠系中古生界地层组成的褶皱残留体，而洛社、前洲及无锡一带则为相对的断凹，广泛隐伏分布较厚的白垩系红层。

断块规模和分布主要受二组边界断裂控制，一组为北东向断裂，另一组为北西向断裂。

在新构造运动中，本区域仍继续显示断块间的升降差异运动，但比较和缓，来自区域的地应力不易积累，在多年的历史中，未见有破坏性地震事件记录，为区域地质构造相对稳定地区。据 GB 50011－2010《建筑抗震设计规范》附录 A，本区地震设防烈度 6 度，设计基本地震加速度值为 $0.05\ g$。

（4）岩浆岩

在燕山运动中，曾伴有强烈的岩浆活动，在无锡城区中北部隐伏分布规模较大的中偏酸性闪长花岗岩岩体，产状为岩株，面积近 50 km²。在惠山等山体泥盆系地层中亦可见较多的闪长斑岩类岩脉，并顺着断裂和层面穿插。

3）水文地质

无锡地区地下水类型较多，其埋藏分布规律不同。

（1）松散岩类孔隙水

松散岩类孔隙水赋存于第四纪松散地层中，广泛分布在平原地区，具有多层状发育特征，根据含水层埋藏条件和水力特征，自上而下一般可划分为孔隙潜水和第Ⅰ、Ⅱ承压水这三个含水层组。

① 孔隙潜水含水层组

孔隙潜水含水层组由近表层的粘性土组成，厚度 <10 m，富水性较差，单井涌水量一般每日 <10 m³，接受大气降水入渗补给，并与地表水体关系密切，水位随季节性变化于 1～2 m 之间。在无锡城区，由于杂填土较厚，结构比较松散，渗透性相对较强，单井涌水量达每日 100 m³。

② 第Ⅰ承压含水层组

第Ⅰ承压含水层组由上更新统夹层状粉砂、粉细砂组成，一般可见上下两个松散砂层。上段埋藏于 8～20 m 之间，在无锡城区以东地区面状分布，具有相对的稳定性，厚度 5～15 m，岩性粉砂为主，局部渐变为泥质粉砂或亚砂土。下段含水层为不稳定的夹层状发育分布，多为不纯的粉细砂，厚度一般为 10 m。

该承压含水层组富水性一般，单井涌水量变化每日 150～300 m³ 之间。水位埋深稍大于潜水水位 3～5 m。

③ 第Ⅱ承压含水层组

第Ⅱ承压含水层组较广泛分布在平原地区，为区内地下水主采层。含水层组由中更新统河流相松散砂层组成，顶板埋深 80 m 左右，厚度一般变化在 15～40 m 之间，岩性以灰色中细砂为主，具较强的渗透性，单井涌水量可达每日 1 000～2 000 m³，水质良好，为 HCO_3-Ca·Na 型淡水。由于长时间强烈开采，已形成规模较大的区域水位降落漏斗，中心在洛社、石塘湾一带，最近水位埋深曾达 88 m。

（2）碳酸盐岩类岩溶水

含水岩组主要由隐伏分布的三叠系、二叠系、石岩系灰岩组成，受构造控制，局限分布在藕塘、中桥、堰桥、长安、查桥、安镇等几个块段，顶板埋深一般在 80～120 m 之间，但在查桥、安镇一带较浅。岩溶发育受构造控制，富水性变化于每日 500～1 500 m³ 之间。

（3）碎屑岩类构造裂隙水

含水岩组主要由浅埋或裸露的泥盆系砂岩组成，构造裂隙和层面裂隙比较发育，有利于大气降水入渗和渗流，并在构造有利部位汇集，形成相对的富水带，单井涌水量可达每日 300～5 000 m³，为低矿化的 HCO_3–Na 型淡水。

4）工程地质

在这次的地下空间资源质量和数量的评估中，基本都在平原地区，除环太湖区周边及部分乡镇内山体外，涉及的地质环境均为第四纪土层，地下空间的开发利用都与浅部土体工程地质条件关系密切。参考无锡市轨道交通线网规划方案地质环境可行性论证报告中的无锡市基岩地质图和 20 m 以浅土体情况，我们也可以将评估区域范围内平原地区 30 m 以浅的土体划分为六个工程地质层。

从各工程地质层的岩性和性质反映，无锡平原区浅部土体软硬相间，较大范围内为以粘性土为主的多层结构区。但不同地段由于土体沉积环境差异，故又影响到工程地质层组合的变化，据此可划分为三个工程地质条件不同的土体结构区，各区工程地质条件相差较大，其中分布在西北部的以软土为主的土体结构区，为工程地质条件较差地区，进行地下空间开发利用时要充分考虑这一因素，见表 4.2 所示。[7]

表 4.2 区内土层地质情况及其主要指标

工程地质代号	名称	岩性	主要工程地质指标				
			含水量（%）	空隙比	塑性指数	液化指数	容许承载力（kPa）
Ⅰ	杂填土、素填土						
Ⅱ	第一软土层	淤质亚粘土	40~50	1.0~1.4	14~16	1.1~1.5	70
Ⅲ	第一硬土层	黄褐、棕黄色粘土、亚粘土	25~28	0.6~0.7	16~18	0.2~0.4	250
Ⅳ	第二软土层	灰色亚粘土、层理发育	30~35	0.8~1.1	8~13	0.9~1.30	110
Ⅴ	松散砂层	粉砂					140
Ⅵ	第二硬土层	棕黄、青灰色粘土、亚粘土	20~25	0.5~0.6	17~28	0.1~0.3	270

5）主要地质灾害

就目前情况来看，无锡市主要影响到地下空间开发利用的地质灾害为地面沉降、地裂缝、岩溶地面塌陷及特殊岩土类（软土）灾害问题。

（1）地面沉降地质灾害

地面沉降系强烈开采地下水诱发，它的发生和发展与地下水开采动态，在时间上、地域上都有着密切的相关性。

无锡地面沉降始于20世纪70年代初期，先发生于无锡城区，80年代后扩展至外围乡镇地区。

（2）地裂缝地质灾害

区内地裂缝地质灾害出现于20世纪90年代，无锡市区内已出现的灾害点共七处，其分布和规模详见表4.3。[8]

表4.3　评估区域地裂缝灾害发生调查表

灾点位置	发生时间	方向	带宽(m)	带长(m)
钱桥毛村园	1990	EN	60	400
洛社贾苍	1997	EW	20	100
石塘湾因果岸	1993	EW	85	1 000
锡山东亭	1990	NE	180	600
张泾杨墅	1995	NE	20	100
查桥吼山村等	1993	SN	50	200
宴桥山下村	2002	NE	80	150

（3）岩溶地面塌陷地质灾害

无锡地区多处隐伏分布岩溶灰岩，强烈开采地下水可导致地面塌陷地质灾害。如安镇附近岩溶灰岩埋藏较浅，在20世纪90年代初就曾发生过地面塌陷地质灾害，形成多个直径达数米的塌陷坑。无锡城区中桥附近某建筑工地，在成井洗孔过程中也曾发生过地面塌陷造成建筑物被破坏事件。在地下空间开发利用过程中岩溶地区是需要特别注意的地方，这些地区不宜进行地下空间开发利用。

（4）特殊岩土体类地质灾害

区内局部地段浅部淤质亚粘土比较发育，分布规模较大的片区为市区西北古芙蓉湖所在的范围，淤质亚粘土近地表广泛发育分布，厚度可达5~20 m。在城区及其他地区也零星分布暗沟、暗塘、暗浜相淤泥和泥炭层。

这类土体为典型的软土,在工程地质性质上强度很低,具触变性和流变性,工程建设中若处理不当,可产生较大的压缩变形,或倾向滑移,以致造成工程质量和损坏事件。

区内浅部松散砂层也很发育,一般埋藏在 8～20 m 之间,结构很松散,饱水,为渗透性较强的微承压含水层。该砂层属上更新统滨岸相沉积,一般为非液化砂土,在工程建设中常被作为浅桩基持力层。但在开挖工程中,则可能引发较多麻烦,易发生涌水流砂和基坑壁坍塌等问题,大量疏排地下水,还可能引发两侧地面严重形变,对建设场区附近已有的地面建筑造成较大的威胁。

4.5.3　城市地下空间资源质量评估

鉴于以上的地质分析,结合无锡城市地下空间资源质量的评估指标,运用模糊综合评判,对评估区域地下空间资源质量进行了综合评估,以地质界限为主要分界划分了地下空间资源等级,并给出了地下空间资源质量评估图(见图 4.2～图 4.5 所示)。

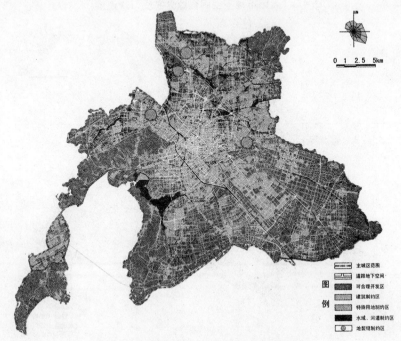

图 4.2　无锡市地下空间资源分布图(浅层)

城市地下空间总体规划

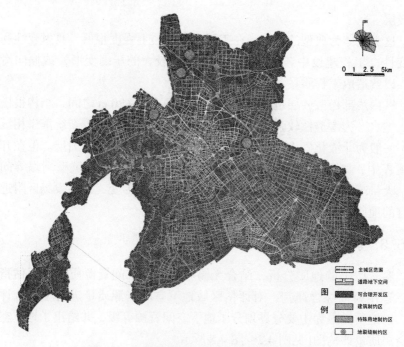

图 4.3　无锡市地下空间资源分布图（次浅层）

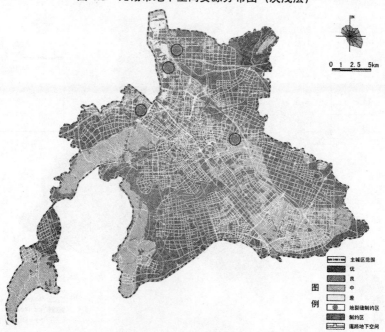

图 4.4　无锡市地下空间资源质量评估图（浅层）

4 地下空间资源评估

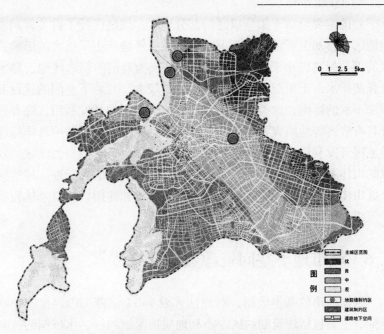

图 4.5 无锡市地下空间资源质量评估图(次浅层)

无锡地下空间资源的总体分布如表 4.4。[9~10]

表 4.4 无锡地下空间资源各等级数量表

评估等级	浅 层		次浅层	
	数量(亿 m³)	所占比例(%)	数量(亿 m³)	所占比例(%)
优	1.326	3	5.585	5
良	23.426	53	59.201	53
中	16.796	38	39.095	35
差	2.652	6	7.819	7
合 计	44.2	100	111.7	100
表中合计量未扣除已开发量				

从评估图和表中可以得出无锡市的地下空间资源质量总体来说就质量而言,等级良以上的占总体的一半,等级优的部分主要分布在市区以外的东北角位置,处于以硬土层为主的单一结构区,工程地质良好,该区域接近市区,适宜地下空间的开发利用。在整个评估区域范围内质量

处于差的主要分布于朱巷以北的部分地区，该地区处于古芙蓉湖湖沼洼地地区，再加上严重的地面沉降，对地质环境产生了极大的影响，该地区的部分标高已小于 1 m，在现状中已成为典型的积水洼地，靠水利工程强疏排水，土地湿化严重，洪涝威胁较大，对地下空间的建设和运行带来不利的影响，这类地区不宜进行地下空间的开发利用。除外还有部分具有岩溶等地质灾害的区域，由于资料原因，未在图中具体标注，这类地区开发利用地下空间也要特别注意，尽量避开不利的区域。规划区域的山体下部地下空间地质条件基本良好，但考虑到所处区域的区位和上部山体的严重制约，影响着地下空间建设和使用，所以总体质量也归于等级良以下，其大部区域处于中的等级。

4.6　城市地下空间资源数量计算

根据城市的基本数据，对评估区域 746 km² 范围内，排除一些制约范围，主要包括建筑制约区、不利地质情况制约区、水域制约区和文物保护区制约区及禁止建设用地等，分别对城市地下空间浅层和次浅层范围内的地下空间数量进行了统计计算，得出在现状情况下规划区域内可供合理开发的地下空间资源量大约为浅层 44.2 亿 m³，次浅层 111.7 亿m³。浅层的地下空间开发利用按质量的等级不同对其进行不同规模和不同强度的开发，我们按不同等级取可开发因子分别为 0.7、0.5、0.3、0.1。按此关系我们得出地下空间可有效开发的资源量为 17.969 亿 m³，占可合理开发量的 40.7%，按 5 m 层高计算，浅层地下空间可为我们提供 3.6 亿m²的建筑面积。[11]

对于次浅层我们考虑由于开发难度和对使用带来的影响，采取适量开发，取次浅层开发因子为 0.5、0.3、0.1、0.05，按此比例，次浅层的地下空间可有效开发资源量为 24.853 亿 m³，占可合理开发量的 22.2%，同样按 5 m 层高计算，无锡市次浅层地下空间可为我们提供 4.97 亿 m²的建筑面积，如表 4.5、表 4.6、表 4.7。[12~13]

浅层可有效利用资源量占可合理开发量的比例为 40.7%，一般城市建设的地面密度为 30%~40%，这个值略大于地面的开发密度，就地下空间的开发利用而言属于正常范围。这主要是由于有些建筑的地下室往往大于建筑的轮廓线，单建式地下建筑不占用地上建筑的投影面积等原因造成的。

4 地下空间资源评估

表4.5 无锡地下空间资源详细分布表(按用地类型分类)

用地类型	评估项目			备注
	地面面积（m²）	浅层可合理开发量（m³）	次浅层可合理开发量（m³）	
公共设施用地	30 704 670	153 523 350	307 046 700	地面制约因素不详，只计一半进行地下空间开发
特殊用地	3 673 170	0	0	特殊用地未进行地下空间资源开发统计
绿地	8 122 270	56 855 890	162 445 400	
工业	110 800 630	554 003 150	1 108 006 300	工业用地上建筑假设均为低层
居住用地	74 429 140	372 145 700	744 291 400	地面制约因素不详，只计一半进行地下空间开发
道路广场用地	1 118 070	7 826 490	22 361 400	地面制约因素不详，只计一半进行地下空间开发
对外交通用地	4 015 180	20 075 900	40 151 800	地面制约因素不详，只计一半进行地下空间开发
市政设施用地	6 854 210	34 271 050	68 542 100	地面制约因素不详，只计一半进行地下空间开发
仓储用地	3 971 650	19 858 250	39 716 500	地面制约因素不详，只计一半进行地下空间开发
水体	68 939 360	0	0	考虑水体保护，只用于微型隧道和交通隧道的开发，在宏观统计中未计资源量
山体	54 264 220	542 642 200	1 085 284 400	地表以下部分容量
道路用地	21 051 408	147 359 856	421 028 160	
农田	358 415 200	2 508 906 400	7 168 304 000	
合计	746 359 200	4 417 468 236	11 167 178 160	未扣除已开发量

表 4.6 浅层可有效利用开发资源量　　　　　　　　　单位：亿 m³

浅层可合理开发量	各等级量		可有效开发因子	可有效开发量	占可合理开发量的比例
44.2	优	1.326	0.70	0.928 2	40.7%
	良	23.426	0.50	11.713	
	中	16.796	0.30	5.038 8	
	差	2.652	0.10	0.265 2	
合　计		44.2		17.9	
浅层地下空间可提供 3.6 亿 m² 的建筑面积（未扣除已开发量）					

表 4.7 次浅层可有效利用开发资源量　　　　　　　　单位：亿 m³

次浅层可合理开发量	各等级量		可有效开发因子	可有效开发量	占可合理开发量的比例
111.7	优	5.585	0.50	2.792 5	22.2%
	良	59.201	0.30	17.76	
	中	39.095	0.10	3.91	
	差	7.819	0.05	0.391	
合　计		111.7		24.85	
次浅层地下空间可提供 4.97 亿 m² 的建筑面积（未扣除已开发量）					

次浅层的地下空间资源由于随着开发深度的增加开发难度也增加，以及人类意识对行为的控制，人们往往不太愿意到较深的下层空间里去购物、休闲等，所以目前一般认为次浅层的开发密度为 20% 左右。但随着技术进步、人们观念的改变，对于次浅层的地下空间开发利用可进一步加大。我们在此次的评估中对无锡的次浅层地下空间资源的可有效利用量取 22.2%。

4.7　无锡城市地下空间资源开发利用结论与建议

4.7.1　评估结论

鉴于无锡市的情况，从资源分布图和以上的分析可以得出：
（1）无锡市具有丰富的地下空间资源可以利用，虽然有地下水位比较高、地面沉降等不利因素,但资源的总体质量较好,可充分作为今后地下空间开发利用。但也严重存在资源分布的不均匀性,大部分质量好的资源广泛分布于目前城区的周边,这部分资源是将来城市发展的良好的后备资源,但对目前急需地下空间的城区而言,资源相对稀少,且质量条件也不是太好。

(2) 对于无锡市区,目前地下空间开发利用需求比较多的区域,除规划中的轨道交通外,还有其他种种需开发的地下空间,这部分区域工程地质情况相对比较复杂,质量也只是处于等级中的范围,以第一硬土层、第二软土层、粉砂层、第二硬土层组成的多层结构区域,其间厚度稳定在 6~8 m,在进行地下空间开发建设过程中面临几个不利的因素,在设计施工中需引起足够的重视。

(3) 在浅层和次浅层地下空间开发利用中可能产生影响的地下水问题,主要来自孔隙潜水和空隙微承压水含水层。孔隙潜水含水层主要以各类粘性土为主,水位埋深较浅(1~2 m),但渗透性差,单井涌水量小,对工程建设产生的不利影响较小。在工程建设过程中,工程开挖涉及微承压含水砂层,需进行强力降压排水,要采取适当措施以免引起地面形变等问题,对工程造成不利影响。

(4) 文物保护单位以及保护区内的水体山体绿地的保护也影响着地下空间资源。对于无锡作为省级历史文化名城这点尤为重要,要做到开发与保护相结合。

(5) 对于山体的开发,虽然地质条件相对较好,但考虑到山体的保护和山体对下部空间的制约及随开发深度增加而增加的开发难度,建议对山体只进行一些必要的开发,在这次评估中将山体的资源质量列为等级中。

4.7.2 地下空间资源的配置和重点发展区域

(1) 区位对地下空间资源效益有着重要的影响,地下空间资源良好的效益受益于城市中心区和地铁网络,往往高价值的地下空间资源分布于城市各类中心地区和地铁沿线车站节点区域,开发利用地下空间时尤其要注意区位对地下空间效益的影响。

(2) 城市道路、广场、绿地等的地下空间是城市地下公共空间和城市大型市政设施的优选空间位置;在城市地面日益拥挤的情况下尤其要充分规划和利用好这一地下空间。

(3) 旧城、城中村的更新改造是开发利用的良机，要充分抓住这一契机，统一规划、统一实施，做到地上地下协调发展。

(4) 注重地铁建设为地下空间发展的龙头作用，促进无锡地下空间健康有序发展。

本章注释

[1] 王保勇，束昱. 探索性及验证性因素分析在地下空间环境研究中的应用[J]. 地下空间，2000(1)：14-22

[2] 高文华，杨林德. 模糊综合评判法在综采地质条件评价中的应用[J]. 系统工程理论与实践，2001(12)：117-123

[3] 蔡爱民，查良松，刘东良等. GIS 数据质量的模糊综合评判分析. 地球信息科学，2005(2)：50-53

[4] 李彦鹏，黎湘，庄钊文等. 应用多级模糊综合评判的目标识别效果评估[J]. 信号处理，2005(5)：528-532

[5] 龚华栋. 地下空间资源评估及对策研究：[博士论文]. 南京解放军理工大学工程兵工程学院，2007

[6] 建设部. 建筑地基基础设计规范（GB50007—2002）. 2002

[7] 唐建国. 无锡市区浅层地基工程地质条件及其评价[J]. 铁道师院学报(自然科学版)，1994(1)

[8] 薛禹群. 地下水资源与江苏地面沉降研究[J]. 江苏地质，2001(4)

[9] 解放军理工大学地下空间研究中心，无锡市城市规划设计研究院. 无锡市主城区城市地下空间开发利用规划(2006—2020). 2007

[10] 无锡市人民政府. 无锡市城市总体规划(2001—2020). 2004

[11] 无锡市规划设计研究院. 无锡市中心城区控制性详细规划(2005—2020). 2006

[12] 无锡市规划局，无锡新区管委会. 无锡新区总体发展规划(2005—2020). 2006

[13] 龚华栋. 城市地下空间资源评估及对策研究：[博士学位论文]. 南京：解放军理工大学，2007

5 城市地下空间需求预测

5.1 城市地下空间开发目的

城市地下空间开发利用的最终目的是为人类活动创造更美好的、更有意义的生存环境，通过改善城市空间环境的质量来提高人的生活质量。

5.2 城市地下空间开发意义

建设"两型社会"（资源节约型、环境友好型社会），是我国社会和经济发展面临新的机遇与挑战的时期提出的社会发展新理论，没有成熟的经验可供参考与借鉴。这要求承载中国社会发展与进步的主体——城市以及城市的经营与管理者需要勇于开拓，积极进取，大胆创新，探索有利于能源节约、生态环境保护的城市发展新体制和新机制，切实走出一条有别于传统模式的工业化、城市化发展新路，为推动全国体制改革、实现科学发展与社会和谐发挥示范和带动作用。根据国内外发达城市的发展经验，城市地下空间开发利用对城市"两型社会"的建设有着极大的促进作用，具体表现在以下三个方面。

5.2.1 有利于构筑资源节约型和谐城市

土地资源是城市发展的基础。随着全国耕地面积持续减少和城市面积急速扩张，土地资源已经成为城市发展的稀缺资源之一。开发地下空间，节约土地资源，减少人均地面建设用地，减缓建成区扩展速度，推动老城区地上地下整体改造，鼓励土地综合利用，提高单位土地产值，构筑资源节约型和谐城市，已成为大势所趋。

汽车、能源、土地资源是城市现代化进程中相互促进又相互制约的三大要素。当汽车数量骤然增加时，土地与能源将承担更大的压力。因此，在对待与土地、能源密切相关的汽车消费时，应科学地加以引导，并在城市规划上有超前思维，如果管理部门把汽车保有量的高速增长仅仅看成一种建设成绩和市场商机，就会忽视其背后隐藏的能源和土地危机，为经济可持续发展埋下后患。[1]

以中国城市化发展标本城市深圳为例，当前，土地资源严重影响深圳现代化国际性大都市的建设步伐，严重影响深圳的未来发展空间，成为制约深圳城市竞争力的瓶颈。与深圳毗邻的香港全市面积1 104 km²，尽管经过了一百多年的城市化发展，建成区面积仍只占香港城市总面积的18%。而深圳建市之初，城市人口不到3万，建成区仅3.5 km²。经过25年的城市化发展，2006年年底建成区已经超过720 km²，占城市总面积的37%。[2]根据有关部门对深圳的地貌、坡度、地形、地质和生态保护等多因素综合测评，深圳市可建设用地约931 km²（《深圳2030城市发展战略》[3]）。如果仍以目前建成区扩张的速度发展，2020年有可能成为深圳城市发展的一个重要拐点。2006年8月，深圳市提出了"效益深圳"的城市建设目标体系。其主要内容就是在城市总体面积不扩大的条件下，以城市单位面积为核算基点，逐步提高城市单位产出，不断降低城市单位产出的能耗和水资源消耗，实现资源消耗的增长相对于经济增长的显著下降；以当前实际管理的1 000万左右人口为限，优化人口结构；实现经济增长对生态环境的污染程度显著下降，促进深圳城市建设的和谐发展。[4]

5.2.2 有利于打造布局紧凑型立体城市

人多地少的基本国情不仅决定了我国必须有较高的城镇化率，而且我国各地自然资源禀赋、人口和产业分布的极度不平衡决定了我国必须走集中型城镇化之路。倡导紧凑型城市发展模式，是可持续发展人居环境的战略选择。这在节省土地、节省能源、节约基础设施方面有重大意义。

在中国，城市的现代化意味着城市的同质化发展趋势越发明显，这一方面是因为不同城市现代化追求的目标在内容上并无二质，高集聚、高效率、便捷、宜居等城市功能趋同；另一方面，在城市现代化发展模式上大多都遵循从粗放到集约，从蔓延式扩张向内涵式增长的发展规律。尤其是21世纪的今天，不断上涨的能源与快速下降的资源，中国的城市不能沿着早期欧美发达国家城市的发展模式来实现现代化。

随着城市发展进入质态竞争时代，城市现代化已不是增长速度的竞争,而是效率、效益与质量的竞争。以科学发展观为标准,认真审视城市的发展道路,主动探索以效益、质量和人均占有财富为重要指标的新的城市发展模式,是城市可持续发展的必由之路。

当前,中国城市正处于高速发展的时期,城市化进程加快了土地资源的供需矛盾,同时,城市地下空间资源越来越受到城市经营者和管理者的重视,北京、上海、深圳、南京、杭州等近二十多个大城市根据城市自身特点和城市发展目标,相继编制完成了不同规划范围和不同规划层次的地下空间开发利用(概念性)规划。对城市未来地下空间开发的规模、布局、功能、深度、建设时序等进行了规划,明确了城市地下空间开发利用的指导思想、重点开发地区等,为下一阶段城市科学合理开发利用地下空间奠定了基础。在城市地下空间规划中,地下空间需求量的预测是一项非常关键的基础性工作。地下空间需求量的大小直接影响到地下空间的开发强度、地下容积率等基础指标的确定,对科学合理开发利用城市地下空间具有十分重大的现实意义。[5]

5.2.3 有利于创建环境友好型宜居城市

随着社会和经济的不断发展,人们对环境、景观和宜居性的质量意识不断增长,而地下空间的开发利用对保持环境的整体性,整合所有人类活动起着重要作用。

以武汉市为例,新一轮城市总体规划突出强调在城市规模上,加强对人口机械增长的管理和引导,严格控制人口增长。到 2010 年城市建设用地控制在 390 km^2 以内,常住人口 440 万人。2020 年,城市建设用地控制在 450 km^2 以内,人均建设用地为 89.6 m^2,常住人口 502 万人。

以现在的发展速度,未来武汉城市势必会面临土地资源、能源、环境、生态等多方面的矛盾,尤其是土地资源矛盾,而土地资源的供需矛盾是城市其他矛盾的主要根源。城市地下空间的开发利用,为武汉城市今后土地利用提供了新的方向,将粗放型、平面外延式的增量发展模式转变为节约型、立体内涵式的存量优化发展模式。

地下空间给各种市政基础设施提供空间,为城市提供安全有效的生命支持系统。地下建筑有助于保存自然植被,与地面建筑相比,更大程度上维护了植物、动物的栖息地与过道。在武汉市,城市具有重要观光和自然景观的区域,建设地下工程不仅满足了空间增加的要求,而且对现有景观的影响最小。发展地下交通、地下物流,缓解城市交通拥挤,降低城市大气污染；发展地下垃圾处理系统，消除垃圾围城现象。

国内一些经济发展快、城市建设起步较早的特大城市和大城市已经积极地开展了地下空间的开发利用，为节约城市土地资源、缓解城市交通矛盾、改善城市环境等作出了贡献，城市地下空间开发利用的重点是城市地下公共空间、轨道交通、城市隧道和共同沟等。另外许多城市在规划编制、实施与管理等方面取得了明显的成果，一些城市在涉及地下空间开发利用的法规建设以及筹资渠道研究等方面也取得了初步成果。

由于城市地下空间资源开发建设所具有的长期性、复杂性和不可逆性，城市在地下空间开发规划、建设与运营的整个流程中，必须贯彻"尊重地下空间开发客观规律"和"保护城市地下空间资源"的原则，促进城市和谐发展、地下空间资源的永续利用。城市地下空间的资源与需求规模预测是地下空间开发建设的基础研究，其成果直接影响到地下空间建设规模、功能布局及建设时序等规划指标的修订和落实。因此，将主要研究方向定为对武汉城市地下空间需求预测研究，为城市地下空间开发利用提供技术支撑与理论保障，对各层次规划起到承上启下的作用。

需求预测的目的：

（1）改变城市发展模式，拓展城市空间容量，完善城市功能，改善城市环境，提升城市活力与品质。

（2）对城市地下空间需求规模和理论规划量做出一个科学合理的估算与预测，引导城市地下空间资源能在一个较为科学合理的限度和范围内进行有序开发。

5.3 地下空间需求预测理论

城市地下空间的开发利用是城市建设和发展不可缺少的组成部分。城市地下空间需求量是城市地下空间规划中的一个关键参量和重要依据，因而，城市地下空间需求量预测工作是城市地下空间整个规划中的一个必要程序。然而，城市是一个大而复杂的系统，城市地下空间只是城市系统中的一个子系统，对城市地下空间需求量的预测，不可避免地要综合城市系统中一系列纷繁复杂的问题，并给予较为完善的解决。

目前，国内外对城市地下空间需求量的预测也提出了一些方法。国内专家建议采用建造大容量快速有轨交通——地铁与地下街相结合的方

5 城市地下空间需求预测

式来缓解对城市空间的迫切需要。以系统工程学的方法,通过对未来人口的预测,推算出了上海地下空间需求量。国外有些城市采用的一种预测城市空间需求量的方法,即首先根据城市情况选择一个主导发展因素,确定"一次空间需求量",然后再分析测算由此而产生的"二次空间需求量"和相应的"三次空间需求量"。然而,这些方法建立的模型都较为复杂,计算量也相对较大,而且针对不同的城市必须从不同的角度入手,模型的适用性不够强。本节以地下空间需求理论为基础,城市规划为依据,在参考国内外城市地下空间预测研究成果的基础上,分析并预测城市空间的需求量,引入城市经济数据对预测成果进行核验,进而推导出城市地下空间的规划需求量。[6]

从20世纪90年代中期开始,北京、上海、深圳、南京、武汉等一些特大型城市,相继编制了不同深度的地下空间规划。地下空间规划被认为是城市规划体系中不可缺少的一部分,但现行的规划编制的技术管理和标准、规范涉及城市地下空间的内容较少,有的甚至没有相关内容,这就使得在编制城市地下空间规划时,必然遵循着两个准则:一方面沿用现行城市规划编制的相关标准和内容,另一方面也要考虑到城市地下空间开发的特征与规律,在现行的规划编制的框架内有所突破。因此,各城市在编制地下空间规划时,其所运用的方法和理论、规划体系与规划内容也各有特色,对城市未来地下空间开发的规模、布局、功能、开发深度、开发时序等做了探索。经过十多年的规划探索,我国城市地下空间规划体系已经初步显现,而在地下空间规划中最重要的基础理论就是城市地下空间的需求预测。从已经编制出台的城市地下空间规划的城市来看,不同规模、类型的城市其需求预测的方法不一样,规划对象的不同,其需求预测的方法也有所不同。地下空间规划的基础理论,是决定一个城市在规划期内地下空间开发总规模的合理预测,因此,需求预测的合理与科学对规划的合理与科学起着重要的作用,其中不可回避的问题就是地下空间规划量的预测和确定,从已经编制的成果来看,目前,地下空间开发规划的需求预测主要有以下几种方法:

1)功能需求预测法[7]

功能需求预测法是根据地下空间使用的功能类型进行分类,首先对地下空间从大的功能方面划分为四大类,再对这些功能进行细化,然后根据不同类型地下空间功能分别进行量的确定和预测,汇总得出地下空间需求规模,再根据城市发展需要确定其地下空间总的规划量,

城市地下空间总体规划

如图 5.1 所示。

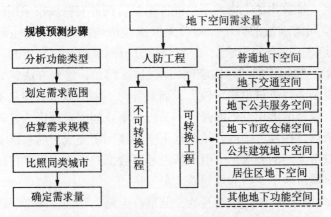

图 5.1 地下空间功能需求预测法技术框架

以无锡市城市地下空间需求量预测为例，通过对地下交通、地下公共服务空间、地下市政空间等功能类型的地下空间需求量的预测无锡市规划期内地下空间需求量具体功能类型的计算如下：

(1) 地铁隧道及车站：需要开发的地下空间量约为 133.6 万 m^2。

(2) 地下社会停车场：远期无锡市城市社会停车需求泊位约为 7.8 万个，其中远期中心城区地下停车率控制在 30% 左右，外围地区控制在 10%~15%，按照每个车位 35 m^2 计，远期地下社会停车建筑面积约为 45.4 万 m^2。

(3) 公共服务设施空间：到规划远期 2020 年规划建设 11 个地下综合体，共 98 万 m^2。除地下综合体和地下商业步行街外，其他地下公共服务空间面积为地面公共服务空间面积的 5%。地下公共服务设施空间需求量共计 104 万 m^2。

(4) 居住区地下空间：2020 年无锡居住区地下空间面积为 1 193.4 万 m^2。

无锡市城市 2020 年地下空间开发总体规模约 1 485.2 万 m^2。在此基础上减去无锡市城市现有地下空间开发量 241 万 m^2，从而确定需求量为 1 240 万 m^2。

使用这种方法的城市还有南京、青岛等，虽然这几个城市在预测计算的具体步骤和功能分类上各有突破，如南京地下空间需求量预测中，分为人防专项设施和完善城市功能地下空间等两大类若干小类；青岛地下空间需求中突出和细化地下交通功能的需求计算，但从其预测方法原理上仍应归为功能预测法。

2）建设强度预测法[8]

建设强度需求量预测方法是通过地面规划强度来计算城市地下空间的需求量，即上位规划和建设要素影响和制约着地下空间开发的规模与强度，将用地区位、地面容积率、规划容量等规划指标归纳为主要影响因素，并在此基础上，将城市规划范围内的建设用地划分为若干地下空间开发层次进行需求规模的预测，剔除规划期内保留的用地，确定各层次范围内建设用地的新增地下空间容量，汇总后得出城市总体地下空间需求量，其预测方法技术框架如图5.2所示。

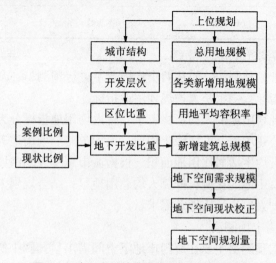

图 5.2　地下空间功能需求预测法技术框架

以北京市中心城地下空间规划为例，其需求量预测采用的是地面规划强度需求量预测法，从各规划用地地面容积率、区位等对该区地下空间着手。首先将预测范围分为中心城、新城、镇及城镇组团三个层次来控制。其次确定各层次范围地块地面容积率，乘以各个地块新增建设面积，分别得出相应地块地上新增建设规模，结合规划期内新城和镇建设发展预测，估算出新建地下空间面积占地上建设规模的百分比，分别得出中心城、新城、镇及城镇组团地下新增建设规模，得出北京城市地下空间新增总规模约 6 000 万 m^2，见表 5.1。

城市地下空间总体规划

表 5.1 北京市域地下空间需求规模预测一览表

类　别	新增建设用地（万 m²）	平均容积率	新增建设规模（万 m²）	地下空间比重(%)	地下空间需求规模（万 m²）
中心城	14 800	1.0	14 800	22	3 256
新城	40 200	0.6	24 120	10	2 412
镇及城镇组团	11 600	0.4	4 640	5	232
总计	66 600	—	43 560	—	5 900

3）人均需求预测法[9]

人均需求量预测法一般从两个指标着手进行预测，一个是地下空间开发的人均指标，一个是人均规划用地指标。

从城市规划用地的人均指标着手，将人均用地指标分为：人均居住用地；人均公建用地；人均绿化用地；人均道路广场用地等，在此基础上相加得到人均生活居住用地面积。根据城市总体规划中城市生活居住用地占城市总用地的比例，推算人均总用地量；结合规划人口规模，估算出城市规划人口生活用地总需求量。

4）综合需求预测法[10]

综合需求预测法主要在厦门市地下空间需求量预测中所见，此类需求预测法主要从三方面综合计算得出城市地下空间需求规模：

第一类是区位性需求，包括城市中心区、居住区、旧城改造区、城市广场和大型绿地、历史文化保护区、工业区和仓储区，以及各种特殊功能区。

第二类为系统性需求，有地下动态和静态交通系统、物流系统、市政公用设施系统、防空防灾系统、物资与能源储备系统等。

第三类为设施性需求，包括各类公共设施，如商业、金融、办公、文娱、体育、医疗、教育、科研等大型建筑，以及各种类型的地下贮库，如图 5.3 所示。

在此功能性需求分析的基础上，依据需求定位，将城市各类用地进行梳理、归类，结合城市建设容量控制计算规划期内新增地下空间需求规模，汇总后计算得出地下空间需求总量。

5 城市地下空间需求预测

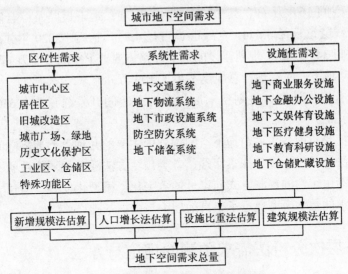

图 5.3 综合需求预测法技术框架图

具体计算内容主要包括以下几类（以厦门市地下空间规划需求预测为例）：

(1) 居住区：根据"按居住区新增建筑量估算需求量"和"按人口增长规模估算需求量"两种方法计算，得出 2006～2020 年总需求量为 1 160 万～1 800 万 m²。

(2) 城市公共设施：估算公式为

公共设施地下建筑规模 = 建设用地规模 × Z × R × L

式中，Z——公共设施用地比例；

R——地面建筑容积率；

L——地下建筑与地上建筑规模比例。

运用"根据厦门市统计年鉴有关竣工数据比例估算"和"根据 2020 年厦门城市公共设施用地发展规模估算"，到 2020 年公共设施地下建筑需求量总计为 570 万～600 万 m²。

(3) 城市广场和大型绿地：按开发利用地下空间 10% 计，共需地下空间 450 万 m²。

(4) 工业用地：按厂房面积的 5% 计，则到 2020 年需要 89 万 m²。

(5) 仓储用地：按用地面积的 10% 计，需开发地下空间 151 万 m²。

(6) 城市基础设施各系统：其中轨道交通设施按每延长米区间隧道需要开发地下空间 20 m²，每座车站建筑面积平均 1.2 万 m² 计，共需开发地下空间 16.8 万 m^2，其中本岛约 10 万 m^2；地下道路及综合隧道设施按干线隧道直径 8.8 m，支线隧道直径 4.8 m 计，到 2020 年共需开发地下空间 340 万 m^2；规划建设的地下道路需要地下空间 240 万 m^2。

（7）地下贮库：预计总规模不小于 100 万 m^2。

综合以上计算，规划期末厦门市地下空间开发总量为 1 650 万 ~ 1 950 万 m^2。

以上是目前各大城市地下空间规划中主要的几种类型地下空间需求预测方法，经过十多年探索实践，各类预测方法随着规划体系的不断完善，逐渐由定性的预测方式向定量的数字化、模型化发展，为建立地下空间需求的数学模型奠定了丰富的理论与数据基础。

5.4 层次分析法需求预测的理论与方法

本书研究理论的主体部分主要采用的是层次分析法；在核定与考察研究所提出的城市地下空间需求的可行性与合理性时主要使用增长率估算法和案例分析法，以数据和实例增强研究说服力。

地下空间需求主要受两方面影响，即总部影响因素（内变量）和外部影响因素（外变量）。这些影响因素（变量）包括：社会经济发展水平、人口增长、人均 GDP、城市单位产出（产业密度）等城市发展指标。由于外部变量与地下空间需求之间的影响关系较为复杂而且间接，本书所建立的模型里，主要是综合考虑各地块的区位、用地性质、城市功能（特别是轨道交通）等较为直接影响地下空间需求的内部影响因素（内变量），同时将经济和社会部分影响因素纳入模型。同时，本书还在借鉴国内外相关城市的地下空间开发利用的成功经验基础上，根据层次分析法，建立地下空间需求模型对城市地下空间需求进行计算分析，并依据城市规划区不同地块的需求规划最终确定城市地下空间理论需求总量。

以下是地下空间需求理论方法（层次分析法）的主要步骤：

（1）在确定城市地下空间需求总体目标后，对影响城市地下空间需求的因素进行分类，根据各类影响因素深度和影响关系，确定若干个影响要素，建立一个或几个层次结构。

（2）比较同一层次中地下空间需求影响因素与上一层次的同一个因素的相对重要性，构造成对比较矩阵（地下空间需求模型，以下文本中通用需求模型）。

(3)通过城市规划,同类城市地下空间现状规模、需求规模等指标的比照,确定不同区位、层次、用地类型的地下空间开发强度控制指标。

(4)通过计算,检验需求模型的一致性,并根据影响地下空间需求的其他影响要素对需求模型进行校正,得出比较科学的地下空间需求规模(量)。

5.4.1 研究总体思路

城市地下空间需求量预测是城市地下空间开发规划,乃至城市规划体系中的一项重要的基础研究课题。本书提出的需求预测方法,试图从城市规划和地下空间开发等层面的理论角度对城市在规划期内地下空间开发利用的需求量进行预测,为提出城市科学合理的地下空间需求规模提供一个较为科学的理论参考依据。并从经济角度对规划需求量进行核定;针对城市的区位特点与优势,提出城市未来地下空间开发趋势和发展策略。

根据以上研究步骤与内容,归纳地下空间需求预测的路线图5.4:

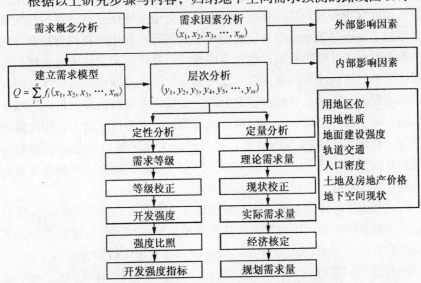

图5.4 地下空间层次分析需求预测法技术框架

5.4.2 需求概念分析

地下空间按照功能划分为地下公共空间和地下非公共空间两类,其中公共空间又可分为交通空间和非交通空间。非交通空间主要包括市政、商业、办公、文化、娱乐等,由于市政地下空间的特殊性,在这次城市地下空间需求分析中暂不考虑,这次地下空间需求分析主要是分析以下几个方面的需求(见表5.2):

表5.2 地下空间需求分类

公共空间需求		非公共空间需求
非交通空间	商业、办公、文化、娱乐等	主要是地下配建
交通空间	地下停车、地下快速路、地下过街道、地铁等	

5.4.3 需求影响因素分析

影响地下空间需求量的因素很多,涵括了影响城市发展的各个方面。根据城市地下空间开发利用的需求与发展规律,可将这些因素归结为地下空间需求的内部影响因素和外部影响因素。

内部影响因素主要包括开发区域的地下空间资源的数量和质量、工程地质、水文地质、地质构造、地下埋藏物、区位条件、土地利用性质、地面现状和规划建设强度、地下轨道交通、地面已有建筑、现状地下空间、地面建筑总量等直接影响地下空间开发利用的自然与社会方面的影响因素。外部影响因素包括范围很广,有国家宏观政策与发展战略层次上的,如构建节约型社会、发展循环经济以及城市的可持续发展等国家宏观政策因素;有城市层次上的,如城市和区域的发展目标、城市人口、城市经济总量、三产结构、城市单位产出与产业密度、固定资产投资、房地产开发等经济因素;另外包括为保护城市生态而划定的绿线、紫线等禁止建设区,承载城市历史发展记忆的历史街区和各类文化遗产等城市环境与文化保护方面的因素。

这些因素不仅数量多,而且对城市地下空间开发需求的影响深度和方式各有不同,如何用科学的方法直观地反映这些因素对地下空间需求的影响方式,就显得尤为重要。因此,为便于采用数学方法给予表达,以便对这些因素进行量化,可以将以上因素分别用 x_1, x_2, x_3, $\cdots$, x_m 表示。研究区域内的每个需求分区为计量单位,则地下空间需求可以表示函数为

$$Q = \sum_{i=1}^{n} f_i(x_1, x_2, x_3, \cdots, x_m)$$

式中, n——分析区域内需求分区的总量,道路也作为需求分区看待。

为了使需求模型可以量化，对需求模型进行简化，通过因子分析法将影响因素归结为若干个影响要素。因子分析是处理多变量数据的一种数学方法，它可以提示多变量之间的关系，其主要目的是从为数众多的可观测的变量中概括和推论出少数的"因子"，用最少的"因子"来概括和解释最大量的观测事实，从而建立起最简洁、最基本的概念系统。首先进行的是开放式问卷调查的方法，要求被试专业人员尽可能全面地写出"影响城市地下空间需求的因素"。通过以上方法，获得了"影响城市地下空间需求的因素"的项目，经过分析比较，剔除重复的项目，对剩下的项目进行反复斟酌，并给每一项目以适当的语言表述，最后得到二十多个影响城市地下空间需求的因素项目。将这二十多个项目随机排列，采取5等级给予评定，每个项目的量表值1表示对该项目持满意或赞同等，量表值3表示中立观点，量表值5则表示不满意或反对等，其他依此类推，这样制订出了"影响城市地下空间需求的因素问卷专家调查表"。

量表信度、效度考验：信度即可靠性，指调查统计结果的稳定性或一致性，通俗地讲，它是指对同一没有变化的调查对象重复进行调查或度量，其所得的结果的程度，可表示在 n 次调查中有多少次是正确的，或每次调查属于正确的概率是多少；效度是指用度量方法测出变量的准确程度，即准确性或正确性。调查统计资料的效度就是指调查结果反映客体的准确程度。在统计学上，如果某一度量方法能测出调查者所要调查的变量，则此度量方法可以说是有效的。如果度量某一变量 x，调查结果确实测出了 x，则所采用的度量方法的效果是高的，也称此项调查（度量）是有效的。

5.4.4 需求影响要素分析

为了使需求模型可以量化，对需求模型进行简化，将影响因素归结为若干个影响要素，对二十多个影响城市地下空间需求的因素进行探索性因素分析，得到特征根大于1的八个因素：区位、土地利用性质、地面建设强度、轨道交通、人口密度、土地价格、房地产价格、地下空间现状，约占74.6%，故认为这八个因素是影响城市地下空间需求的要素。

研究地下空间开发利用在需求性质和数量、需求发生的空间位置以及需求程度等问题，为地下空间开发利用的近期、长远战略目标和规划

城市地下空间总体规划

决策提供基本的参考依据。城市发展的总体经济社会条件和时机以及总体空间(土地)资源利用、消耗和储备等条件,决定城市地下空间宏观总体战略需求和发展目标;城市内部空间区位的相对差异和经济社会条件的相对差异与分布,影响和决定地下空间在城市内部的具体需求性质、需求程度和位置分布,资源配置和优势优化利用方式。因此,研究采用空间区位、用地功能(性质)、地面建设强度、轨道交通、人口密度、地价和房地产价格区位的方法,分析城市区位、功能等级及经济社会条件内部差异对地下空间需求内容、需求程度上的特点和差异,并作为影响地下空间需求的评估指标。

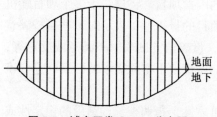

图5.5 城市开发Gauss分布图

1)空间区位与地下空间需求

国内外城市建设的经验表明,城市空间资源的利用强度与城市空间区位有着较大的关系,一般呈Gauss分布的形式,如图5.5。城市不同的空间区位对地下空间开发利用需求规模和类型同样有着较强的影响,城市流动性较高的公共开敞空间(商业中心、行政中心、文化中心)、地下轨道交通枢纽站、城市交通枢纽等区位优越的城市空间或功能设施,其地下空间开发的需求规模及价值潜力较高。从城市空间要素分析,城市地下空间开发的需求与空间区位、土地价值成正比,与联络时间与距离成反比。不同空间区位土地价值的高低对地下空间开发利用需求有着直接影响;商业中心等空间区位由于对空间容量和空间层次需求的不断增长,也决定了其对地下空间开发的强大需求。空间区位等级与地下空间开发的需求及其经济效益直接相关,距离这些空间区位越近的地点,其地下空间开发的需求强度越大,经济效益越高。

城市中心区是城市功能最齐备、设施最完善,也是各种矛盾最集中的地方。一方面,城市中心区具有高容积率和高经济效益;另一方面,巨大的交通流量和聚集的城市容量也易使城市矛盾更加激化。因此,城市中心区常常是城市更新和改造的起点和重点。由图5.5可知,在城市中心区,空间资源的利用强度最高,向高空和地下发展的要求都很高。其中城市空间的立体开发基本采取以两种途径:一是向高空争取空间,对城市中心区进行交通立体化改造,疏导和缓解地面动静态交通压力,使地面上最大限度地实现步行化;二是有计划地向地下拓展城市空间,将部分城市功能转入地下，改善城市环境，增加地面空间容量。

在城市的立体化过程中，城市中心区建筑密度过高，趋向饱和，地价高涨，地面已没有多少剩余空间可以进行城市扩容，从而使开发地下空间在投资上具有赢利性，吸引了开发商。城市中心区兴建大量高层建筑，带来了一系列的城市问题。首先是城市基础设施容量严重不足，迫切需要改造和增容，开发城市地下空间在基础设施扩容方面有着得天独厚的优越性。其次，中心区巨大的建筑量带来了巨大的交通流，交通的一体化，特别是地下铁道的发展促进了城市地下空间的大规模开发。大量现代高层建筑的兴建，在创造新的城市空间的同时，也割断了城市的历史联系，破坏了传统的城市风貌和城市景观。开发地下公共空间已成为保护历史性建筑和传统城市风貌的一个重要手段。新的地下空间开挖技术的发展和成熟，降低了大规模开发城市地下空间的难度和开挖成本。

然而随着城市化进程的进一步加快以及科学技术和生产力的飞速发展，从城市防灾以及生活舒适的观点出发，城市规划专家以及社会学专家预测，在城市化的后期，人类对城市空间的开发利用将会出现一种所谓倒穹顶(Inverted Dome)的分布形势，如图5.6，即在城市的中心区，人类对高空的发展要求逐步减弱，而对地下空间的开发利用要求逐步加强。此时表现出城市中心区大规模的空间开发利用的时机成熟，并且需求很大。

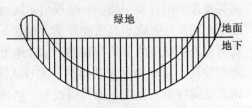

图5.6 城市开发倒穹顶(Inverted Dome)分布模型

城市地下空间开发量与地区内的规划容积率相关度很高，其中以地下街与容积率的相关度最高，地下车库与容积率也有很高的相关度。城市中心或副中心地区的规划容积率通常远远高于周围地区，密集的城市活动和城市空间推动了地下公共空间的发展。如加拿大的蒙特利尔、多伦多以及美国纽约的曼哈顿的核心区，高层建筑密集，商业、商务、交通活动量很大，在这些地区建筑地下室、地下步道、地铁车站往往相互连接，覆盖数十个街区。在日本，城市中规划容积率最高的地区一般位于轨道交通(JR线及地铁)车站地区、城市活动中心与交通中心的重合，这些地区的地下公共空间的密集度往往极高，地面的地价也是极其高，因此这些地区的地下空间资源拥有较高的开发价值。

(1) 商业中心区位：通过对伯吉斯同心环模式分析，城市商业中心是地租最高的区位。在土地条件均质的假设下，商业中心对周围土地地租的影响范围呈圆形，并且在接近商业中心的区域，地租下降很快，远离商业中心后，地租平稳在较低水平。这说明商业中心的影响范围是有限的。城市包含了多级商业中心，市级商业中心的影响范围最大，区级次之，更低级别的商业中心影响范围很小，在地下空间开发需求及其经济价值研究中可以不予考虑。多级商业中心影响下的地租曲线如图5.7所示。

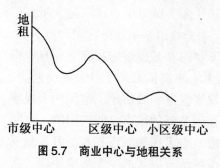

图 5.7　商业中心与地租关系

国内外城市地下空间开发的经验表明，商业中心对地下空间开发利用需求功能和类型呈多元化发展趋势。以上海人民广场地区为例，作为典型的聚集型商业行政文化中心，该地区已建地下空间的开发规模与功能类型在全国首屈一指，并呈现出向周边地区滚动发展的趋势。城市商业中心地面高强度和高密度开发，对地下空间开发需求也较为迫切，客观上促进了城市的聚集型发展。结合地下交通、地下商业、地下市政设施的建设，重理地面交通组织，实现人流、车流分离，节约土地资源，拓展空间容量，提高土地利用效率，增强经济活力，改善人居环境，促进城市和谐可持续发展。

(2) 其他中心区：商业中心区位只是影响地租和集聚效应的一个最基本类型，除此之外，城市行政中心、交通枢纽区位也是空间集聚效应和地租效应的重要影响因素。城市行政中心往往占据城市中地理位置较佳、地租较高的区域，环境优美，对环境质量、城市风貌、公共空间质量要求较高，对地下空间的需求以社会效益和环境效益为主，经济效益也有可能较高，因此地下空间开发的需求较大。城市中其他一些大型吸引点，如文体中心、旅游中心等，也是人流集中、交通便捷的场所，地租普遍较高，地下空间需求也较高。单从需求角度看，交通枢纽及重要的交通线对附近地区的地租、人流、空间复杂性和规模需要有明显的提升作用，因此这些地区开发地下空间的需求也相对提高，其中地铁对城市地下空间开发的推动力最大。

5 城市地下空间需求预测

2) 用地性质(功能)分布与地下空间需求

不同类型的用地性质对地下空间的需求有不同的影响。城市土地开发类型对地下空间的不同需求，决定了用地性质对地下空间开发需求等级的影响。

(1) 商业金融用地：商业金融中心一般在城市中心及城市主干道两侧，人流密度大、地价较高、交通流量大是其重要特征，综合了地下空间开发的各种需求，如城市容量与层次扩大、交通立体化分流、土地价值的最大化等。其对地下空间开发的需求主要表现为其潜在的经济价值。有统计数据表明，城市商业中心区地下空间，地下一、二层的经济效益一般与地面一、二层相当，比地面三层以上的经济效益要好，节约的土地和产生的商业价值是其他任何区位都无法相比的。在环境效益方面，城市功能设施的地下化可以有助于改善地面空间环境，缓解城市交通压力，增强各商业空间的连通性。同时，在自然条件较差的城市，通过地下通道的连接，可以避免恶劣天气对城市中心区商业及办公活动的影响，实现全天候无阻碍的城市活动空间。在社会效益方面，快捷、秩序、安全的地下轨道交通和地下快速通道可以疏解城市商业区的人口压力，减少地面环境污染，改善城市居住环境。城市商业中心区的市政设施地下化，可以优化城市土地资源，增加城市公共活动空间，有利于市政功能的集约化管理和运营。

(2) 行政办公用地：行政办公用地其地下空间的开发主要是地下车库、地下通道等。由于这些用地使用具有内部性和相对独立性，一般情况下，无论是内部交通环境还是空间环境，地下空间开发的动力主要是地下停车，因此需求较高。

(3) 居住用地：居住是城市的一个主要功能，随着城市立体化开发的不断深入，人们越来越重视对小区地下空间的开发利用。居住区内地下空间的开发利用可以把一些对空气阳光要求不高的设施放入地下，如车库、变压站、高压水泵站、垃圾回收站等，从而节省更多的地面空间用于绿化，提高居住区的环境水平。分户仓储、公共服务、娱乐餐饮等附属设施均可用地下空间解决。居住区开发地下空间需求很高，能够创造很好的环境效益和社会效益。

(4) 绿地、广场用地：城市广场绿地往往处在城市绝对区位的中心或一般区位的相对中心，是为市民提供休闲娱乐、聚会、公共活动的开敞空间，也是城市中土地相对开发强度低的区域，且受地面环境的影响较小。城市对空间资源的需求强度大与开发的相对容易决定了广场绿地开发地下空间的巨大潜力。城市广场绿地的开发可以扩大城市空间容量，创造良好的社会效益和环境效益；完善广场、绿地的功能，塑造良好的空间环境；改善交通环境；其经济收入可以用于广场绿地的建设管理。因此广场绿地地下空间的经济、社会、环境效益一般很高，需求强度也较高。

（5）城市道路：城市道路组成了城市的基本骨架，其下部空间则是市政管线的主要收容空间，也是地下街、地下停车、地下机动车道、地铁隧道、市政设施综合廊道等其他地下空间优先开发的重要用地。城市中的各种市政管线是城市的"生命线系统(lifeline system)"，在城市的发展过程中起着重要的作用，是地下空间利用的一种重要形式。道路下地下空间的开发可以完善道路功能，确保生命线的稳定安全，保护城市环境，增强城市的防灾抗灾能力。

（6）工业用地：工业用地是现代城市形成和发展的重要内容。在城市工业区地下空间开发利用的好处是可以节约土地、减轻工业污染，保护环境，有利于节约能源及满足一些特殊工艺对生产环境恒温、恒湿、无震动的要求。因此城市工业区对地下空间资源具有一定的需求。

（7）仓储用地：过去的地下仓储主要是储藏粮食，随着城市功能的完善，仓储空间的需求极大扩展，如冷库储藏食品和油库、气库等。这些仓储空间如放置在地上，势必占用大量的地面空间，对土地资源是巨大浪费，且存在严重的安全隐患。因此，利用地下空间的隐蔽性、非建设用地的可用性等条件，开发利用地下空间进行地下仓储，不但能节约能源、土地，而且具有很好的防灾减灾效果。

（8）教育科研及其他用地类型：教育科研用地具有多重功能，如居住、体育、行政办公等，一般对地下空间的开发需求不大，主要是一些地下车库、地下娱乐设施、地下图书馆等及特殊公共设施。

（9）水域：在水域下开发地下空间难度较大，尤其在城市中的水域下部地下空间资源的开发利用，很可能导致地质环境改变，地表水干涸及工程事故。但在特定区域，如交通、市政、景观、环境、旅游等的需要，水下地下空间的开发利用也十分必要，主要形式是隧道、地下公共设施、观光娱乐设施等，开发需求量不大，例如上海过江隧道、青岛海底世界、南京玄武湖隧道以及厦门轮渡地下车库、东部跨海隧道等，均具有较强而特殊的功能和效益。

5 城市地下空间需求预测

城市用地性质对地下空间需求的影响见表5.3所示。

表 5.3 城市用地性质对地下空间需求影响

用地性质	区位因素	地下空间开发动力	开发需求	适合的开发类型
商业用地	租金、交通、人流	扩大城市容量、交通立体化、土地价值最大化	☆☆☆☆	结合商业、文娱、交通枢纽等功能的地下综合体
行政/文娱用地	交通、接近服务对象	停车地下化、提高防护	☆☆☆	地下车库
居住用地	租金、交通、适宜性	停车地下化、设施地下化、改善地面环境	☆☆☆☆	地下车库、地下基础设施
道路广场用地	交通、人流	停车、公共设施地下化、改善地面环境	☆☆☆☆	结合商业、文娱、交通等功能的地下公共服务设施
公共绿地	市民需求、政府规划	创造良好城市空间环境	☆☆☆	提供文体娱乐、公共交往等功能的半地下开敞空间
交通用地	政府规划、城市需求	节约地面空间、改善环境	☆☆☆	地铁、市政设施综合管廊
工业用地	租金、交通、土地适应性、劳动力、市场、环境保护	节约土地资源、减少工业污染	☆	地下仓库、需要地下环境的特殊工业车间
仓储用地	租金、用地要求	节约土地资源	☆☆	地下仓库、地下物流系统
市政设施用地	城市需求、用地要求、政府决策	市政设施更新改造	☆☆	地下市政设施、市政设施综合管廊
农业用地及水域	租金	缺乏开发动力	☆	不适合开发

注：☆表示地下空间开发需求等级。

3) 地面建设强度与地下空间需求

现代城市学理论认为，城市的本质是聚集而不是扩散，衡量一个城市的发展水平，不仅要看其人口的多少和面积的大小，更重要的是看其聚集程度，即城市发挥的效率、空间容纳效率和城市运行效率等。从系统的观点来说，现代化城市是一个以人为主体，以空间利用为特点，以聚集经济效益为目的的一个集约人口、集约经济、集约科学文化的空间地域系统。

近年来，城市兴建了大量的高层建筑，表现为点的发展，线的延伸和面的扩大。但这种发展方式产生了越来越多的问题，在创造新的城市空间的同时，也导致了城市交通日益超载，城市中心越来越拥挤。由于城市人口的迅速增加和建设规模的不断扩大，特别是建筑容量的急剧增加，使城市的综合环境进一步恶化，在不断改善地面环境的同时，向地下寻求空间容量是很重要的一种途径。因此，地下空间在某种意义上是随地上建筑规模的增加而逐步扩大，地面开发强度越高，对地下空间的需求越强。

4) 人口密度与地下空间需求

近几年来，城市外延上不断扩大，人口快速增长，城市用地的扩展跟不上城市人口的增长。内涵上人口密度和流动强度都是直线上升，生活出行需求的增加势必加大城市的交通量。一般而言，人口密度越高，其地下空间需求也越大，尤其是对地下停车、地下商业等的需求就越大。从国外学者的研究报告和上海市历次停车调查的结果分析来看，人口规模、进入停车规划区域的机动车流量以及城市土地的使用性质与开发强度这三种因素对城市停车需求量的影响十分显著。从本质上讲，某区域的人口规模、职工岗位数以及所吸引的日平均交通量与该区域内土地开发利用情况密切相关。土地开发的强度越高，提供的职工岗位数就越多，商业、服务等功能也越强，该区域自然而然地将成为人流和车流的主要吸引点，从而产生大量的车辆停放需求。因此，人口规模、职工岗位数以及交通吸引量对停车需求的影响可以通过土地的开发利用特征来体现，土地使用性质与开发强度是诱导停车需求的决定因素。这种人口和产业活动高度集中在狭小的建成区内的发展模式，面对如何在有限的土地条件下使城市得到应有的发展这样的严峻形势，一定程度上促进了城市地下空间的大规模开发。

地下空间的开发利用不仅解决了由于人口快速增长造成的用地紧

5 城市地下空间需求预测

张,还为个人就业带来更多的机会,同时增加了人均绿地面积,城市地下空间的开发利用,为人类提供了一个巨大的空间资源。

以北京为例,与1985年相比,北京市人口由981万增加到2002年的1 423万,随着农村的人口向城市迁移,城市化进程加快,导致大量人口聚集在城区工作。人口的快速增长导致城市用地不断增加,生活空间与生态空间在用地上的矛盾更加尖锐,出现了道路拥挤、土地资源紧张的状况。北京市历年人口增长和北京市人口规模预测见图5.8、图5.9所示。[1]

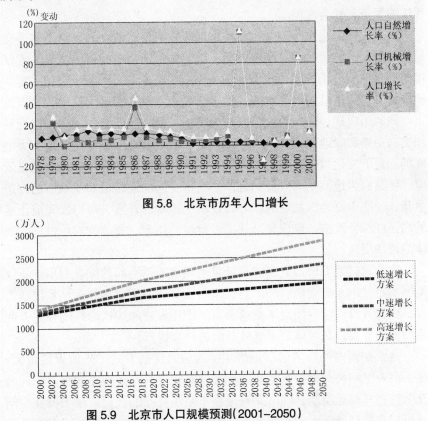

图5.8 北京市历年人口增长

图5.9 北京市人口规模预测(2001-2050)

城市中心区人口快速增长,建筑密度过高,趋向饱和,地价高涨,地面上已没有多少剩余空间可以进行城市扩容,同时城市用地的扩展跟不上城市人口的增长。随着城市化迅速扩展,城市人口急剧增长,促进了北京城市地下空间的大规模开发。

5) 轨道交通与地下空间需求

地铁是城市地下空间的骨干线，是地下公共空间的发展轴，地铁线网不仅串联地铁沿线众多车站，并易于与站点周边地区形成地下连通的大型地下综合空间，形成巨大的地下空间集聚效应和网络效应，大幅度直接提升地下空间的综合价值，有巨大的经济效益和社会效益带动作用。对日本埼玉新交通线和上海地铁1号线的研究表明，地铁对于周围2 km范围内的地价有明显提升作用，其地下空间开发的需求非常大，如果沿线综合开发效果好，甚至会形成新的城市副中心，从而带动附近社区的经济和社会发展。

轨道交通的建设是改变粗放型土地开发的最有效动力，地下轨道交通发展带来的间接社会、经济效益，将使城市地下空间价值凸显。大城市相对成熟的市场机制，使得市场在轨道交通建设之初就敏锐地关注并积极地参与轨道沿线地下空间的综合开发。以轨道交通为导向的城市地下空间利用模式，解决了城市繁华地区的对外交通问题，同时在保证地面交通通畅和绿地面积的前提下，在市中心增加地下商业街、地下大型商场、地下文化娱乐设施，大大扩展了商业容量，增强了土地的聚集效应，使其成为地面空间效益的延伸。轨道交通的建设带动了城市的改造更新，一些重要地铁站点的核心腹地借助地铁的开发，可自发完成土地的高强度综合改造，形成集公共交通枢纽、住宅、商业和娱乐设施为一体的繁华街区。

因此通过地下轨道交通的建设带动城市地下空间的综合利用，不仅能够满足城市人口激增、环保意识增强及交通挤塞对集体运输系统的需求，而且可以通过利用地下交通节点的商用设施和地铁沿线的住宅及商用物业的开发，实现城市土地效益的进一步提升。

地铁在国内外许多城市是最主要的公共交通方式，人流聚散量大。地下商业空间可与地铁车站的门厅等空间相连，在实现交通疏散的同时充分挖掘其商业潜能，同时又对地铁车站是有益的补充。地下商业空间还可以直接延伸至大型百货商场、购物中心的地下层，使交通和商业互相转化，互惠互利。例如，上海地铁1号线经过徐家汇副中心，与地铁车站相连的地下商业街将东方商厦、太平洋百货、第六百货商店连接起来，利用地铁折返线与地面间的空间，形成了22 800 m^2 的大型地下商场，不仅有利于人流合理分散、积极导向，也给人们提供了不受外界干扰的舒适的购物环境。纽约布鲁克林商业区也成功地将地铁与地下商业

5 城市地下空间需求预测

街完美地结合在一起。设计将地铁与地面的夹层空间形成一个活跃的商品零售的行人走廊,这个走廊可以通过多个出入口通向地面广场和街道,使地面和地下得到有机的统一。

表 5.4 显示的是日本名古屋一条轨道交通沿线受益者的收益情况,由表中可以看出对于各个层次的主体均有不同的收益。[12]

表 5.4 日本名古屋市一条轨道交通沿线受益者的收益情况　　单位:亿日元

主 体	线路开通后		
	0~5 年	5~10 年	10~15 年
土地所有者	1 301(70%)	1 465(73%)	1 515(73%)
商家企业等	246(13%)	283(14%)	312(15%)
居民	296(17%)	262(13%)	259(12%)

目前国内外很多城市均开始采用这种交通带动效应进行 TOD 模式的城市规划空间布局。北京、上海、深圳等一批已建成城市轨道交通的城市对轨道沿线的地价统计研究表明,沿线的地价均有不同程度的提高。从东京、伦敦等国外发达城市以及国内广州、北京的地铁经验来看,地铁与居民生活密切相关,周围地下空间的需求强度大,尤其是轨道交通站点周围将成为银行、药店、便利店、干洗店、商场、超市等商业及公共活动空间的黄金宝地。

图 5.10 为深圳市轨道交通地下空间需求分析示意。[13]

图 5.10　深圳市 1、3、4 号地铁沿线腹地地下空间需求分析图

6）地价、房地产价格与地下空间需求

城市土地价格是城市各地块用地性质、区位条件、交通条件、基础设施条件、自然环境条件等诸多影响因素综合作用的结果，这些因素综合反映了城市内部在城市建设中土地的空间区位和开发利用效益的地域差异。这种差异，不仅体现在土地经济利用效益上，而且也体现在生态和社会效益上。城市土地价格在很大程度上影响着城市地下空间开发利用的规模与强度。

一般认为，地下空间开发利用的局限性主要在于投资成本过高，但如从综合效益方面来考量，大规模开发地下空间经济水平的城市中，其地下空间开发实际投资成本的高低取决于城市的土地价格。日本在这方面所作的研究表明，单纯从工程造价和运行能耗上看，地下空间的使用价值无法与地面空间相比。但当地面上多余的土地日趋减少，土地价格过高时，地下空间的使用价值就明显地显现出来，当前中国沿海较发达的城市地下空间开发规模空前高涨也印证了这一规律。

以地下街道为例，据日本对1976年至1980年建成的地下街道所作的统计，工程造价是地面建筑的3～4倍，而如果地面建筑加上地价，则地下街道仅是地面建筑工程造价的1/12～1/14，经济效益相当显著。

城市地下空间重点开发地区，应是城市建设、改造的重点，也是地下空间需求量大，对城市功能与市容影响重大的地区，可以归纳为以下几类地区：

（1）人口稠密的旧城中心区：由于城市旧城区发展大多趋于饱和，地面建筑无法满足高聚集人口规模的需要，如在旧城改造中将部分商业活动、交通及市政设施转入地下，可大大缓解旧城中心区城市功能设施供需矛盾，提升旧城活力。

（2）城市中心、次中心：兼顾商业和交通等功能的城市商业中心，地上地下一体化的整体开发，能充分发挥地下交通、商业等设施集聚与辐射的特点，轴向发展，滚动开发，促进城市地下空间向更大范围开发。

（3）地铁沿线腹地及车站：轨道交通作为连接地下空间的大动脉，沿途的地下车站作为连接其他地下空间的枢纽，车站周围地下应综合发展商业、饮食、服务等设施，其对地下空间资源的价值有着很大的影响。

（4）城市内外交通枢纽：在车站、码头交通枢纽地段，结合区域改建、修建一体化地下空间，使地下、地面交通有机结合。

国内外地下空间开发规模较为成功的城市的经验表明,以上几类地区往往是城市中地价相对较高的地区,由此可以看出城市地价和地下空间的开发利用、城市地下空间资源价值之间存在着一定的相互关系,地价影响着地下空间的开发利用需求和强度,影响着城市地下空间资源的价值。

地价、房地产价格越高的地区,地下空间开发需求越大,越可以充分发挥其地下空间开发利用对土地的利用效益,使单位土地实用效率扩大。地价、房地产价格反映土地、房地产利用所能产生的经济价值和使用成本。

地下空间需求之一就是对城市土地资源的延伸和拓展,地下空间对土地空间的增容作用和集聚效应,对土地资源的单位成本投入相对降低、单位产出相对提高,如统计表明,在商业区,地下一、二层的经济效益一般与地面一、二层相当,比地面三层以上的经济效益要好。因而,地价水平、房地产价格水平与地下空间开发的需求及可创造的土地资源预期附加价值有密切关系。市场地价、房地产价格水平能够作为反映土地利用所能产生的经济价值和使用成本的参考依据,因此把地价及房地产价格定位为衡量城市内部不同地段地下空间需求水平的参考要素。

7) 地下空间现状与地下空间需求

已开发利用的地下空间是城市地下空间开发规模中已被利用的部分,属于保护和保留对象,在研究中列入地下空间开发利用现状调查,不计入地下空间实际需求量。即:

实际地下空间需求量 = 地下空间理论需求量 – 已开发利用的地下空间量

已开发利用的地下空间对周围岩土体稳定性有很高的要求,为了保证已有地下空间的安全和使用,规定其周围一定范围内的地下空间需求为不宜开发范围。根据"在实体岩层中开挖地下空间,需要一定的支撑条件,即在两个相邻岩洞之间应保留相当于岩洞尺寸 1~1.5 倍的岩体"的基本假设,在宏观研究计算中,当工程地质条件较好时,可以假定地下工程的影响范围为其地下空间所占建筑面积的 1.5 倍;工程地质条件较差时,其影响范围更大,应根据现状和地质条件确定影响范围。

5.4.5 需求模型的建立

上节分析了影响城市地下空间需求的八个因素,对这八个因素按规划和现状多个层次进行分析：以城市内的需求分区为计算单位，首先结合对二十多个影响城市地下空间需求因素分析成果（地下空间专家经验赋值系统）及相关城市地下空间建设经验，根据每个需求分区的区位、土地利用性质进行需求分级，对每个级别所对应的需求强度根据城市规划进行专家系统经验赋值；根据每个需求分区的地面建设强度对需求分区地下需求强度进行校正，同时根据每个需求分区内重点开发区片、轨道交通状况、人口密度、土地价格、房地产价格对需求分区地下需求级别进行校正；再根据每个需求分区内需求级别的面积和地下需求强度计算出每个需求分区的地下空间需求量，把每个需求分区的需求量叠加起来就得出城市的地下空间理论需求量；最后，根据地下空间现状进行校正，用理论需求量减去地下空间现状量就得出地下空间实际需求量。用数学方法来表示，则地下空间需求函数表示如下：

$$Q=\sum_{i=1}^{n} h_i(y_1, y_2, y_3, y_4, y_5, y_6, y_7, y_8)$$

影响城市地下空间需求的八大要素分别用 y_1、y_2、y_3、y_4、y_5、y_6、y_7、y_8 表示。

为了计算方便，我们把上述需求函数简化如下：

$$Q=\sum_{i=1}^{n}(\gamma_i \alpha_i \beta_i \delta_i \omega_i \lambda_i \mu_i d_i)-\sum_{i=1}^{n} e_i$$

式中，n——研究区域内需求分区总量；

γ——仅考虑地面建设强度时，结合专家经验赋值系统初步确定的需求分区地下建设强度；

α——考虑土地利用性质时的校正系数；

β——考虑区位时的校正系数；

δ——考虑轨道交通时的校正系数；

ω——考虑人口密度时的校正系数；

λ——考虑土地价格时的校正系数；

μ——考虑房地产价格时的校正系数；

d——需求分区面积；

e——需求分区内现状地下空间面积。

总体思路如图 5.11 所示：

5 城市地下空间需求预测

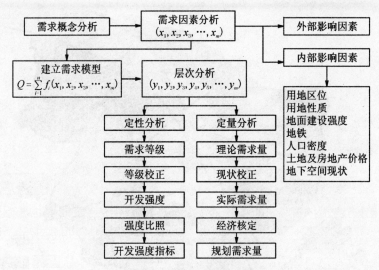

图 5.11 总体思路技术框架图

5.4.6 需求预测的计算

1）划分需求区位

根据上一节中"空间区位与地下空间需求"的理论分析，依据"城市总体规划"中的城市结构、用地布局、功能定位等规划内容，参考城市其他相关规划成果和要求将规划范围的城市用地依据城市区位划定为若干个需求区位等级，下面以武汉、郑州等城市为例，进行需求区位确定。

（1）武汉主城区

依据《武汉市城市总体规划（2006—2020）》中武汉主城区城市结构、用地布局、功能定位等规划内容，参考《武汉市控制性详细规划》的标准分区（即90个工作单元），将武汉主城区分为三个区位等级，如图5.12、图5.13、表5.5所示。

表5.5 武汉主城区地下空间需求区位划分

区位等级	城市分区	区位地下空间需求特征
一级	中央活动区	以城市居住、行政办公、公共设施用地的地下空间需求为主
二级	15个城市综合组团	以城市商业、商贸、文化、科教、居住及工业用地的地下空间需求为主
三级	东湖风景区	以教育科研、休闲旅游、居住用地的地下空间需求为主

城市地下空间总体规划

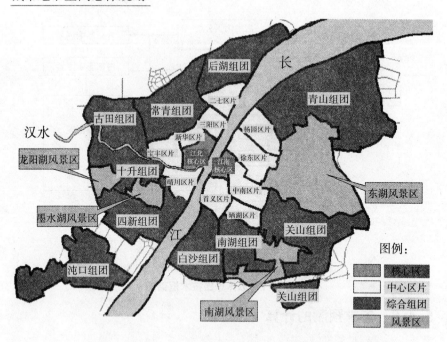

图 5.12 武汉主城区用地结构示意图

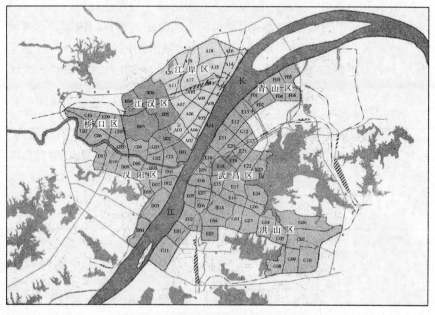

图 5.13 武汉主城区城市标准分区图

5 城市地下空间需求预测

(2) 郑州中心城区

依据《郑州市总体规划》对各功能片区的区位、功能和性质的定位，区位因素结合中心城区空间结构规划的各功能片区的区位来表示。将中心城区地下空间需求区位定位为三个等级。如图5.14、表5.6所示。

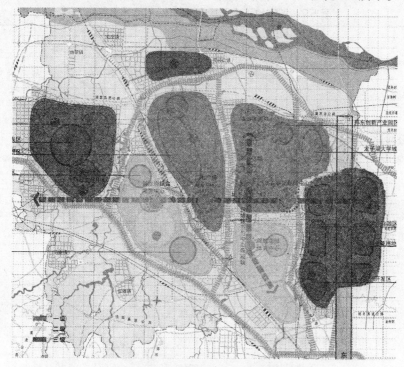

图 5.14 地下空间需求区位划分图

表 5.6 郑州中心城区地下空间需求区位划分

区位等级	城 市 分 区
一级	金水管城片区、郑东片区
二级	中原二七片区、管南经开片区
三级	高新须水片区、惠济片区、东部产业片区

2) 确定需求等级

同一用地性质在同一需求区位，地下空间需求级别相同；同一用地性质在不同需求区位，地下空间需求级别不同。具体原则为：地下空间需求级别随着需求区位级别的降低而逐级降低。

同一需求区位范围内地下空间需求级别随用地性质不同原则上有所

不同，具体原则为：根据不同用地性质在城市内所表现出作用的重要性进行逐级的降级。

拟将城市区位分成三个区位等级，并根据以上分级原则，对城市不同规划用地地下空间的需求进行级别划分，如表5.7所示。

表5.7 城市地下空间需求分级表（基准需求等级）

城市用地		需求级别		
		区位一级需求等级	区位二级需求等级	区位三级需求等级
公共设施用地	商业	一级	二级	三级
	行政/办公/文化娱乐	二级	三级	四级
	医疗卫生/教育科研/体育	三级	四级	五级
居住用地		二级	三级	四级
道路广场用地	广场/停车场	三级	四级	五级
	道路	四级	五级	六级
市场、仓储用地		四级	五级	六级
对外交通用地		四级	五级	六级
市政公用设施用地		四级	五级	六级
城市绿地	公共绿地	四级	五级	六级
	其他绿地	—	—	—
工业用地		四级	五级	六级
特殊用地、水域及其他		—	—	—

注：① 考虑到城市特殊用地、水域、禁止建设区、限建区、文物保护区域等用地性质和管辖权属的特殊性，暂不考虑其相应地块对地下空间的需求。
② 表中所列用地类型是根据用地分类标准进行划定。

3）需求等级校正

（1）原理

城市地下空间需求等级评估理论属于城市空间需求理论范畴，城市空间需求理论是对传统城市土地需求理论的补充和延伸。传统土地需求理论是建立在土地平面利用上的需求，空间需求理论是其在竖向深度和高度上的体现。其不但研究不同平面位置土地需求的分布规律，也包括垂直空间位置。

系数修正法是近年来提出和应用的一种评估方法，其前提是必须具有已评估的城市不同土地级别或区片的基准等级，以及确定基准等级的修正系数体系。

其基本公式如下：

$$V = V_{jz} \times \sum_{i=1}^{n} K_i \times K_j$$

式中，V——地下空间需求等级参考值；

V_{jz}——地块的基准需求等级；

K_i——影响地下空间需求等级的修正系数；

K_j——开发时序影响系数。

由前面部分的分析可知，城市的基准需求等级中考虑了诸多因素的影响，在地下空间需求等级评估中，我们以城市空间区位、用地性质、功能结构等为主要参考依据，结合地下空间需求本身特征，用重点区片、轨道交通影响、人口密度影响、地价及房地产价格影响等因素进行修正。

（2）技术路线

利用地理信息系统（GIS）平台建立需求等级评估系统，采用多因素综合评判法、层次分析法，以及要素栅格单元和地块单元矢量叠加的评估方法，建立评估指标体系和参数，评估城市地下空间需求等级和分布。

4）需求定量

（1）城市建筑空间用地需求定量

需求定量应遵循以下原则：地下空间需求量的确定必须与城市经济发展水平、人口的增长速度、人均GDP、城市单位产出等城市发展指标相适应；不同需求等级的地块对应不同的需求强度，需求等级越高，需求强度越大。

根据以上需求定量原则，结合城市发展规模、经济实力等城市发展综合指标，同时参考国内相关城市地下空间开发和规划的实际，对城市地下空间需求强度进行专家系统经验赋值，如表5.8所示。

城市地下空间总体规划

表 5.8 国内部分城市地下空间需求强度类比表（规划至 2020 年）

城市	规划面积（km²）	规划量（万 m²）	需求强度（万 m²/km²）
青岛	250	2 544	10.2
无锡	245	1 500	6.1
厦门	350	1 450~1 950	4.1~5.6
北京	1 085	6 000	5.5
郑州	500	1 500	3.0
南京	258	730	2.8
常州	700	990	1.4

根据前文分析，地块对地下空间的需求强度与相应地块地面建设强度有关，地面开发强度与地下空间需求成正比关系，参照城市总体规划"城市建设强度控制图"等规划要求和指标，对相应地下空间的需求等级和强度进行强度校正。如图 5.15、图 5.16 所示。

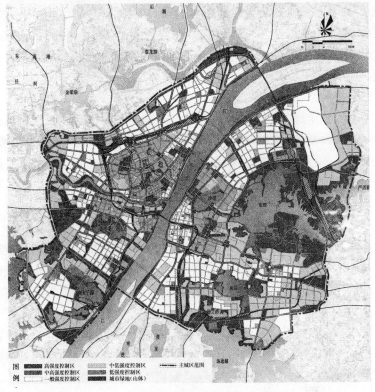

图 5.15 武汉主城区城市建设强度控制图

5 城市地下空间需求预测

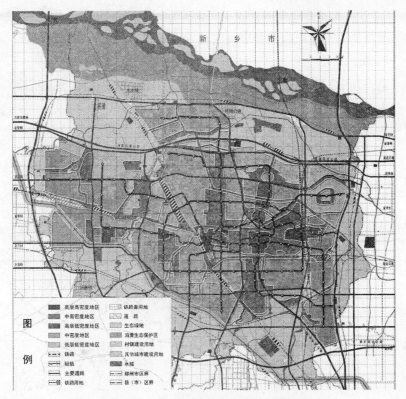

图 5.16 郑州中心城区建设强度分区图

城市道路、广场、绿地、水体等用地因没有地面建设强度，所以不需要进行地面建设强度校正。

（2）城市公共开放空间用地需求定量

由于城市道路、广场、绿地、水体等用地没有地面建设强度，根据其区位、功能和相应的地下空间开发专家经验赋值系统来确定城市内城市道路、广场、绿地、水体等用地地下空间需求强度，如表 5.9 所示。

表 5.9 某市城市公共开放空间地下需求强度　　单位：万 m^2/km^2

需求等级	用　地			
	广场	绿地	道路	水体
需求 1 级区	6.1~7.2	4.6~5.4	3.1~3.6	0.31~0.36
需求 2 级区	4.9~6.0	3.7~4.5	2.5~3.0	0.25~0.30
⋮	⋮	⋮	⋮	⋮
需求 n 级区	0.1~1.2	0.1~0.9	0.1~0.6	0.01~0.06

城市公共开放空间需求量 =（地块）用地面积 × 地下需求强度

然后对需求量取权值最后得出相应用地下空间的需求量。

5）现状校正

城市地下空间理论需求量（$\sum_1$）为：城市建筑空间用地需求量（$\sum_{11}$）与城市公共开放空间用地需求量（$\sum_{12}$）之和：

$$\sum_1 = \sum_{11} + \sum_{12}$$

地下空间规划需求量是指在一定的规划时间内，剔除已建、在建的现状地下空间的城市地下空间实际需求量（$\sum_2$），即得出城市内地下空间理论需求总量（$\sum_1$）：

$$\sum = \sum_1 - \sum_2$$

式中，$\sum$——规划需求量；

$\sum_1$——地下空间理论需求量；

$\sum_2$——现状地下空间量。

减去城市现状地下空间量（$\sum_2$）得出城市规划需求量（$\sum$）。

5.5 案例分析：武汉市主城区城市地下空间需求量预测

1）需求分级

根据需求分级原则，对城市规划有地面建筑的城市用地地下空间需求进行等级划分，如表 5.10、图 5.17、图 5.18 所示。

表5.10 城市地下空间需求等级分析表

需求等级	面积(km²)	比例(%)
一级	6.5	1.4
二级	25.2	5.6
三级	96.1	21.4
四级	138.2	30.7
五级	93.8	20.8
六级	2.1	0.5
制约区	88.1	19.6
合计	450.0	100.0

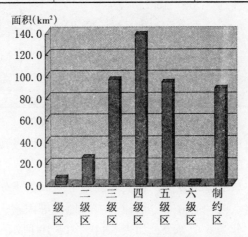

图5.17 城市地下空间需求等级分析图

2）需求等级校正

（1）重点区片校正

重点开发区片主要是根据地面城市功能结构而确定的，如商业服务区、城市副中心、组团中心、火车站地区、历史风貌区以及风景名胜区等区域。在以上重点区片中，城市中的商业、行政中心及交通枢纽等在城市中起决定和控制作用，其地下空间需求相对应的有所提升。而历史风貌区及风景名胜区，由于特殊性，尤其是历史文化保护区和文物保护单位内的历史建筑地基较浅，当地下商业设施等地下空间经过其保护范

城市地下空间总体规划

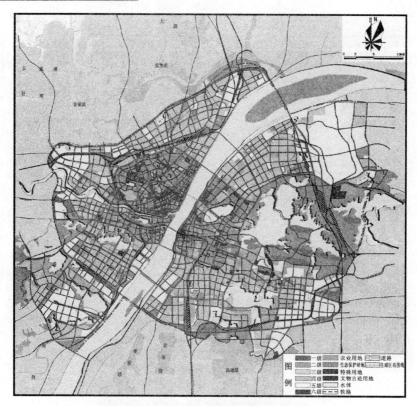

图 5.18 城市地下空间需求等级分布图

围时,极可能对地面文物造成损坏。因此历史风貌区及风景名胜区其地下空间需求会有所影响。

结合武汉主城的城市发展,在实际的地下空间需求研究中,根据整个研究区域内重点区片的分布、性质及战略地位等因素,将各重点区片进行等级分析,分为6个等级,如表5.11、图5.19所示。[14]

表 5.11 平均市场地价及房地产价格与地下空间需求影响分级

等　级	城市重点区片	评估指标
一级	商业服务中心区片	1.0
二级	城市副中心区片	0.8
三级	组团中心区片	0.6
四级	火车站区片	0.4
五级	历史风貌区片	0.2
六级	风景名胜区片	0.1

5 城市地下空间需求预测

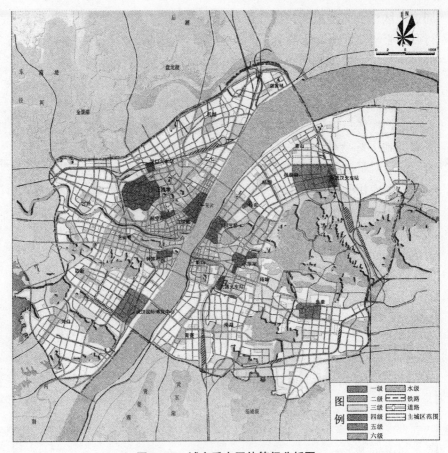

图 5.19 城市重点区片等级分析图

(2) 轨道交通校正

轨道交通的开发对城市地下空间影响较大，线网规划与城市布局形态紧密结合，体现城市主要发展方向，武汉城市总体规划延续了长江两岸三镇鼎立、均衡发展的格局，受湖泊、山体的自然阻隔，三镇形成了八个主要发展轴，集中了武汉目前和未来最重要的经济增长点和最具发展前景的城市新区、新城。

城市内有轨道交通通过时，根据轨道交通重点站、一般站及其沿线腹地、轻轨站对地下空间需求的影响不同，其相对应的地下空间需求等级也有所不同。地铁的建设可以提高周围土地价值及开发的需求强度，根据有关测算在地铁车站附近 1 km 范围内，其土地价值可以上升 50%～200%。地铁站周围地区地下空间的开发把地铁效应向四周扩大，提升

城市地下空间总体规划

周边地区作为交通枢纽集散和缓冲人流的作用,一般情况下商业中心、行政中心等城市中心区都设有地铁站,将二者结合进行开发,具有更高的经济和社会效益。

轨道交通重点站(枢纽换乘站)是地下空间主轴线上的节点和人流集散中心,对周边地区地下空间开发的引力作用巨大,地铁站与周围用地相结合,形成一体化的地上地下综合体,或区域性地下街、交通与商业服务业地下综合体、市政综合廊道等,不仅具有极高的交通和经济效益,而且对带动和衔接周边地区经济社会发展有较大的促进作用。

模型应用于轨道交通沿线腹地地下空间需求分析时,综合考虑站点的区位因素、城市功能和交通功能,并借鉴相关经验,将轨道交通定位为地下重点站、地下一般站、地铁沿线腹地以及轻轨站四类,将其对地下空间的影响对应地分为四个等级,如表 5.12 所示。

表 5.12 轨道交通对地下空间需求影响等级分析

需求等级	轨道交通	表现特征	地下空间影响范围(m)	评估指标
一级	地下重点站	对地下空间开发利用有着重要意义的站点	400	1.0
二级	地下一般站	除地下重点站以外的其他地下站点	300	0.8
三级	沿线腹地	除站点外的轨道交通沿线腹地范围	200	0.6
四级	轻轨站	地面、高架站点	100	0.4

轨道交通腹地的影响具体状况如图 5.20 所示。

(3)人口密度校正

武汉是我国中部地区的中心城市、全国重要的工业基地、科教基地和交通通信枢纽,具有较强的内聚力和辐射力,是外来人口和流动人口较多密集的城市,各地人口大量涌入,使得武汉的人口快速增长。武汉城市人口从 2000 年的 370 万人增加到 2006 年的 820 万人,仅六年的时间,城市人口翻了一番。人口快速增长,建筑密度相对集中,城市容量

5 城市地下空间需求预测

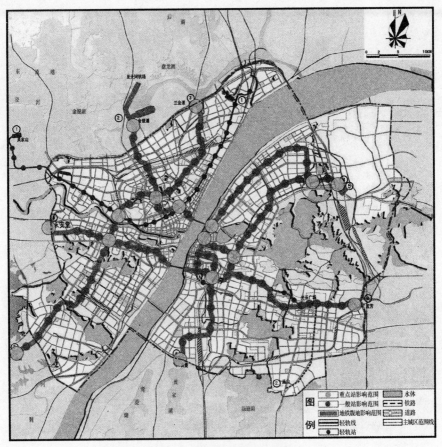

图 5.20 轨道交通腹地影响范围分析

趋向饱和，2006年城市平均人口密度为每平方千米1.12万人，其中中央活动区平均每平方千米1.74万人，综合组团平均每平方千米0.95万人。汉口解放大道以内12 km² 的旧城区，当前人口密度已经高达每平方千米57 000人，是正常密度的3~4倍。这种人口和产业活动高度集中在狭小的建成区内的发展模式，是城市地下空间预测最为强劲的外部特征。如图5.21、图5.22所示。

城市地下空间总体规划

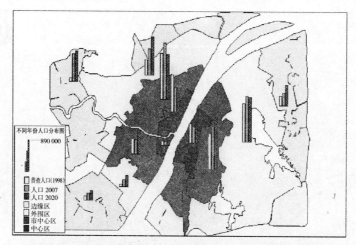

图 5.21 武汉市不同年份人口分布图(1988—2007—2020)

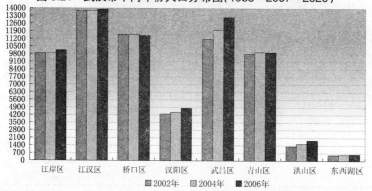

图 5.22 2002 年至 2006 年武汉市区各分区人口密度比较(单位:人/km²)

根据以上对人口密度与地下空间需求的分析,结合武汉主城的人口密度、客流预测分析,将武汉主城区城市人口密度进行等级划分为六个等级,如表 5.13、图 5.23 所示。

表 5.13 城市人口密度与地下空间需求影响分级

等级	人口密度分级范围(人/km²)	评估指标
一级	14 001 以上	1.0
二级	12 001~14 000	0.8
三级	10 001~12 000	0.6
四级	6 001~10 000	0.4
五级	2 001~6 000	0.2
六级	低于 2 000	0.1

5 城市地下空间需求预测

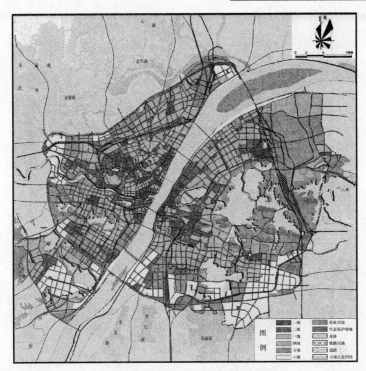

图 5.23 城市人口密度等级分析图

(4) 地价、房地产价格校正[15]

根据前文对地价、房地产价格与地下空间需求关系的分析，结合武汉主城的城市发展，在实际的地下空间需求研究中，结合城市的市场地价、房地产价格统计数据（主要参考城市近四年来国有土地拍卖出让价格部分数据，如图 5.24～图 5.26 所示），参考其最大值和最小值，把此区间分为 6 个区间，每个区间对应相应的等级。将城市的市场地价、房地产价格分为六级，如表 5.14、图 5.27、图 5.28 所示。

表 5.14 平均市场地价及房地产价格与地下空间需求影响分级

等级	市场地价分级范围(元/m²)	房地产价格分级范围(元/m²)	评估指标
一级	9 501 以上	6 001 以上	1.0
二级	6 501~9 500	5 001~6 000	0.8
三级	5 001~6 500	4 001~5 000	0.6
四级	3 501~5 000	3 001~4 000	0.4
五级	2 001~3 500	2 001~3 000	0.2
六级	2 000 以下	2 000 以下	0.1

· 95 ·

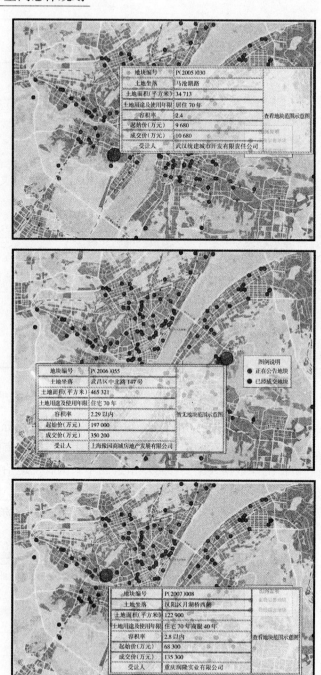

图 5.24 部分城市国有土地拍卖出让价格分布图(2005 年、2006 年、2007 年)

5 城市地下空间需求预测

图 5.25 2006 年至 2007 年季度重点区域商品房住宅成交均价走势分析

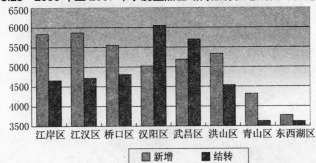

图 5.26 2007 年不同区域商品住房成交均价情况（元/m²）

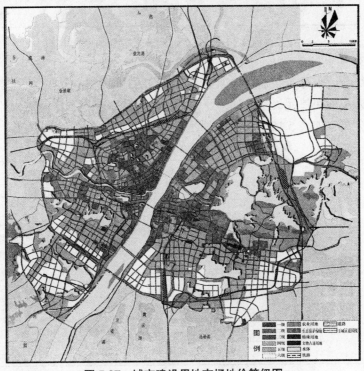

图 5.27 城市建设用地市场地价等级图

城市地下空间总体规划

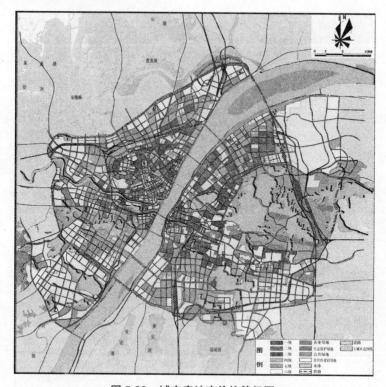

图 5.28　城市房地产价格等级图

3) 主城区需求等级综合分析

综合以上分析，通过多因素综合评判法、层次分析法，以及要素栅格单元和地块单元矢量叠加的评估方法，得到城市地下空间需求评估等级和分布，如表 5.15、图 5.29 所示。

表 5.15　城市地下空间需求评估等级分析表

需求等级	面积(km²)	比例(%)
一级	14.0	3.1
二级	36.0	8.0
三级	81.9	18.2
四级	100.8	22.4
五级	86.4	19.2
六级	42.8	9.5
制约区	88.1	19.6
合计	450.0	100.0

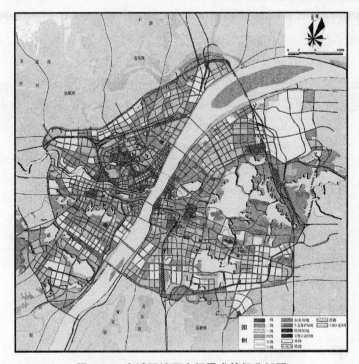

图 5.29 主城区地下空间需求等级分析图

4) 主城区地下空间需求规模计算

(1) 城市建筑空间用地地下需求预测

根据需求定量原则及地下空间需求强度专家系统经验赋值，对城市规划有地面建筑的城市用地地下空间需求进行定量分析，如表 5.16 所示。

表 5.16 规划有地面建筑的城市用地地下空间需求定量分析表

需求等级	需求区面积(km^2)	需求强度(万 m^2/km^2)	地下空间需求量(万 m^2)
一级	11.7	8.8~9.8	103.0 ~114.7
二级	32.9	7.2~8.7	236.9 ~286.2
三级	77.0	5.1~7.1	392.7 ~546.7
四级	83.3	3.0~5.0	249.9 ~416.5
五级	73.8	1.4~2.9	103.3 ~214.0
六级	14.4	0.1~1.3	1.4 ~18.7
制约区	88.1	—	—
合计	381.2	—	1 087.2 ~1 596.8

城市地下空间总体规划

根据以上分析，城市建筑空间地下空间理论需求量为 1 090 万 ~ 1 600 万 m²。

（2）城市公共开放空间地下需求预测

根据需求定量原则及地下空间需求强度专家系统经验赋值，对城市规划无地面建筑的城市用地地下空间需求进行定量分析，如表 5.17 所示。

表 5.17 规划无地面建筑的城市用地地下空间需求定量分析表

用地		需求3级区	需求4级区	需求5级区	需求6级区	合计
广场	需求强度（万 m²/km²）	3.7~4.8	2.5~3.6	1.3~2.4	0.1~1.2	—
	地下空间需求量（万 m²）	18.5~24.0	15.8~22.7	4.7~8.6	0.0	38.9~55.3
绿地	需求强度（万 m²/km²）	2.8~3.6	1.9~2.7	1.0~1.8	0.1~0.9	—
	地下空间需求量（万 m²）	0.0	4.4~6.2	5.4~9.7	0.5~4.5	10.3~20.4
道路	需求强度（万 m²/km²）	1.9~2.4	1.3~1.8	0.7~1.2	0.1~0.6	—
	地下空间需求量（万 m²）	0.0	35.8~49.5	6.0~10.3	0.5~3.2	42.3~63.0

由于水体较为特殊，其地下空间开发未进行需求分级，通过计算地下空间需求量约为 0.5 万 m²。

根据以上分析，城市规划无地面建筑的城市用地地下空间理论需求量为 90 万 ~ 140 万 m²。

（3）确定需求规模

综合以上分析，地下空间理论需求量为 1 200 万 ~ 1 700 万 m²，进而确定地下空间理论需求量为 1 180 万 ~ 1 740 万 m²。

（4）预测成果核定

城市建设与社会发展的根本目的是使城市更适合人的居住和交流。因此，此处所提出的地下空间需求主体并不是指最终的服务对象人，而主要是直接满足城市交通、商业文娱、市政储备、防空防灾需求等功能要素。

不同的城市有不同的地下空间的需求特征，与城市经济和社会发展水平、城市规模、城市性质、城市发展目标以及城市的管理者与运营者有着密切的关系。

根据国内外城市地下空间开发利用的发展规律，城市地下空间开发利用的目的主要来自两个方面，一是缓解城市地面交通压力，减少城市运营成本；一是增强城市防空防灾能力，保障城市非和平时期的基本运行。由于城市地下空间开发的不可逆性和特殊功能，这两方面的需求在地下空间建设时往往相互兼容，使得城市地下空间开发在表现上以交通功能占主导地位。

21世纪是地下空间的世纪，中国又是地下空间开发的大国，然而，地下空间开发的高造价和较长回报周期一直以来束缚着中国城市地下空间的大规模开发利用与发展。近年来，随着城市可利用土地资源的日趋紧张，城市经济的不断增强，城市地下空间的开发利用已经成为城市可持续发展和构建和谐社会主要发展方向。

"十五"期间，武汉市经济和财政收入一直保持稳步增长的势头，城市地下空间主要资金来源之一的基本建设投入逐年提高，已经接近全市的财政收入的增长速度。地下空间的另一个主要资金来源是房地产投资。自2003年后，武汉市房地产投资与全社会固定资产投资同步增长，如图5.30、表5.18所示。

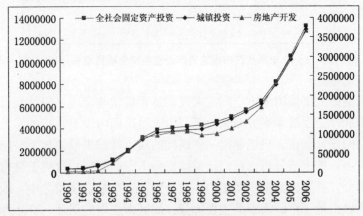

图5.30　1990年至2006年武汉市固定资产投资与房地产增长分析（单位：万元）
（武汉统计年鉴2002—2007）

城市地下空间总体规划

表 5.18 2000 年至 2006 年武汉市固定资产投资与房地产投资分析表(单位：亿元)

项 目	年 份						
	2000	2001	2002	2003	2004	2005	2006
全社会固定资产投资	462	508	570	645	822	1 055	1 325
城镇固定资产投资	436	486	549	606	788	1 028	1 297
房地产开发	101	115	133	170	233	298	366

根据上节分析，同时考虑到武汉市的城市定位与发展目标，以及武汉所具有的城市辐射力、城市经济规模、周边城市竞争现状等特征，研究认为到2020年本次规划期末，武汉城市地下空间需求规模的下限（包括现状地下空间）在 1 500 万 m² 左右，上限在 2 000 万 m²。这意味着在未来的十多年间，城市每年将新增 40 万～80 万 m² 的地下空间量。根据早先武汉市的一项统计数据显示，武汉市现在每年新增地下空间面积为 60 万～80 万 m²，如图 5.31 所示。

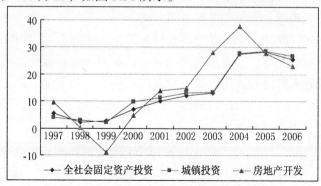

图 5.31 近 10 年来武汉市固定资产投资中部分项目增长分析(单位：%)

(武汉统计年鉴2002—2007)

预测的武汉城市地下空间需求规模是否科学与合理，应从武汉市经济实力和社会发展水平方面来论证。由于目前国内没有直接的有关城市地下空间统计数据，只能通过一些间接的城市数据来反映地下空间的建设与发展。据上节分析，我们认为城市地下空间开发投资属于城市建设的一部分，其统计数据主要集中在社会固定资产投资项目之中。地下停车作为城市地下空间需求的主要部分，而城市规划的居住、商业办公等用地的地下配建停车一般占地下空间需求总量的 70%～90%，而这一部分建设资金与投资来源主要来自城市固定资产投资的房地产投资等项

5　城市地下空间需求预测

目。因此，房地产投资是本次研究的主要对象之一。

要核定研究预测的城市地下空间需求规模，首先应对武汉市近年来经济发展进行回顾与分析，由于没有武汉市区和城市固定资产的数据，从宏观上分析，城市地下空间需求主要来自城镇项目的固定资产投资中，因此，武汉市城镇固定资产投资是本次考察的重点数据。近十多年来，城镇固定资产投资与总投资同步变化，而房地产投资对国家宏观经济政策及其他外部因素的影响较为敏感，波动较为明显。但总的来看，仍处于增长的趋势。综合三个项目的2000年到2006年增长幅度（表5.18），近十年的平均增长水平约为13%。近五年的增长速度较快，三个项目每年增长幅度都超过20%，考虑未来经济发展的不确定因素的影响，经过加权平均后，我们将全社会和城镇固定资产投资每年的增长幅度定为13%；将房地产投资每年的增长幅度定为14%，到2020年，武汉市城镇固定资产投资规模将达到7 000亿元，房地产投资达到2 600亿元。

按当前地下空间每平方米3 000元造价计算，到2020年城市地下空间累计总投资额300亿~450亿元。如每年新增40万~80万m^2的地下空间规模，武汉城市则需每年投入12亿~24亿元资金。从城市规模来考察，特大城市的聚集力和辐射力决定了城市各类物业需求随城市化的不断扩张而增大。从城市功能来考察，我国特大城市目前都面临着各种因快速城市化所带来的城市综合征，主要表现为土地资源紧缺、交通拥堵、基础设施滞后、人居环境质量下降等现象。因此国内一些特大城市对城市地下空间开发的需求日益强烈，城市地下空间开发也越来越引起城市管理者的重视，这也使地下空间的投入在不断增加。同时，城市经济实力越强，城市固定资产投资规模越大，这也就间接地反映出投资到地下空间方面的资金会更多。根据地下空间研究中心的一项科研成果显示，我国特大城市的每年地下空间的投入约占城市社会固定资产的1/100~1/120。2006年武汉市城镇固定资产投资总额约1 300亿元，以此计算，当年投入到地下空间的专项资金为10亿左右，按每年12%的增长速度计算，到2020年城市地下空间的静态总投入资金约350亿元。此外，如人防工程、地铁、城市隧道等特殊用途的建设项目和大型建设项目的资金来源大多有专项资金，因而，投入在城市地下空间方面的资金可能会更多。[16]

总结以上分析，参考地下空间需求的一些外部影响因素，以及对武

城市地下空间总体规划

汉市经济未来发展趋势的预测，研究认为到本次规划期末的2020年，武汉地下空间需求总规模在1 600万～1 950万 m² 之间。

本章注释

[1] 秦云. 城市地下空间开发的现状与展望[J]. 上海建设科技，2006(3)

[2] 牧歌. 没有运输效率哪有城市效率——香港公交优先的经济学[N]. 中国经济导报，2007-01-09

[3] 中国城市规划设计研究院深圳分院. 深圳城市发展战略咨询报告. 2005

[4] 深圳市统计局办公室. 深圳市正式实施"效益深圳"统计指标体系. 深圳统计信息网

[5] 解放军理工大学地下空间研究中心. 武汉市主城区地下空间开发需求预测研究. 2007

[6] 陈志龙，王玉北，刘宏等. 城市地下空间需求量预测研究[J]. 规划师，2007(10)

[7] 清华大学地下空间研究中心，解放军理工大学地下空间研究中心，青岛市城市规划设计研究院. 青岛市城市地下空间开发利用规划. 2004

南京市城市规划设计研究院. 南京主城区城市地下空间开发利用规划. 2004

解放军理工大学地下空间研究中心，无锡市城市规划设计研究院. 无锡市主城区城市地下空间开发利用规划(2006—2020). 2007

[8] 北京中心城中心地区地下空间开发利用规划 // 北京市规划委员会，北京市人民防空办公室，北京市城市规划设计研究院. 北京地下空间规划[M]. 北京：清华大学出版社，2006

[9] 常州市城市规划研究院. 常州市主城区地下空间开发利用规划. 2005

[10] 厦门市规划设计研究院，清华大学，同济大学. 厦门地下空间开发利用规划. 2007

[11] 北京市规划委员会. 北京城市空间发展战略研究. 2003

[12] 叶霞飞，蔡蔚. 城市轨道交通开发利益还原方法的基础研究[J]. 铁道学报，2002(1)

[13] 解放军理工大学地下空间研究中心. 深圳地铁沿线用地地下空间需求与价值研究. 2007

[14] 武汉市城市规划设计研究院. 武汉市主城区地下空间综合利用专项规划研究. 2006

[15] 武汉国土资源和规划局. 数字武汉—国土资源和规划网

[16] 武汉统计局. 2002—2007年武汉统计年鉴. 武汉统计信息网

6 城市地下空间总体布局与形态

城市的总体布局是通过城市主要用地组成的不同形态表现出来的。城市地下空间的总体布局是在城市性质和规模大体定位,城市总体布局形成后,在城市地下可利用资源、城市地下空间需求量和城市地下空间合理开发量的研究基础上,结合城市总体规划中的各项方针、策略和对地面建设的功能形态规模等要求,对城市地下空间的各组成部分进行统一安排、合理布局,使其各得其所,将各部分有机联系后形成的。城市地下空间布局是城市地下空间开发利用的发展方向,用以指导城市地下空间的开发工作,并为下阶段的详细规划和规划管理提供依据。

城市地下空间布局,是城市社会经济和技术条件、城市发展历史和文化、城市中各类矛盾的解决方式等等众多因素的综合表现。因此,城市地下空间布局要力求合理、科学,能够切实反映城市发展中的各种实际问题并予以恰当解决。

当然,城市地下空间布局受到社会经济等历史条件和人的认识能力的限制,同时由于地下空间开发利用相对滞后于地上空间,因此,随着城市建设水平的不断提高,人们对城市地下空间作用认识的不断加深,对城市地下空间布局也将不断改变和完善。所以,在确定城市地下空间布局时,应充分考虑城市的发展和人们对城市地下空间开发利用认识的提高,为以后的发展充分留有余地,即对城市地下空间资源要进行保护性开发,也即在城市规划中常称"弹性"。

6.1 城市地下空间功能、结构与形态

城市地下空间布局的核心是城市地下空间主要功能在地下空间形态演化中的有机构成,它是研究城市地下空间之间的内在联系,结合考虑人们对城市地下空间开发利用认识的提高,城市化的进程、城市发展过程中各种矛盾的出现,在不同时间和空间发展中的动态关系。根据城市发展战略,在分析城市地下空间作用和使用条件的基础上,将城市地下空间各组成部分按其不同功能要求、不同发展序列,有机地组合在一

起,使城市地下空间有一个科学、合理的布局。

城市地下空间是城市空间的一部分,因此,城市地下空间布局与城市总体布局密切相关。城市地下空间的功能活动,体现在城市地下空间的布局之中,把城市的功能、结构与形态作为研究城市地下空间布局的楔入点,有利于把握城市地下空间发展的内涵关系,提高城市地下空间布局的合理性和科学性。

6.1.1 城市发展与城市地下空间结构的演化方式

城市是由多种复杂系统所构成的有机体,城市功能是城市存在的本质特征,是城市系统对外部环境的作用和秩序。城市地下空间功能是城市功能在地下空间上的具体体现,城市地下空间功能的多元化是城市地下空间产生和发展的基础,是城市功能多元化的条件。但一个城市地下空间的容量是有限的,若不强调城市地下空间功能的分工,势必造成城市地上地下功能的失调,无法实现解决各种城市问题的目的。

1933年现代国际建筑协会的主题是"功能城市",发表了《雅典宪章》,明确指出城市的四大功能是居住、工作、游憩和交通。因此,城市地下空间的功能也应围绕这四种功能,充分发挥城市地下空间的特点,为实现城市居住、工作、游憩的平衡作贡献。[1]

城市地下空间的开发利用是由于城市问题的不断出现,人们为了解决这些问题而寻求的出路之一,因此,城市地下空间功能的演化与城市发展过程密切相关。在工业社会以前,由于城市的规模相对较小,人们对城市环境的要求相对较低,城市交通矛盾不够突出,因此城市地下空间开发利用很少,而且其功能也比较单一。进入工业化社会后,城市规模越来越大,城市的各种矛盾越来越突出,城市地下空间就越来越受到重视,最典型的标志是1863年世界第一条地铁在英国伦敦建造,这标志着,城市地下空间功能从单一功能,向以解决城市交通为主的功能转化。此后世界各地相继建造了地铁来解决城市的交通问题,目前世界上已有几十个城市修建了几千千米的地铁线(图6.1为蒙特利尔地下城的演变过程)。

随着城市的发展和人们对生态环境要求的提高,特别是1987年联合国环境与发展委员会提出城市可持续发展议程后,城市地下空间的开发利用已从原来以功能型为主,转向以改善城市环境、增强城市功能并重的方向发展,世界许多国家的城市出现了集交通、市政、商业等一体

城市地下空间总体规划

的综合地下空间开发，如巴黎拉·德方斯地区、蒙特利尔地下城和北京中关村西区等综合型地下空间开发项目。

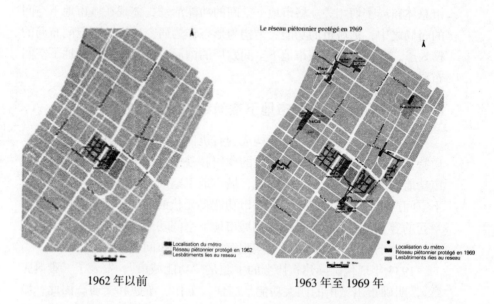

1962年以前　　　　　　　　1963年至1969年

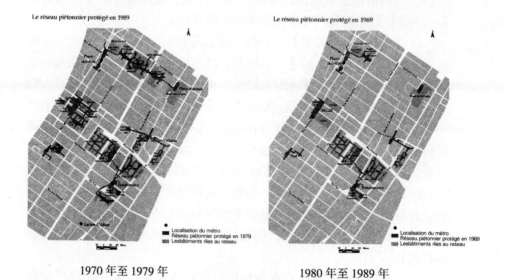

1970年至1979年　　　　　　1980年至1989年

图6.1.1　蒙特利尔地下城的演变过程(一)

6 城市地下空间总体布局与形态

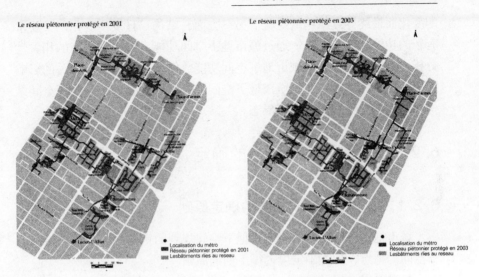

1990年至1999年　　　　　　　2000年至2003年

图6.1.2　蒙特利尔地下城的演变过程（二）

今后，随着城市的发展，城市用地越来越紧张，人们对城市环境的要求越来越高，城市地下空间功能必将朝以解决城市生态环境为主的方向发展，真正实现城市的可持续发展。

6.1.2　城市地下空间功能、结构与形态的关系

城市地下空间的功能是城市地下空间发展的动力因素。城市地下空间的结构是内涵的、抽象的，是城市地下空间构成的主体，分别以经济、社会、用地、资源、基础设施等方面的系统结构来表现，非物质的构成要素如政策、体制、机制等也必须予以重视。城市地下空间的形态是表象的，是构成城市地下空间所表现的发展变化着的空间形式的特征，是一种复杂的经济、社会、文化现象和过程。从城市地下空间形态的变化也可看到城市发展轨迹的缩影，它带有变幻难测、不易把握的特点，但恰恰又是探求城市地下空间发展规律的一个重要方面。吴良镛教授指出："城市形态的探求不仅是模式的追求，而是一种发展战略研究，它来自更高的目标的追求。"城市地下空间功能、结构与形态三者的协调关系是城市地下空间发展的标志。[2]

城市地下空间功能和结构之间应保持相互配合、相互促进的关系。一方面，功能的变化往往是结构变化的先导，城市地下空间常因功能上

·109·

的变化而最终导致结构的变化。另一方面，结构一旦发生变化，又要求有新的功能与之相配合。通过城市地下空间功能、结构和形态的相关性分析，可以进一步理解城市地下空间功能、结构和形态之间相关的影响因素，在总体上力求强化城市地下空间综合功能，完善城市地下空间结构，以创造完美的地下空间形态。

6.2 城市地下空间功能的确定

6.2.1 城市地下空间功能的确定原则

城市地下空间功能的确定是地下空间规划的重要内容，根据城市地下空间的特点，功能确定应遵循下面的原则。

1）以人为本原则

城市地下空间开发应遵循"人在地上，物在地下"，"人的长时间活动在地上，短时在地下"，"人在地上，车在地下"等。目的是建设以人为本的现代城市，与自然相协调发展的"山水城市"，将尽可能多的城市空间留给人休憩，享受自然。

2）适应原则

应根据地下空间的特性，对适宜进入地下的城市功能应尽可能地引入地下，而不应对不适应的城市功能盲目引进。技术的进步拓展了城市地下空间功能的范围，原来不适应的可以通过技术改造变成适应的，地下空间的内部环境与地面建筑室内环境的差别不断缩小即证明了这一点。因此对于这一原则应根据这一特点进行分段分析，具有一定的前瞻性，同时对阶段性的功能给予一定的明确。

3）对应原则

城市地下空间的功能分布与地面空间的功能分布有很大联系，地下空间的开发利用是地面的补充，扩大了容量，满足了对某种城市功能的需求，地下管网、地下交通、地下公共设施均有效地满足了城市发展对其功能空间的需求。

4）协调原则

城市的发展不仅要求扩大空间容量，同时应对城市环境进行改造，地下空间开发利用成为改造城市环境的必由之路，单纯地扩大空间容量不能解决城市综合环境问题，单一地解决问题对全局并不一定有益，交通问题、基础设施问题、环境问题是相互作用、相互促进的，因此必须做到"一盘棋"，即协调发展。城市地下空间规划必须与地面空间规划相协调，做到城市地上、地下空间资源统一规划，才能实现城市地下空间对城市发展的重要作用。[3]

6.2.2 功能类型

1）民防工程（空间）

民防工程包括不能转换的民防工程和可转换的民防工程。不能转换的民防工程包括民防指挥所、专业队工程等；可转换的民防工程包括人员掩蔽工程、配套工程等。可转换的民防工程应结合工程特点，兼顾平时城市交通、市政等功能进行规划、设计、建设。

2）非民防工程（空间）

非民防工程包括地下动静态交通空间、地下市政空间、地下公共服务空间（包括地下商业空间、地下文化娱乐空间、地下科研教育空间、地下行政办公空间、地下体育健身空间等）、地下仓储物流空间等。非民防空间以满足城市需求，缓解城市动静态交通矛盾等功能为主，应根据开发规模、项目区位以及与其他地下设施的关系等条件，兼顾相应的民防功能。

6.2.3 复合利用分类

根据城市地下空间的使用情况和地面城市用地性质的不同，地下空间的功能在城市建设用地下具体表现为民防功能、商业功能、交通集散功能、停车功能、市政设施、工业仓储功能等。地下空间的功能与地面不同，呈现出不同程度的混合性，具体分为以下三个层次：

1）简单功能

地下空间的功能相对单一，对相互之间的连通不做强制性要求。如地下民防、静态交通、地下市政设施、地下工业仓储功能等。

2）混合功能

不同地块地下空间的功能会因不同用地性质、不同区位、不同发展要求呈现出多种功能相混合，表现为地下商业＋地下停车＋交通集散空间＋其他功能。混合功能的地下空间缺乏连通，为促进地下空间的综合利用，鼓励混合功能地下空间之间相互连通。

3）综合功能

在地下空间开发利用的重点地区和主要节点，地下空间不仅表现为混合功能，而且表现出与地铁、交通枢纽以及与其他用地的地下空间的相互连通，形成功能更为综合、联系更为紧密的综合功能。表现为地下商业＋地下停车＋交通集散空间＋其他＋公共通道网络的功能。综合功能的地下空间主要强调其连通性。

在这三个层次中综合功能利用效率、综合效益最高。中心城区商业中心区、行政中心、新区 CBD 等城市中心区地下空间开发在规划设计时，应结合交通集散枢纽、地铁站，把综合功能作为规划设计方向。居住区、大型园区地下空间开发的规划设计应充分体现向混合功能发展。[4]

6.2.4 主要功能

城市地下空间的主要功能有交通、商业、文娱、居住、仓储、防灾等。地下交通有地铁（含轻轨、城铁等）、地下快速路（含隧道）、地下立交、地下步行系统、地下过街道、地下停车系统等。地下商业有地下商业街、地下商场、地下餐厅等。地下文娱有地下博物馆、地下展览馆、地下剧院、地下音乐厅、地下游泳馆、地下球场等。[5]

6.3 城市地下空间发展阶段与功能类型

6.3.1 城市地下空间发展阶段与特征

城市地下空间开发一般遵循以下几个阶段，如表 6.1 所示。

表 6.1 城市地下空间发展阶段分析表

	初始化阶段	规模化阶段	网络化阶段	地下城阶段
功能类型	地下停车、民防	地下商业、文化娱乐等	地下轨道交通	综合管廊、现代化地下排水系统
发展特征	单体建设、功能单一、规模较小	以重点项目为聚点，以综合利用为标志	以地铁系统为骨架，以地铁站点综合开发为节点的地下网络	交通、市政、物流等实现地下系统化构成的城市生命线系统
布局形态	散点分布	聚点扩展	网络延伸	立体城市
综合评价	基础层次	基础与重点层次	网络化层次	功能地下系统化层次

6.3.2 城市地下空间开发各发展阶段规划要点

城市地下空间规划应符合城市经济和社会发展水平，与城市总体规划所确定的空间结构、形态、功能布局相协调；依托城市发展阶段和地下空间开发的需求特征，通过对地下空间开发的功能类型、发展特征、布局形态、总体定位等方面进行宏观层面的规划与引导，以珠海市为例。

珠海市地下空间开发当前处于规模化的发展阶段，结合城市经济社会发展水平、城市性质、发展战略与发展目标，判断本次规划期末，珠海市地下空间开发的阶段和功能有以下几个特征，如表6.2所示。[6]

表6.2 规划期末珠海地下空间发展阶段与功能分析表

发展阶段	现状（2007年）	规划（2020年）	规划（2030年）
功能类型	民防单建工程、平战结合地下商业服务业、地下停车、隧道、人行通道等	地下综合体、地下交通设施、地下综合管廊、地下变电站等	地下能源物资储备、地下污水处理设施
发展特征	单体建设、功能单一、规模较小	以重点项目为聚点，以综合利用为标志	以轨道交通系统为骨架，以地铁站点港珠澳交通枢纽、口岸枢纽的综合开发节点，逐步向周边区域扩展
布局形态	散点分布	聚点扩展	网络架构，节点延伸
总体定位	民防工程分布广泛，功能类型相对单一；少数结合对外交通枢纽、地面商业中心建设的重点项目较为突出；开发层次上，以浅层地下空间资源开发为主	重点扩展的聚点发展层次，表现为以地下空间开发利用为手段，建设服务于城市可持续发展的各类地下现代化城市功能设施，较成熟发达的地下商业服务设施；开发层次上则表现出对浅层地下空间资源的充分开发利用	快速增长的网络化发展层次，表现为在城市基础设施能满足城市持续发展需求的基础上，以开发利用地下空间资源为手段，来创造更加舒适宜人的城市环境；开发层次以浅层地下空间资源的充分开发利用，少量接近次浅层

郑州市地下空间功能分布如图 6.2 所示。

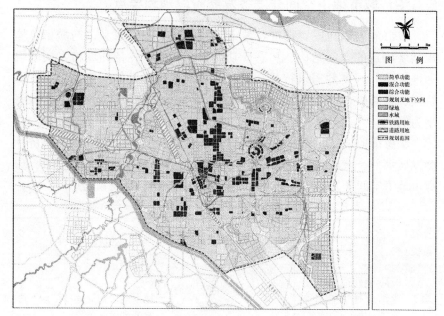

图 6.2　郑州市地下空间功能分布图

6.4　城市地下空间布局的基本原则

尽管城市地下空间规划是城市总体规划的一个专业规划，但由于城市地下空间涉及城市的方方面面，同时要考虑与城市地上空间的协调，城市地下空间的布局是一个开放的巨大的系统，因此，在研究城市地下空间布局时，除要符合城市总体布局必须遵循的基本原则外，还应遵循下面的基本原则。

6.4.1　可持续发展原则

可持续发展的概念是在 1987 年提出的。挪威前首相布伦特兰夫人及其主持的由 21 个国家的环境与发展问题著名专家组成的联合国环境与发展委员会（World Commission on Environment and Development），在全球范围内历经 900 天的调查研究，于 1987 年 4 月发表了长篇调查报告《我们共同的未来》，它系统地阐述了人类所面临的一系列重大经济、社会和环境问题，正式提出了可持续发展的概念，即"既能满足当代人的需求，又不对后代人满足其需求的能力构成危害的发展"。这一概念得到了全世界的广泛接受和认可,并于 1992 年在巴西召开的联合国环境与发展政府首脑会议上得到共识,从而成为全世界社会经济发展所遵循的基本原则。

我国政府于 1994 年发表了《中国 21 世纪议程——中国 21 世纪人口、环境与发展白皮书》,其中也明确"在现代化建设中,必须把实现可持续发展作为一个重大战略,要把控制人口、节约资源、保护环境放到重要位置,使人口增长与社会生产力的发展相适应,使经济建设与资源、环境相协调"。建设布局合理、配套设施齐全、环境优美、居住舒适的人类社区,促进相关领域的可持续发展,成为城市总体布局的基本原则之一。

可持续发展涉及经济、自然和社会三个方面,涉及经济可持续发展、生态可持续发展和社会可持续发展协调统一,具体地说,在经济可持续发展方面,不仅重视经济增长数量,更注重和追求经济发展质量,绝不能走"先污染、后治理"的老路,加大社会环保意识,整治污染于产生污染的源头,解决污染于经济发展之中。要善于利用市场机制和经济手段来促进可持续发展,达到自然资源合理利用与有效保护、经济持续增长、生态环境良性发展的根本目的。[7]

在生态可持续发展方面,要求发展的同时,必须保护和改善生态环境,保证以持续的方式使用可再生资源,使城市发展不能背离环境的承受能力。

在社会可持续发展方面,控制人口增长,改善人口结构和生活质量,提高社会服务水平,创建一个保障公平、自由、教育、人权的社会环境,促进社会的全面发展与进步,建立可持续发展的社会基础。此外,历史文化传统、生活方式习惯也是实现可持续发展的衡量标准和决策取舍的参照依据。

城市地下空间规划作为城市总体规划的专业规划,在城市地下空间布局中,坚持贯彻可持续发展的原则,力求以人为中心的经济社会自然复合系统的持续发展,以保护城市地下空间资源、改善城市生态环境为首要任务,使城市地下空间开发利用有序进行,实现城市地上地下空间的协调发展。

6.4.2 系统综合原则

当今我国的经济体制已经开始转变,城市化进入加速发展阶段,城市数量不仅有了大幅度的增加,城市用地紧张,城市问题的严重性和普遍性在某些地区明显加剧,甚至呈现出区域化的态势。在实际工作中,空间资源的整体性和社会经济发展的连续性要求我们不能就城市论城市，而要从更宽的视野，从更高的层面上寻求问题的妥善解决。需要增强城市立体化、集约化发展的观念，以促进城市的整体发展。

城市的发展不是城市的简单扩大，而是体现新的空间组织和功能分工，具有更高级的复杂多样的秩序，土地等资源的集约作用，要求城市有更多空间选择，这些双向互补的关系，既为城市增添了发展的原动力，也为城市地上地下空间的协调发展提出了更高的要求。

城市地下空间规划的实践证明，城市地下空间必须与地上空间作为一个整体来分析研究。这样，城市交通、市政、商业、居住、防灾等才能统一考虑、全面安排，这是合理制订城市地下空间布局的前提，也是协调城市地下空间各种功能组织的必要依据。城市地下空间得到地上空间的支持，将充分发挥城市地下空间的功能作用，反过来会有力地推动城市地上空间的合理利用；当城市地上空间发展了，城市地下空间就有它的生命力，城市可持续发展就有了坚实的基础。城市的许多问题局限在城市地上空间这个点上是很难得以全面地解决，综合地考虑城市地上空间和地下空间的合理利用，城市问题的解决就不至于陷于孤立和局部的困境之中。

6.4.3 集聚原则

城市土地开发的理想循环应是在空间容量协调的前提下，土地价格上升吸引人力、财力的集中，人力、财力集中又再次使得土地价格上升……这种良性循环，是自觉或不自觉强调集聚原则的结果。在城市中心区发展与地面对应的地下空间，用于相应的用途功能（或适当互补的）与地面上部空间产生更大集聚效应，创造更多综合效益，就是"集聚原则"的内涵。以我国的哈尔滨市地下空间开发为例，在中心区地下商业设施开发使用前，曾被不少地上相应行业的同行们排斥，怕"生意被分流"，事实证明，担心是多余的，当地下商业设施投入运营后，地上商业的效益当月就有明显上升，在此之后，地上、地下相互促进，形成良好的共生关系。

6.4.4 等高线原则

根据城市土地价值的高低可以绘出城市土地价值等高线，一般而言，土地价值高的地区，城市功能多为商业服务和娱乐办公等，地面建

6 城市地下空间总体布局与形态

筑多,交通压力大,经济也最发达。根据城市土地价值等高线图,可以找到地下空间开发的起始点及以后的发展方向。无疑,起始点应是土地价值的最高点,这里土地价格高,城市问题最易出现,地下空间一旦开发,经济、社会和防灾效益都是最高的。地下空间就沿等高线方向发展,这一方向上土地价值衰减慢,发展潜力大,沿此方向开发利用地下空间,既可避免地上空间开发过于集中、孤立的毛病,又有利于有效地发挥滚动效益。

开发地下空间是城市发展的新课题,首次开发是否成功,会在很大程度上影响未来发展,如果顺利,可能在短时间内统一认识并蓬勃发展起来,如果首期失败,则也可能将城市地下空间大规模开发的时间大大地滞后,所以城市地下空间规划的合理与否相当重要。

6.5 城市地下空间总体布局

城市地下空间布局的核心就是各种功能的地下空间的组织、安排。即根据城市的性质规模和各种前期研究成果,将城市可利用的地下空间按其不同功能要求有机地组织起来,使城市地下空间成为一个有机的联合整体。

6.5.1 国外地下空间布局理论

1)欧仁·艾纳尔(Eugene Henerd)

著名法国建筑师欧仁·艾纳尔堪称倡导地下空间开发利用的先驱,他著名的思想是:

(1)环岛式交叉口系统。他提出为了避免车辆相撞和行驶方便,只需车辆朝同一个方向行驶,并以同心圆运动相切的方式出入交叉口。与此同时,为了解决人车混行的矛盾,在环岛的地下构筑一条人行过街道,并在里面布置一些服务设施,初步显露了利用地下空间解决人车分流的思想。

(2)多层交通干道系统。欧仁·艾纳尔就城市空间日益拥挤的问题,于1910年提出了多层次利用城市街道空间的设想。干道共分五层,布置行人和汽车交通、有轨电车、垃圾运输车、排水构筑物、地铁和货运铁路。"所有车辆都在地下行驶,实现全面的人车分流,使大量的城市用地可以用来布置花园,屋顶平台同样用来布置花园",他的这些设想,在现代化城市建设和改造中得以实现。

2）勒·柯布西埃（Le Corbusier）

法国著名学者勒·柯布西埃在其所著的《明日城市》及《阳光城》中非常具有远见地阐述了城市空间开发实质。

1922年至1925年，柯布西埃在进行巴黎规划时，非常强调大城市交通运输需要，提出建立多层交通体系设想。地下走重型车辆，地面用于市内交通，高架道路用于快速交通，市中心和郊区通过地铁及郊区铁路相连接，使市中心人口密度增加，柯布西埃的思想实质可归纳为两点：其一，就是指出传统的城市出现功能性老朽，在平面上力求合理密度，是解决这个问题的有效方法；其二，就是指出建设多层交通系统是提高城市空间运营的高效有力措施。柯布西埃论证了新的城市布局形式可以容纳一个新型的交通系统。

3）汉斯·阿斯普伦德（Hans Aspliond）

汉斯·阿斯普伦德是著名的"双层城市"理论模式创导者，"双层城市"理论所寻求的是一种新的城市模式，以使城市中心、建筑、交通三者的关系得到协调发展。他通过分析传统的城镇，指出：传统的交通中各种交通在同一平面上混合，新城则是各种交通在同一水平面上的分离，而"双层城市"则要求交通在两个平面上分离。人与非机动车交通在同一平面上，而机动车交通则在人行平面以下，通过这种重叠方式，改变了新城大量城市用地作道路使用的做法，省下的土地扩大了空地和绿化。

从欧仁·艾纳尔提出立体化城市交通系统的设想，勒·柯布西埃阐明空间开发实质，直到"双层城市"理论模式的提出与部分实践，均体现了人类对地下空间开发认识这一过程的不断深化。[8]

6.5.2 城市地下空间的基本形态

根据城市地下空间的特点，一般有以下几种基本形态：

1）点状

城市点状地下空间是城市地下空间形态的基本构成要素，是城市功能延伸至地下的物质载体，是地下空间形态构成要素中功能最为复杂多变的部分。点状地下空间设施是城市内部空间结构的重要组成部分，在城市中发挥着巨大的作用。如各种规模的地下车库、人行道以及人防工程中的各种储存库等都是城市基础设施的重要组成部分。同时点状地下空间是线状地下空间与城市上部结构的连接点和集散点，城市地铁站是与地面空间的连接点和人流集散点，同时伴随着地铁车站的综合开发，形成集商业、文娱、人流集散、停车为一体的多功能地下综合体，更加强了其集散和连接的作用。城市功能也具体体现在点状城市地下空间中，各种点状地下空间成为城市上部功能延伸后的最直接的承担者。

2）辐射状

以一个大型城市地下空间为核心，通过与周围其他地下空间的连通，形成辐射状（如图6.3所示）。这种形态出现在城市地下空间开发利用的初期，通过大型地下空间的开发，带动周围地块地下空间的开发利用，使局部地区地下空间形成相对完整的体系。这种形态以地铁(换乘)站、中心广场地下空间为多。

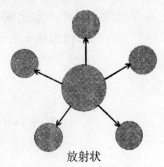

图6.3 辐射状地下空间形态

3）脊状

以一定规模的线状地下空间为轴线，向两侧辐射，与两侧的地下空间连通，形成脊状（如图6.4所示）。这种形态主要出现在城市没有地铁车站的区域，或以解决静态交通为前提的地下停车系统中，其中的线状地下空间可能是地下商业街或地下停车系统中的地下车道，与两侧建筑下的地下室连通，或与两侧各个停车库连通，图6.5为日本东京以地下街为轴线的脊状地下空间形态。

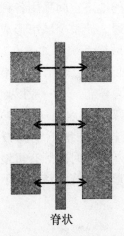

图6.4 脊状地下空间形态

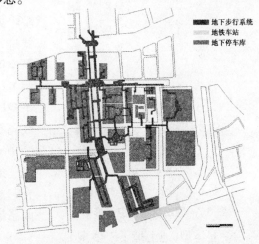

图6.5 东京以地下街为轴线的脊状地下空间形态

4) 网格状

以多个较大规模的地下空间为基础，并将它们连通，形成网格状（如图 6.6 所示）。这种形态主要出现在城市中心区等地面开发强度相对较大的地区，以大型建筑地下室、地铁(换乘)站、地下商业街以及其他地下公共空间组成。这种形态一般需要对城市地下空间进行合理规划，有序建设，因此一般出现在城市地下空间开发利用达到较高水平的地区，它有利于城市地下空间形成系统，提高城市地下空间的利用率。

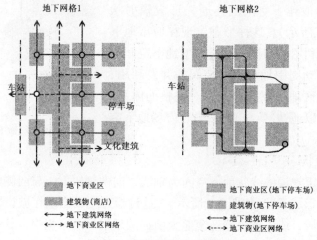

图 6.6　网格状地下空间形态

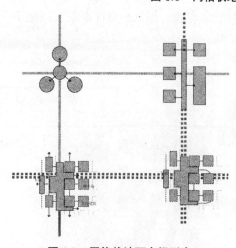

图 6.7　网络状地下空间形态

5) 网络状

以城市地下交通为骨架，将整个城市的地下空间采用各种形式进行连通，使整个城市形成地下空间的网络系统（如图 6.7 所示）。这种形态主要用于城市地下空间的总体布局，一般以地铁线路为骨架，以地铁（换乘)站为节点，将各种地下空间按功能、地域、建设时序等有机地组合起来，形成系统完整的地下空间系统。

6) 立体型(地上地下一体型)

地上地下协调发展既是城市地下空间开发利用的要求，也是城市地

6 城市地下空间总体布局与形态

下空间开发利用的目标。所谓立体型就是将城市地上、地下空间作为一个整体，根据城市性质、规模和建设目标，将地上、地下空间综合考虑，形成地上地下一体的完整的空间系统，从而充分发挥地上、地下空间各自的特点，为改善城市环境、增强城市功能发挥作用。[9]

6.5.3 城市地下空间布局方法

1）以城市形态为发展方向

与城市形态相协调是城市地下空间形态的基本要求，城市形态有单轴式、多轴环状、多轴放射等。如我国兰州、西宁城市为带状，城市地下空间的发展轴应尽量与城市发展轴相一致，这样的形态易于发展和组织，但当发展趋于饱和时，地下空间的形态变成城市发展的制约因素。城市通常相对于中心区呈多轴方向发展，城市也呈同心圆式扩展，地铁呈环状布局，城市地下空间整体形态呈现多轴环状发展模式。城市受到特有的形态限制，轨道交通不仅是交通轴，而且是城市的发展轴，城市空间的形态与地下空间的形态不完全是单纯的从属关系。多轴放射发展的城市地下空间有利于形成良好的城市地面生态环境，并为城市的发展留有更大的余地，如图 6.8 所示。[10]

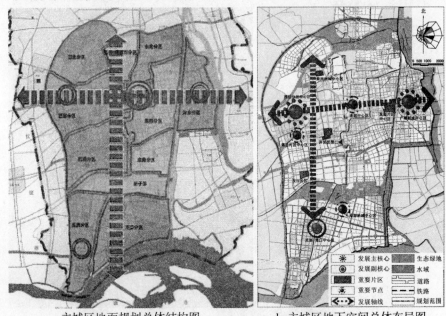

a. 主城区地面规划总体结构图　　b. 主城区地下空间总体布局图

图 6.8　扬州主城区城市结构与地下空间总体布局

城市地下空间总体规划

2）以城市地下空间功能为基础

城市地下空间与城市空间在功能和形态方面有着密不可分的关系，城市地下空间的形态与功能同样存在相互影响、相互制约的关系，城市是一个有机的整体，上部与下部不能相互脱节，其对应的关系显示了城市空间不断演变的客观规律。

3）以城市轨道交通网络为骨架

轨道交通在城市地下空间规划中不仅具有功能性，同时在地下空间的形态方面起到重要作用。城市轨道交通对城市交通发挥作用的同时，也成为城市规划和形态演变的重要部分，尽可能地将地铁联系到居住区、城市中心区、城市新区，提高土地的使用强度。地铁车站作为地下空间的重要节点，通过向周围的辐射，扩大地下空间的影响力。

地铁在城市地下空间中规模最大并且覆盖面广，地铁线路的选择充分考虑了城市各方面的因素，将城市中各主要人流方向连接起来，形成网络。因此，地铁网络实际上是城市结构的综合反映，城市地下空间规划以地铁为骨架，可以充分反映城市各方面的关系。图6.9为南京市地铁网络骨架的地下空间形态。[11]

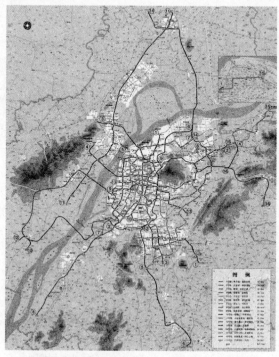

图6.9 南京市地铁网络骨架的地下空间形态

6 城市地下空间总体布局与形态

另外，除考虑地铁的交通因素外，还应考虑到车站综合开发的可能性，通过地铁车站与周围地下空间的连通，增强周围地下空间的活力，提高开发城市地下空间的积极性。

城市地铁网络的形成需要数十年，城市地下空间的网络形态就更需要时日，因此，城市地下空间规划应充分考虑近期与远期的关系，通过长期的努力，使城市地下空间通过地铁形成可流动的城市地下网络空间，城市的用地压力得到平衡，地下城市初具规模，同时城市中心区的环境得到改善。图6.10是郑州市中心城区以地铁为发展轴的地下空间总体布局。[12]

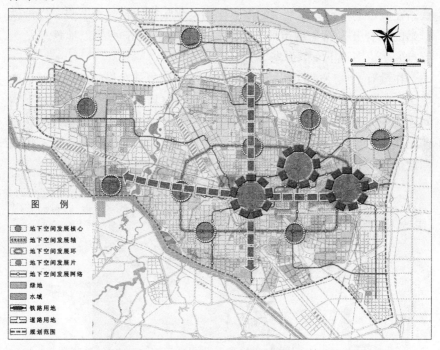

图6.10 郑州市中心城区以地铁为发展轴的地下空间总体布局

4）以大型地下空间为节点

城市面状地下空间的形成是城市地下空间形态趋于成熟和完善的标志，它是城市地下空间发展到一定阶段的必然结果，也是城市土地利用、发展的客观规律。

城市中心是面状地下空间较易形成的地区，对交通空间的需求，对第三产业空间的需求都促使地下空间的大规模开发，土地级差更加有利于地下空间的利用。由于交通的效益是通过其他部门的经济利益显示出

城市地下空间总体规划

来的，因此容易被忽视，而交通的作用具有社会性、分散性和潜在性，更应受到重视，应以交通功能为主，并保持商业功能和交通功能的同步发展。面状的地下空间形成较大的人流，应通过不同的点状地下设施加以疏散，不对地面构成压力。大型的公共建筑、商业建筑、写字楼等通过地下空间的相互联系，形成更大的商业、文化、娱乐区。大型的地下综合体担负着巨大的城市功能，城市地下空间的作用也更加显著。

在城市局部地区，特别是城市中心区，地下空间形态的形成分为两种情况，一种是有地铁经过的地区，另一种是没有地铁经过的地区。

有地铁经过的地区，在城市地下空间规划布局时，都应充分考虑地铁站在城市地下空间体系中的重要作用，尽量以地铁站为节点，以地铁车站的综合开发作为城市地下空间局部形态，图 6.11 为以地铁车站为节点的多伦多地下空间形态。[13]

在没有地铁经过的地区，在城市地下空间规划布局时，应将地下商业街、大型中心广场地下空间作为节点，通过地下商业街将周围地下空间连成一体，形成脊状地下空间形态（图 6.12 为以地下街为轴线的珠海莲花路脊状地下空间形态），或以大型中心广场地下空间为节点，将周围地下空间与之连成一体，形成辐射状地下空间形态。[14]

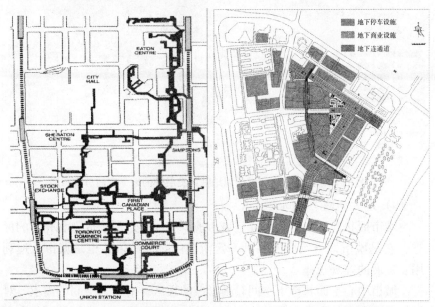

图 6.11 以地铁车站为节点的多伦多中心区地下空间网格状形态图

图 6.12 珠海莲花路脊状地下空间形态图

6.6 城市地下空间的竖向分层

通常将城市地下空间竖向层次分为浅层（地下 30 m 以上），中层（地下 30～100 m）、深层（地下 100 m 以下）三个层次。目前世界上地下空间开发层次多数处在地下 50 m 的范围。我国地下空间开发利用主要应研究地下 30 m 以上空间。

城市地下空间总体规划阶段，城市地下空间的竖向分层的划分必须符合地下设施的性质和功能要求，分层的一般原则是：该深则深，能浅则浅；人货分离，区别功能。城市浅层地下空间适合于人类短时间活动和需要人工环境的内容，如出行、业务、购物、外事活动等；对根本不需要人或仅需要少数人员管理的一些内容，如贮存、物流、废弃物处理等，应在可能的条件下最大限度地安排在较深地下空间，如图6.13 所示。[15]

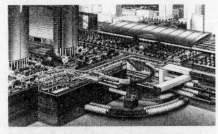

图 6.13 城市地下空间分层示意

竖向层次的划分除与地下空间的开发利用性质和功能有关外，还与其在城市中所处的位置、地形和地质条件有关，应根据不同情况进行规划，特别要注意高层建筑对城市地下空间使用的影响。

以珠海城市地下空间开发利用规划中竖向分层规划为例，将其分为浅层、次浅层、次深层三个竖向层面，如图 6.14 所示。[16]

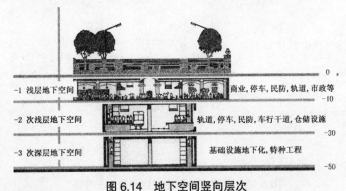

图 6.14 地下空间竖向层次

1）浅层（0～-10 m）

在城市建设用地下的浅层空间主要安排停车、商业服务、公共通道、人防等功能,在城市道路下的浅层空间安排市政设施管线、轨道等功能。

2) 次浅层(-10~-30 m)

在城市建设用地下的次浅层空间主要安排停车、交通集散、人防等功能,在城市道路下的次浅层空间安排轨道线路、地下车行干道、地下物流等功能。

3) 次深层(-30~-50 m)

在城市建设用地下的次深层空间主要安排雨水利用及储水系统、特种工程设施。

规划期内,珠海市地下空间适宜开发深度主要控制在浅层(0~-10 m)和次浅层(-10~-30 m)之间,远景时期,随着地下空间的大规模开发,部分重点地区地下空间开发利用的深度可达次深层(-30~-50 m)。

图 6.15 是郑州市地下空间竖向层次分布图。

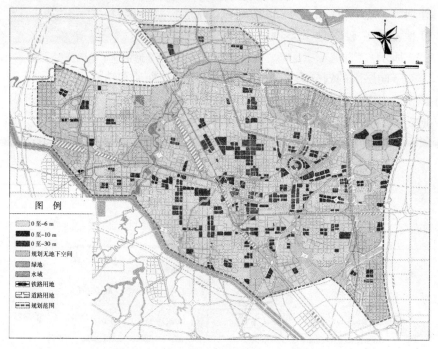

图 6.15 郑州市地下空间竖向层次分布图

6 城市地下空间总体布局与形态

本章注释

[1] 国际现代建筑协会. 雅典宪章. 1933

[2] 吴良镛. 世纪之交的凝思：建筑学的未来[M]. 北京：清华大学出版社，1999

[3] 朱建明，王树理，张忠苗. 地下空间设计与实践[M]. 北京：中国建材工业出版社，2007

[4] 王文卿. 城市地下空间规划与设计[M]. 南京：东南大学出版社，2000

[5] 童林旭. 地下空间的城市功能及其开发价值[J]. 地下空间，1991(4)

[6] 解放军理工大学地下空间研究中心. 珠海城市地下空间开发利用规划(2008—2020). 2008

[7] 刘巽浩，高旺盛. 21世纪中国农业如何持续发展. 科技日报，2000-12-24

[8] 陈志龙，王玉北. 城市地下空间规划[M]. 南京：东南大学出版社，2005

[9] 陈志龙，伏海艳. 城市地下空间布局与形态探讨[J]. 地下空间与工程学报，2005(1)

[10] 解放军理工大学地下空间研究中心，扬州市城市规划设计研究院有限公司. 扬州市主城区城市地下空间开发利用规划(2008—2020). 2008

[11] 武进. 中国城市形态：结构、特征及其演变[M]. 南京：江苏科学技术出版社，2009

[12] 解放军理工大学地下空间研究中心，郑州市规划勘探设计研究院，郑州市人防工程设计研究院. 郑州市中心城区地下空间开发利用规划(2008—2020). 2009

[13] 朱合华，吴江斌. 管线三维可视化建模[J]. 地下空间与工程学报，2005(1)

[14] 陈立道，朱雪岩. 城市地下空间规划理论与实践[M]. 上海：同济大学出版社，1997

[15] 杨振茂. 郑州市地下空间开发利用的岩土工程安全问题[J]. 中国安全科学学报，2006(2)

[16] 李春. 城市地下空间分层开发模式研究：[硕士学位论文]. 上海：同济大学，2007

7 城市地下交通规划

地下交通若按功能划分,其大致可分为以下几个方面:
(1) 地下步行系统空间。建于地下的供公共使用的步道,多条地下步道有序组织在一起,形成地下步行系统。主要包括两种形式:地下步行街、地下人行过街道。一般而言,地下步行街也是地下商业街;地下人行过街道主要是为解决人行过街而建造的单建式地下交通设施。
(2) 地下机动车交通系统空间。包括地下快速道路、地下停车系统等。
(3) 地下轨道交通系统空间。包括地铁、城铁、轻轨等轨道交通设施。[1]

7.1 概述

7.1.1 地下交通与城市生态环境

可持续发展已经成为世界各国的共识。可持续发展涉及可持续经济、生态和社会三方面的协调统一。城市环境的可持续发展包括自然环境的可持续发展(如节能、节地、减少污染、增加绿化等等),人文环境的可持续发展(如文物史迹保护、步行化、增加公共活动空间等等)。据北京市人居环境的调查结果表明,在购房时考虑的首选因素中,环境因素位居第一,因此,我国城市尤其是高收入城市的生态需求更大。综合开发利用地下交通空间的环境效益在综合效益中占很大比例。城市地下交通的采用对提高城市生态环境具有非常重要的作用,图7.1 表达了城

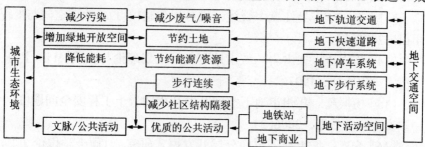

图 7.1 城市地下交通空间与生态环境的互动关系

市地下交通空间与生态环境的互动关系。[2]

7.1.2 城市地下交通的综合效益分析

近年来，一些城市开发地下空间以商场、娱乐场所等见效快的居多，并从一个点扩展至一条街或几条街，开发者在经济上有效益，所以开发积极性高。而城市地下交通空间却十分缺乏。我国城市地下交通空间总体处于相对滞后的状态，一方面由于人们对地下交通空间解决城市问题的能力缺乏了解；另一方面，对地下交通空间的综合效益认识不足，而对实施的必要和可能心存怀疑。正确认识地下交通空间的综合效益是城市规划、城市设计师研究的问题，更是决策者考虑的问题。

(1) 经济效益。地下交通空间的经济效益表现在：地铁的经济效益主要有营业收入、营业外收入及计算期末回收固定资产余值和回收流动资金。地下步行交通中如果是地下商业街类型的主要为经济收入。

(2) 社会效益。城市地铁、地下停车场、地下步行道、地下快速路等地下交通设施的建设，可以有效地满足城市交通需求的增长，加快解决城市道路交通拥挤问题。建设地下交通系统，可以提高地下空间的利用率。因为城市地下空间的无秩序开发，不仅会造成地下空间的无序化和地下各种设施布局的不合理，而且会降低其使用效率。建设地下交通系统的目的是通过综合规划建设，使大城市核心区、城市中大规模再开发地区、严寒多积雪地区的地上、地下交通更加畅通、安全、舒适，确保城市各项功能和活动的正常运行。地下交通的社会效益具体主要体现在节约时间、减少疲劳、减少交通事故、代替地面公交等。[3]

(3) 环境效益。随着人们生活水平的不断提高，人们对于地下空间开发利用的过程，也是一个环境效益认识的过程。地铁替代公交汽车，将大大减少地面车流量，从而减少石油燃烧，可节约石油资源，减轻大气污染，同时减少汽车噪声排放，降低城区噪声水平。较易量化的环境效益是减轻大气污染效益。地下快速路可使机动车辆在地下行驶，这样可以减少尾气对城市环境的污染，同时减少噪声。

7.2 地下交通设施规划方法

地下交通规划是城市地下空间规划中最为重要的功能设施规划，地下空间规划的发展布局、总体形态、发展方向以及地下空间服务设施的分布、重点建设区域等规划内容往往是围绕着地下交通设施中地下轨道交通线网及站点框架来展开，从这个意义上来看，城市地下空间规划可分为有轨道交通和无轨道交通两大类型，这两类的规划在编制方法、规划策略、规划内容等方面有着较大的差异。

7.2.1 地下交通设施的分类

地下交通设施按其交通形态可划分为地下动态交通设施和静态交通设施。地下动态交通可分为地下轨道交通设施、地下道路交通设施、地下人行交通设施；地下静态交通可分为地下公共停车和地下配建停车两种类型。现代地下交通的发展趋势是立体化、一体化和网络化发展，因此，地下交通设施依此可分为轨道交通系统、地下快速路网、地下步行系统、地下停车系统等网络形式。具体划分类型见图 7.2 所示。

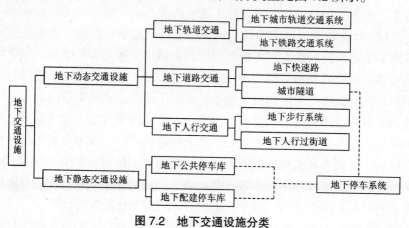

图 7.2 地下交通设施分类

7.2.2 地下交通设施规划遵循的原则

1）适应性原则

适应城市发展建设的要求，使城市地上、地下交通系统有机统一，协调发展，上下各种交通方式之间衔接、组合、换乘便捷、合理；地下交通建设应与城市建设总体布局相一致。

2）适度超前原则

城市地下交通规划应基于发展的角度，以城市总体规划为依据，结合城市中长期发展目标，适度超前地对地下交通设施进行规划布置，为城市的不断扩展做出前瞻性规划，以满足持续增长的交通需求。

7 城市地下交通规划

3）公交优先原则

地下交通系统以疏导地面交通为首要任务，以缓解城市交通拥堵和停车难为导向，通过大力发展地下公共交通设施，消除道路对城市的分割，拉近城市空间距离，充分发挥土地的集聚效应。

4）统筹规划原则

地下交通设施规划建设应充分考虑动、静态交通的衔接以及个体交通工具与公共交通工具的换乘；城市主干道的规划建设应为未来开发利用不同层次的地下空间资源预留相应的空间；城市建设与更新应充分考虑交通设施的地下化，交通方式立体化的发展模式。统筹规划、综合开发、合理利用、依法管理，坚持社会效益、经济效益、环境效益相结合。

7.2.3 地下交通设施的规划思路

本书针对地下交通设施的不同类型，结合我国地下交通设施发展特点，确定地下交通设施规划的总体框架、规划步骤和规划内容，如图7.3所示。

7.2.4 地下交通设施规划的布局

地下交通设施规划以引导城市的现代化，贯彻公共交通优先为导向，营造一个以人为本的便捷舒适的交通环境为目标。土地利用规划与交通设施规划的相互关系如图7.4所示。

在开发布局上，逐步形成以地下轨道交通线网为骨架，以地铁车站和枢纽为重要节点，注重地铁和周边项目地下空间的联合开发，形成有机的交通网络服务体系。

在空间层次上，避免地铁与建筑和市政浅埋设施的相互影响，地铁尽量利用次浅层和次深层地下空间。

在城市中心城区范围内，以地铁为依托，结合轨道交通线网的建设，形成地下和地面相互联系的便捷的立体交通体系，利用地铁客流合理开发商业，提高地下空间的使用效率和开发效益。

此外，规划范围内的规划社会停车场原则上应地下化，解决停车难的问题，既充分利用主城区内稀缺的土地资源，又不影响城市景观；在中心商业区应规划地下步行交通系统，净化地面交通，实现人车分流，达到商业功能与交通功能的和谐统一。

城市地下空间总体规划

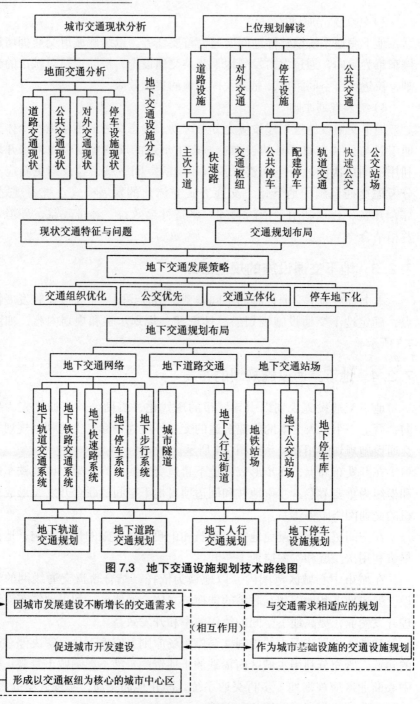

图 7.3 地下交通设施规划技术路线图

图 7.4 土地利用规划与交通设施规划的相互关系

7.3 城市地下轨道交通规划

城市地下轨道交通是城市公共交通系统中的一个重要组成部分，泛指在城市地下建设运行的，沿特定轨道运行的快速大运量公共交通系统，其中包括了地铁、轻轨、市郊通勤铁路、单轨铁路及磁悬浮铁路等多种类型。大多数的城市轨道交通系统都建造于地底之下，故多称为"地下铁路"，或简称为地铁、地下铁、捷运(台湾地区)等。修建于地上或高架桥上的城市轨道交通系统通常被称为"轻轨"。在行业领域内，"轻轨"与"地铁"有着明确的区分，主要区分方式有两点，一是轨道型制有所不同，轻轨的轨道相对于地铁要小；二是运量不同，"轻轨"指单向客流运量2万~3万人/h的城市轨道交通系统，而"地铁"指单向客流运量5万~6万人/h的城市轨道交通系统，本章所指城市地下轨道交通即城市地铁运输系统，地铁运输系统可宏观地划分为地铁车站和地铁运输标准段(区间隧道)两大部分。[4]

地铁车站是联络地上和地下空间的节点，是人流出入口和换乘点，地铁标准段承担轨道交通任务，由地下列车通过标准段运送客流，联络各地铁车站。

7.3.1 城市地铁路网规划

地铁路网规划是城市全局性的工作，是城市总体规划的一部分。地铁路网规划优劣的本质在于是否能充分发挥地铁交通的高效性。主要表现在是否既能最恰到好处地解决城市交通矛盾，又能充分发挥地铁的高速、大容量运送的功能特点。地铁线路按其在运营中的作用，分为正线、辅助线和车场线。

1) 地铁线路规划的一般要求

(1) 地下铁道的线路在城市中心地区宜设在地下，在其他地区，条件许可时可设在高架桥或地面上。

(2) 地铁地下线路的平面位置和埋设深度，应根据地面建筑物、地下管线和其他地下构筑物的现状与规划、工程地质与水文地质条件，采用的结构类型与施工方法，以及运营要求等因素，经技术经济综合比较确定。

(3) 地铁的每条线路应按独立运行进行设计。线路之间以及与其他交通线路之间的相交处,应为立体交叉。地铁线路之间应根据需要设置联络线。

(4) 地铁车站应设置在客流量大的集散点和地铁线路交会处。车站间的距离应根据实际需要确定,在市区为 1.0 km 左右,郊区不宜大于 2.0 km。[5]

2) 地铁路网的形态

城市地铁路网从形态上可以分为放射状和环状两种。早期建设的地铁多为放射状,英国伦敦市的地铁路网如图 7.5 所示。

地铁路网的放射状分布最大的缺点就是线路之间换乘不便,为了连接这些放射状的线路,相应地建有一些环线。因此,现代城市地铁路网多数都是放射状和环状线型的结合,无疑它与城市发展史上城市的同心圆外延式扩展、卫星城计划及其发展是相符合的,我国的上海地铁路网是这种型式的典型范例,如图 7.6 所示。[6]

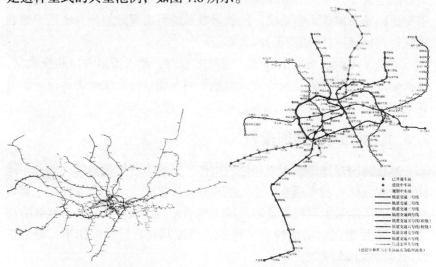

图 7.5　伦敦地铁路网　　　　图 7.6　上海地铁路网

3) 地铁路网规划的步骤、方法与原则

(1) 输送量预测

输送量预测是制订城市地铁路网的依据。以下是日本常用的输送量预测方法:首先划出城市总体交通圈,即将其分成若干小区。再将各小区的人口(包括外来人口)及与人口有关的各种活动量(如商业活动、业务活动、教学活动等)及其配置进行预测,算出年度内的总需求。方法如下:

设定对象范围，将调查目的划分为小区，设定夜间和昼间人口，预测就业、从业和就学、从学人口，预测通勤、通学的 OD 交通量，预测利用地铁的通勤、通学的 OD 交通量，并将其交通量分到地铁网络上，预测高峰时的需要，最后设定作为对象的地铁网络。[7]

(2) 推算各个地铁车站的乘车人数，主要需考虑以下几点：

车站圈域内人口及其乘车率，从相接近的交通工具转移的人数，新设路线对沿线的开发效果，人口的自然和机械增长。

其后，从各站乘车人数计算出各站相互出发、到达 (OD) 的人数，并按流向分别整理，计算出一天内各站间的通过人数。在此基础上，可以对输送能力进行规划。

(3) 地铁路网规划原则

① 贯穿城市中心区，分散和力求多设换乘点并提高列车的运行效率。分散和力求多设换乘点的目的，一是避免换乘点过分集中，带来换乘点过高的客流量压力；二是尽量缩短人们利用地铁的出行距离和时间。

② 尽量沿交通主干道设置。沿交通主干道设置目的在于接收沿线交通，缓解地面压力，同时也较易保证一定的客运量。如，北京一期地铁走向与主要客流量相一致，运行后年客运量增长 2%，但因当时对地铁客运需求估计不足，也产生了一些如高峰时间严重超负之类的负作用。

③ 加强城市周围主要地区与城市中心区、城市业务地区、对外交通终端、城市副中心的联系。地铁线路应尽量与大型居民点、卫星城、对外交通终端如飞机场、轮船码头、火车站等的连接。[8]

④ 避免与地面路网规划过分重合。当地面道路现状或经过改造后能负担规划期内的客流压力时，应避免重复设置地下铁路线。

⑤ 与城市未来发展相适应。日本东京的地铁路网，如图 7.7 所示，其特点是利用一条环形地面铁道将地铁线串联起来，形成了一个地下与地上互相协调一致的城市快速交通综合网络。

4) 地铁选线

地铁选线是对城市原有地铁路网的进一步细化，选线时应避开不良地质现象或已存在的各类地下埋设物、建筑基础等，并使地铁隧道施工对周围的影响控制到最小范围。地铁线路的曲线段应综合考虑运输速度、平稳维修以及建设土地费用等对隧道曲率半径的要求与影响，制订最优路线，如图 7.8 所示为南京市地铁线路图。

城市地下空间总体规划

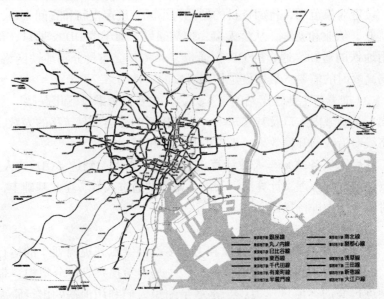

图 7.7　日本东京地铁线网
（资料来源：东京都交通局）

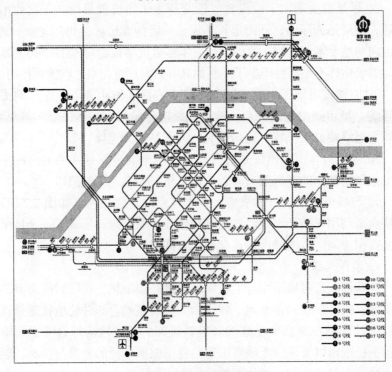

图 7.8　南京市地铁线路网

7　城市地下交通规划

在制订地铁隧道纵向埋深时，主要应考虑以下因素：

(1) 埋深对造价的影响。明挖法施工，造价与埋深成正比；暗挖法施工，隧道段埋深与造价关系不大，车站段埋深越大，造价越高。

(2) 地下各类障碍物的影响。

(3) 两条地铁线交叉或紧挨时，两者之间的位置矛盾与相互影响。

(4) 工程与水文地质条件的优劣。

5) 车站定位

车站定位应充分考虑地铁与公交汽车枢纽、轮渡和其他公共交通设施及对外交通终端的换乘，应充分考虑地铁站之间的换乘。

车站定位要保证一定的合理站距，原则上城市主要中心区域的人流应尽量予以疏导。地铁车站的规模可因"地"而易，但应充分考虑节约，图7.9为杭州城东新城核心区地铁站布置及服务半径分析图。

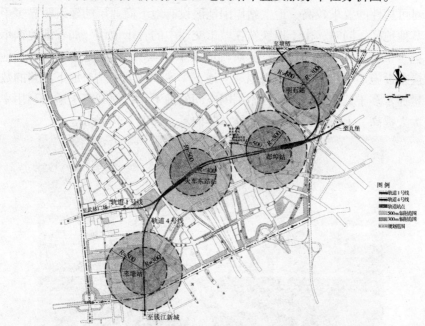

图7.9　杭州城东新城核心区地铁站布置及服务半径分析图

6) 地铁规划与城市规划相结合重点考虑的问题

地铁规划是城市规划的主要内容之一，地铁规划必须与城市总体规划相结合，才能使地铁规划符合城市实际，应重点对以下几个问题作重点考虑：

(1) 地下空间规划中，要为轨道新线路预留空间。

(2) 城市干道下，要为可能引入的新轨道设施预留相应的空间。

(3) 地下轨道建设要与其他地下设施建设结合，进行综合开发。

(4) 对需要进行大深度开发的地铁建设，应为其在浅层空间预留出入口。

7.3.2 地铁车站规划

地铁作为大城市的重要交通手段，已广泛地应用于人们的通勤、通学、业务、购物、休闲等方面。

地铁站与周围地下空间相通，提高了地下空间的可达性和使用价值，促使周围土地开发多层地下空间。典型地铁站的埋深一般可分为浅埋(轨道标高为地下 7~15 m)、中埋(地下 15~25 m)、深埋(地下 25~30 m)三类，因此至少可引起周围用地下 1~2 层空间的开发。由于商业对可达性的要求较高，地铁站周围地区设有地下商业层的建筑明显多于其他地区。同时，由于地铁站在城市交通中的骨干地位（如香港地铁承担全市公共交通的 27.8%；莫斯科地铁承担 45%），将促使周围的其他换乘设施地下化，地铁站周围地区地下车库、地下车站、地下道路的数量通常多于其他地区。地铁站周围空间的地下化，使城市土地的利用率大大提高。上海世纪大都会地铁站竖向示意如图 7.10 所示。

图 7.10 上海世纪大都会地铁站竖向示意

1) 地铁车站规划的一般要求

(1) 地铁车站设计，应保证乘客使用方便，并具有良好的内部和外部环境条件。

（2）设置在地铁线路交会处的车站，应按换乘车站设计，换乘设施的通过能力应满足预测的远期换乘客流量的需要。

（3）地铁车站的总体设计，应妥善处理与城市规划、城市交通、地面建筑、地下管线、地下构筑物之间的关系。

（4）地铁车站应设置在易识别的位置。

（5）地铁车站应充分利用地下、地上空间，实行综合开发。

2) 地铁车站的类型

地铁车站按其地理位置、布置方式和土层介质可以作不同的划分。

按地铁车站的地理位置可以分为终点站和中间站，中间站又可根据其是否可以直接换乘其他线路而分为一般中间站和换乘站。

终点站一般处在城市的郊区，因需满足列车折返需要，故一般规模较大。车站的布置形式一般有两种，一种是小半径环线折返站，一种是尽端式折返，尽端式折返站较为常用。

地铁中间站既有位于城市郊区的郊区站，也有位于城市中心区的中心站。一般而言，城市中心区的业务、商业活动较为频繁，客流量要求大，站点的规模应大一些，而郊区站因客流量相应少些，其规模也应较小。如上海地铁1号线的中间站"人民广场"站，由于位于上海城区最中心，商业、旅游活动量大，所以其车站全长达300多m，而一般站长仅需180 m左右。

城市中心站，应对其附近的市街状况、输送要求、集中度等进行充分调查，车站的规模、构造和设施应尽量与之相适应，尤其是出入口数量、单位通行分布的合理性。另外，城市中心站是地下空间总体布局的依托，应尽量连通其周围的各类地下公共建筑，这样既能有效地疏散人流，又能充分发挥地铁客流量大的优势，带动周围地下空间的开发利用。

地铁换乘站也是城市中心站，当两条以上地铁线路交叉或相邻并设车站时，应完成车站的地下联络换乘，具体换乘形式根据两个车站的位置不同，地铁车站的站台从布置形式上可以分为岛式车站和侧式车站。岛式车站一般适合客流大的站台，侧式车站则反之。两者各有优缺点，在使用时应根据实际情况选用。

站台的宽度由乘降人数、升降台阶的位置和宽度等决定。一般的站台宽度，侧式站台为每边4~7 m，岛式站台为6~12 m。

站台的长度按最大列车编组长度决定，一般可通过下式确定：

城市地下空间总体规划

$$站台长度 = 最大列车编组长度 + 2x(x\ 不小于\ 5\ m)$$

3）地铁车站的旅客处理能力

在规划设计地铁车站时，要针对各种调查分析所得的基础资料，估算地铁车站的规模大小。其中出入口和升降口两项通行能力的计算比较重要。

（1）出入口

出入口应能比较直接地联系地面室外空间和内部地铁车站。每个车站直通地面室外空间的出入口数量不应少于两个，并能保证在规定时间内，将车站内的全部人员疏散出去。日本现营运的地铁车站出入口情况是：1 000 ~ 20 000 人的车站，其出入口数量 3~6 个；20 000 ~ 30 000 人的车站，出入口数量 6 ~ 8 个；30 000~50 000 人的车站，出入口数量 8 ~ 12 个。出入口有效净宽度平均 2.5 ~ 3.5 m，大阪中央区谷町四丁目站出入行流线及出入口示意如图 7.11 所示。

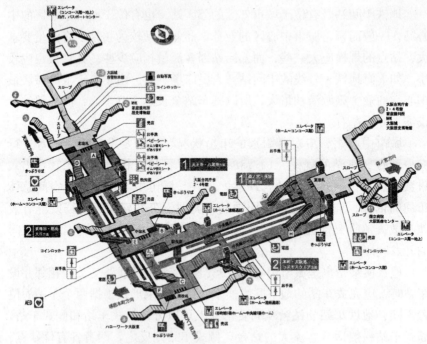

图 7.11　大阪中央区谷町四丁目站出入行流线及出入口示意

（资料来源：大阪市交通局网站www.kotsu.city.osaka.jp）

我国对地铁设计规范规定，车站出入口的数量，应根据客运需要与疏散要求设置，浅埋车站不宜少于 4 个出入口。当分期修建时，初期不得少于2个。小站的出入口数量可酌减,但不得少于2个。车站出入口的总设计客流量,应按该站远期超高峰小时的客流量乘以1.1~1.25的不均匀系数。[9]

当然,地铁车站出入口的各部分(门、厅、楼梯等)应保证相同的通行能力,并以通行能力最差的一个数据,作为该出入口的实际通行能力。

(2)升降口

升降口起到连接站台和上部大厅及出入口的作用,出于疏散和防灾需要,升降口的数量不应少于2个,并应使其对旅客的处理能力能满足实际客流需求量要求,地铁站升降口与人行流线示意如图7.12所示。

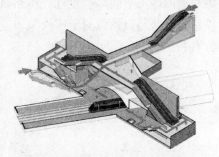

图7.12 地铁站升降口与人行流线示意

4)地铁车站位置

典型的地铁站通常是一个20~30 m宽、100~200 m长、10 m多高横亘于地下的大型设施,其本身就是发展大型地下空间的良好载体。由于地铁站的人流量很高,是地下空间系统中人流量最大的集散点之一,乘客通过地下空间系统到达目的地提高了集散效率,促使以地铁站为中心的地下空间系统不断向周围地区延伸。不仅站厅公用区和出入口与周围城市空间广泛连接,使地铁站本身承担公共空间的作用,而且地铁在城市交通中的核心地位,更促进了步行系统、公共停车等公共空间的地下化。因此,地铁站是地下空间系统的枢纽和建立地下空间系统的契机。[10]

蒙特利尔地铁站的出入口很多,如麦吉尔车站,有3条地下通道和5个地面出入口,连接着附近的建筑物和街道,由于从几个不同的地方都可到达这一车站,因此使用效率很高。伦敦地铁车站最大的站厅面积达7 000 m²多,出入口能分散人流,敞开的楼梯分设在广场、人行道、公交车站附近及周围大楼的首层,避免了地铁乘客穿越地面广场和运输繁忙的街道。

(1)站位与路口的位置关系(图7.13)

① 跨路口站位:车站跨主要路口,在路口各角上均设有出入口,乘客从路口任何方向进入地铁均不需穿马路,增加乘客安全,减少路口人车交叉。与地面公交线路衔接好,换乘方便。但由于路口处往往是城

城市地下空间总体规划

市地下管线集中交叉之点，因此，需要解决施工冲突和车站埋深加大的问题。由于乘客目的地有三类，即地铁站紧邻的活动节点（如交叉路口街角往往建有大型办公、购物中心）、地铁站周围换乘设施（停车场、公交车站）、地铁站周围较远活动节点，如果地铁站与这些活动节点的地下层相通，则可解决因车站埋深加大而导致的乘客不便问题。因此，如果与周围城市空间综合设计，跨路口站位是可能获得最大城市效益的地铁站位。跨路口站位对于解决城市空间密集问题、促进地下空间发展较为有利。

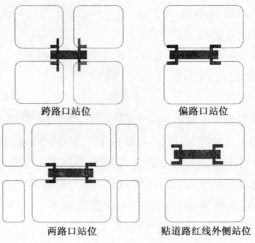

图 7.13 地铁站位与路口的位置关系

② 偏路口站位：车站偏路口一侧设置。车站不易受路口地下管线的影响，减少车站埋深，方便乘客使用，减少施工对路口交通的干扰，减少地下管线拆迁，工程造价低。但车站两端的客流量悬殊，降低车站的使用效能。如果将出入口伸过路口，获得某种跨路口站位的效果，可改善其功能。上海地铁1号线的车站多为偏路口站位。

③ 两路口站位：当两路口都是主路口且相距较近（小于400 m），横向公交线路及客流较多时，将车站设于两路口之间，以兼顾两路口。

④ 贴道路红线外侧站位：一般在有利的地形地质条件下采用。基岩埋深浅、道路红线外侧有空地或危房旧区改造时，地铁可以与危旧房屋改造相结合，将车站建于红线外侧的建筑区内，可少破坏路面，少动迁地下管线，减少交通干扰。

(2) 站位与主要街道的关系

地铁与城市结构是一种互动的关系。通常，城市中最初的几条地铁线必须解决较为迫切的现状问题，可选择在人流量较大的主要街道下，而较后建设的地铁线则可选择在能够引导城市发展的区位上。

例如，蒙特利尔地铁的开发中，原先由地铁部门所作的规划，强调交通功能，将大部分线路设置在中心区最繁忙的商业街——圣·凯瑟琳街(St. Catherine)下面，以尽可能吸引现有人流。但是在巴黎运输局建议的修正方案中，地铁的干线移至与圣·凯瑟琳街平行并相隔一条街的梅梭内孚街下。梅梭内孚街原是一条蜿蜒的小街，市政府原就希望将它拓宽和拉直。新的计划产生了多项优点：① 使地铁建设与道路改造相结合；② 避免了施工对主要商业街营业的长期中断；③ 由于地价较低，地铁站建设成本降低；④ 增加了梅梭内孚和圣·凯瑟琳街中间地带的开发潜力。

地铁站的出现，将引起建筑物周围的城市公共空间发生变化，建筑物的基准面进一步呈现多元化。所谓建筑基准面，是指建筑物的门厅、中庭的底面标高所在的位置，它是建筑物的内部和外部一系列空间设计的基准。建筑基准面的第一次多元化发生在高层建筑诞生以后，在传统地面门厅之外，出现了空中门厅。地下空间时代的建筑，又出现了地下门厅这种新的形式。今天的建筑，主门厅的位置，将取决于建筑物最主要的对外交通层面是位于地下、地面还是空中。在以地铁交通为主体的城市中，地下门厅将占据十分重要的地位。

地铁站出入口与周围建筑物的空间关系一般有四种类型（图7.14）：建筑外、建筑侧、建筑下、建筑内。

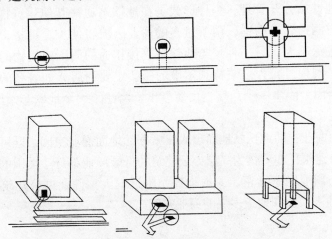

图 7.14　地铁出入口与周围建筑物的空间关系模式

"建筑外"即出入口与建筑物分离。

"建筑侧"即出入口与建筑物紧贴,当上部用地紧张,建筑底层面积小,且车站客流量级别较低时采用。

"建筑下"即位于建筑物的底层架空处,一般当车站的设计客流量较大,地铁出入口需要较大的缓冲空间,地面用地又比较局促时采用。

"建筑内"即地铁车站的地道分叉出一条进入建筑内部,接建筑物地下室或地下中庭,而另一条接城市地面出入口,一般当周围建筑规模较大时采用。

地铁出入口与建筑物的良好空间关系,可以产生多方面的优点:吸引更多乘客搭乘地铁;使地面建筑成为地铁出入口的标志,提高地铁站的外部识别性;增强城市交通的疏解作用,使大量人流不需溢出地面就可快速集散,缓解地面交通状况;提高建筑的可达性和空间价值,支持高强度开发和城市功能的地下化。

(3) 与商业设施的空间关系

商业是地铁站与其他城市功能之间良好的过渡功能,善加利用,可达相互促进之效。与地铁站连接的商业可分为地下商业、地面商业两类。

地下商业:分为站内和站外两类。地铁站内分为付费区和非付费区(可供自由通行,也称城市公用区)。站内商业通常设置在扩大的公用区内,主要供乘客顺路购物和等待时购物,建筑结构上属于地铁站的一部分,由地铁站统一管理。站外商业是指在地铁站结构体外的商业,与地铁站分开管理,一种形式是在地铁站通往其他建筑物之间的地下步道两边开设店铺,由于过多的商业人流将使步道拥挤,因此商店一般进深不大;另一种是与地铁站直接相通的周围建筑物的地下商业空间,规模可较大。蒙特利尔市的一些主要商店,如著名的伊顿中心,在店内分隔出一个角落,由店方出资修建了一个地铁车站出入口,以吸引更多的顾客。[11]

地面商业:即地铁站地面出入口紧邻的地面商业空间,既可作为单一的商业建筑,亦可作为高层办公建筑的低层商业部分。美国的很多地铁站都与商业联系紧密,一般地铁站附近的大型商业办公建筑,都有1~2层地下商业和地上多层的商业空间。

7.4 地下步行系统规划

交通拥挤,人满为患,不能心情舒坦地活动,是居民对城市中心地区环境最突出的意见,要提高城市中心区环境质量,首先要解决的是交通问题,城市中心区交通矛盾的最终解决应是建立一种完全独立于其他交通流的步行活动空间,这是今后城市中心区交通发展的必由之路。步行是一种最基本的交通方式,而且是一种最有利于环境保护的交通方式。"以人为本"的地下步行交通具有维护地上景观、人车分流、缓和交通、全天候步行的优点。同时,城市地下步行交通不仅仅是作为解决城市中心交通矛盾的有效手段,而且已成为体现对人关怀,改善城市环境的重要标志。[12]

地下步行道路是指修建于地下的供行人公共使用的步道,而由多条这样的步行道路,有序地、有组织地组合在一起,就形成了地下步行系统。它应具有以下四个主要特点:

(1) 中介性,起着整合地上与地下,地下与地下分散空间的作用。

(2) 公共性,其本身就是城市公共活动空间,包括地下商业街、下沉广场等集商业、休闲、娱乐为一体的公共活动空间。

(3) 系统性,地下步行系统只有越连续,规模越大,才能越受人欢迎,才能有效发挥其交通及活动功能。

(4) 便捷性,出于行人的方便心理,行人活动具有"平面性",一般不希望过多转换主要通道的层次。

7.4.1 地下步行系统的组成

地下步行区一般设置在城市中心的行政、文化、商业、金融、贸易区,这些区域应有便捷的交通条件与外相接,如公交车枢纽站和地铁车站。区域内各建筑物之间由地下步道连接,四通八达,形成步行者可各取所需而无后顾之忧的庞大空间。

地下步行系统按使用功能分类,主要设置于步行人流流线交汇点、步道端部或特别的位置处,作为地下步行系统的主要大型出入口和节点的下沉广场、地下中庭,满足人流商业需求的地下商业街作为连通地铁站、地下停车场和其他地下空间的专用地下道等,地下步行系统分类及构成如图7.15所示。

城市地下空间总体规划

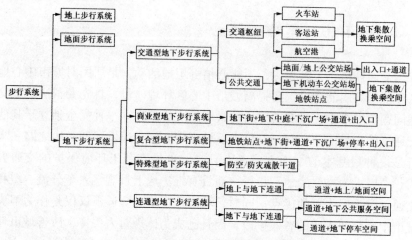

图 7.15 地下步行系统分类及构成

7.4.2 地下步行系统布局

1）地下步行系统布局要点

（1）以地铁（换乘）站为节点

发展地铁的同时给地下空间的发展带来了机遇，将地面建筑项目与地下设施有效地组合以获得共同的发展。地铁车站成为人流量与商业设施、服务及公共空间的联结纽带。地铁站在支持和促进该处房地产发展方面起了重要的作用。杭州临平新城高铁—地铁站地下步行系统如图7.16所示。

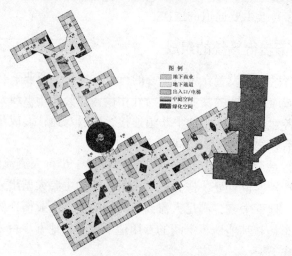

图 7.16 杭州临平新城高铁—地铁站地下步行系统

7 城市地下交通规划

(2) 以地下商业为中心

经济是社会发展的主导因素之一,经济的持续发展为城市建设的发展提供了基础。城市地下步行系统的开发,促进不动产的开发,创造就业机会,繁荣城市经济,特别是在现有的城市中心区,地下步行系统的再开发有助于中心区的振兴与发展,其发展模式为在地铁站台、地下步行道沿线发展商业,在改善封闭通道中枯燥感的同时,还可获得经济效益。加拿大蒙特利尔地下城就是这样的例子之一(图7.17),整个地下城由地下步行系统形成串联空间,将地铁站点、地下停车库、供货车用通道、地下商场等进行有机连通,扩大了城市交通、商业等设施容量,延长了消费活动时间,增加更多的就业机会和商业价值,使蒙特利尔城市中心区高聚集城市功能得到整合与优化。[13]

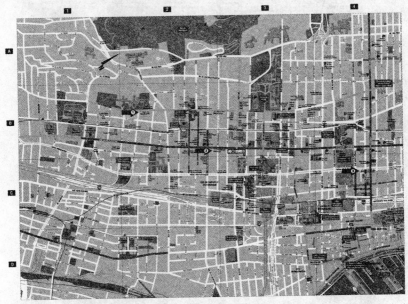

图7.17 蒙特利尔地下步行系统与地下商业布局

(资料来源:http://www.crimt.org)

(3) 力求便捷

地下步行设施如不能为步行者创造内外通达,进出方便的条件,就会失去吸引力。在高楼林立的城市中心区,应把高楼楼层内部设施如大厅、走廊、地下室等与中心区外部步行设施如地下过街道、天桥、广场等衔接,并通过这些步行设施与城市公交车站、地铁站、停车场等交通设施相连,共同组成一个连续的、系统的、功能完善的城市交通系统。

城市地下空间总体规划

例如，多伦多的地下步道系统，在地下共连接30幢高层办公楼的地下室，20座停车库，1 000家左右的商店以及5座地铁站，在整个系统中，布置了几处花园和喷泉，100多个地面出入口，使多伦多地下步行系统以庞大的规模、方便的交通、综合的服务和优美的环境著称世界。[14]图7.18为多伦多地下步行系统，图7.19为多伦多地下步行系统一角。

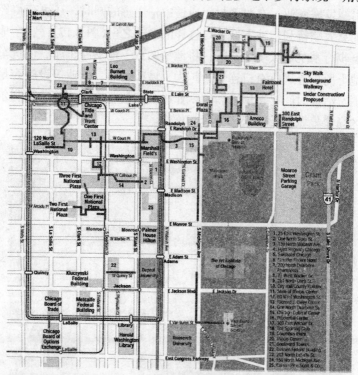

图7.18　多伦多地下步行系统

（资料来源：http://www.clr.utoronto.ca/）

7 城市地下交通规划

图 7.19 多伦多地下步行系统一角

(4) 环境舒适宜人

充满情趣和魅力的地下步行系统能够使人心情舒畅，有宾至如归之感，特别是有休息功能和集散功能的步行设施尤为如此。通过喷泉、水池、雕塑可以美化环境；花坛、树木可以净化空气；饮水机、垃圾桶可以满足公众之需；电话亭、自动取款机、各种方向标志可以提供游人方便，并且由于是地下全封闭的步行环境，将商厦、超市、银行和办公大楼连成一体，行人可以置骄阳、寒风、暴雨、大雪于不顾，从容活动，一切自如，为行人提供安全、方便、舒适的步行环境。例如位于大阪市中心的"天虹"地下街，上中下三层，街长 1 000 m，宽 50 m，高 6 m，街顶离地面有 8 m，总建筑面积 3.8 万 m²，通过 38 个出入口疏散到地面，310 家商店，可同时容纳 50 万人，每天有 170 万人次乘地铁出入，地下街内有 4 个广场，其中彩虹广场有 2 000 多支可喷高 3 m 的喷泉。[15]图 7.20 是日本大阪天虹地下街中庭的一角。

图 7.20 日本大阪天虹地下街中庭一角

(5) 经济适用

国内外凡设置先进、齐全步行系统的地方必定是金融、贸易和商业、服务最集中的地区。为之投入的建设资金和运营成本一般都能产出高额的效益。如北美大城市的步行区无一例外地都拥有现代化的购物中心，它通常都是以一幢或数幢规模庞大的集购物、观光、娱乐、休闲于一体的建筑群为主体，并辅助各类地下、地上步道相连。表 7.1 为东京池袋站地区地下步行系统的组成情况。

表 7.1　日本东京池袋站地区地下步行系统组成情况

建筑物名称	使用性质	地上层数	地下层数
东武霍普中心	百货店/停车场	—	3
池袋地下街	百货店/停车场	—	3
三越百货店	百货店	7	2
伯而哥	百货店	8	3
西武百货店	百货店	8	3
东武会馆	百货店	8	3
东武会馆增建	百货店	11	4
东武会馆别馆	事物所/商业街	9	3

2) 地下步行系统布局模式

(1) 双棋盘格局

地下步道位于街区内，形成与地面道路错位的棋盘形格局。其优点是：由于地下步行系统的大部分均由建筑内的步道构成，建筑内的中庭充当地下步行系统的节点广场，地下步行系统的特色跟随地面建筑而自然获得，识别性较强。适合于街区内的建筑普遍较大、基地较完整的新兴大城市中心区。这种模式多见于美国和加拿大的城市。美国休斯敦地下步行系统如图 7.21 所示。

(2) 单棋盘格局

地下步道位于街道下，形成与地面道路重叠的单棋盘格局。其优点是：由于基本在道路下建设，避免了与众多房地产所有者在用地、施工、使用管理方面的纠纷。缺点是：开挖施工对城市交通影响较大，地下步行系统的特色、识别性较难获得。适合于街区内建筑物规模较

7　城市地下交通规划

混杂、存在较多零碎基地的城市中心区。以日本城市为典型，东京地下步行系统的单棋盘布局如图 7.22 所示。

图 7.21　美国休斯敦地下步行系统
资料来源：http://www.city-data.com

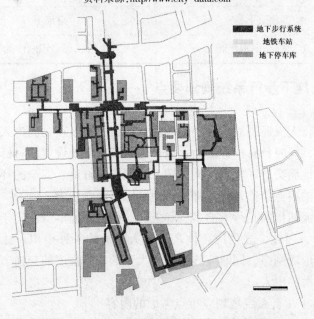

图 7.22　东京地下步行系统的单棋盘布局

日本采取单棋盘地下步行系统的原因是：一方面，日本建筑基地普遍较小，地下室较小，难以在其中再开辟地下公共步道。同时，同一街区中有较多地下室，分属不同业主，街区内开辟公共步道面临更多的协调困难。在道路下建设地下街则阻力较小。另一方面，日本政府严格保护私有土地权利。日本地下街大发展之时，也是经济大发展之时，地价涨到很高，东京中心3个区内的3条高速公路，造价的92%～99%用于土地费用。地下公共步道如果穿过私人用地和建筑地下室，政府需支付昂贵的土地费用，迫使地下街只能在公共用地下开发。相对来说，美国的私有土地所有权则是一种相对的权利，政府拥有较多的控制权。表7.2对美国、加拿大与日本地下步行系统的特点作了比较。

表7.2 美国、加拿大与日本地下步行系统的特点比较

美国、加拿大地下街	日本地下街
双棋盘格局	单棋盘格局
建筑间直接相互连接较多	建筑通过地下街间接相连
建筑地下室面积普遍较大	建筑地下室面积普遍较小
与私人建筑兼用，难分彼此	独立的公共设施，界限分明
建筑下	空地下
方向感、识别性好	方向感、识别性低

7.4.3 地下步行系统规划要点

1）地下步行系统规划特点

由于行人流通是城市经济的来源，城市中心区正是因为人流大而具有吸引力，同时具有商业活力，城市地下步行系统设置的目标应该是改善该地区地面交通环境，给人创造一个便捷、舒适、安全的环境，提高地下空间的商业价值，但不降低该地区原有商业活力。

行人流通指的是行人的多少和方向，行人流通本身产生于物理形式的环境中，因此，规划应该体现对行人流通的一种模拟，让行人有选择，地下形成网络，同时应该是一种大型的、高强度的交换节点，具有多个、分散的出入口。

2）地下步行系统规划应重点考虑的内容

在地下步行系统规划时，应对以下几方面的内容作重点考虑：

(1) 明确地上与地下步行交通系统的相互关系。

(2) 在集中吸引、产生大量步行交通的地区，建立地上、地下一体化的步行系统。

(3) 在充分考虑安全性的基础上，促进地下步行道路与地铁站、沿街建筑地下层的有机连接。

(4) 利用城市再开发手段，以及结合办公楼建造工程，积极开发建设城市地下步行道路和地下广场。

3）人流组织

行人的行为表现为在地下走的速度比地面慢，这是规划设计行人通道和商业设施时应引起重视的因素。首先，地下空间人流的行为和在地面商业设施中有很大的区别。其次是人流量，在特殊通道中的行人数，他们所走的路线是和特殊环境联系在一起的。第三，规划要考虑人流的方向。规划时应尽量考虑将来有多重选择和多重可能性，行人有权利在所规划的通道中选择行走路线，因此，在商业设施布置时，要重点考虑行人的选择路线。

步行系统应该成为一个网络，是由道路形成的网络，网络规定着人们的行动方向，这也是规划中需要考虑的。怎样进行人行通道的设计呢？比如地铁站，地下通道是怎样产生人流的，在地下体系中，这是一个关键因素。[16]

首先，地下没有特别集中的核心，规划地下设施集中的程度不能太大。其次，考虑到地下设施的入口很多，且比较分散，一般要避免地面入口太集中，使得人流到地面过于集中。地下空间和一些连接点是联系在一起的，这些连接点多为地铁站、办公室、商店。地铁站早晨和晚上人流量大，写字楼则是在中午有大量人流集散。在地下设施的发展和扩大项目的研究当中，必须考虑到这几点。

采取什么样的地下通道体系来把人流规划得更加合理，通过对具体的实例的研究发现，一些大的商场的人流组织是非常严谨的，这些大的商场(集市)有非常发达的通道，这些通道用八角形的栅栏围着。在这一类的商场发展过程中，人们很早就认识到八角形栅栏的作用。商场的入口和外部设施联系得很好，人流和商场通过这样的通道联系在一起。图7.23为蒙特利尔地下步行系统。

城市地下空间总体规划

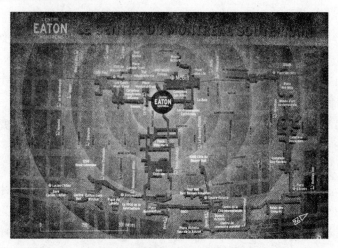

图 7.23　蒙特利尔地下步行系统

加拿大蒙特利尔的阿里德里阿纳商业中心已有好几百年的历史，该地区的规划包括地面和地下的规划，由于规划的不同，产生的人流数量也不同。这里包括地面的行人，这两种人流都是通过自动扶梯联系在一起的。所有的这些通道都是和一些非常繁忙的地铁线路或是郊区快车线联系在一起的。从图 7.24 上可以看出，人流很大，经计算每小时达 8 000 人；图 7.25 是人流稍微少些的一条街，这种人流分布实际上是很稳定的，不管今天、明天，这周还是下周，人流的变化并不很大。

图 7.24　蒙特利尔街道人流图(一)　　图 7.25　蒙特利尔街道人流图(二)

规划对人流起一个引导的作用，对商业也会产生影响。如一些大的有地下空间的广场，广场有其本身的功能，一般情况下人们会认为在外部广场上会有很多人，地下广场人不多，而事实正好相反，原因是因为自动扶梯的位置的安排和样式，当然还有别的一些因素，如地下商业设施完善的程度等。[17]

4) 地上地下关系

地上与地下空间的相互连接的影响是非常大的。两条重要的商业街，一个是地上，一个是地下，将它们按一定的方式联系起来，地下是每小时 6 000 人的人流，上下相连的外部街道，几乎也是每小时 6 000 人，要很成功地做到这一点实际上是很难的。

地下空间出入口的设置对商业设施及人流量也会产生影响。出入口的设计对人流的分布影响很大，尤其是某些入口争去了人流，商业设施因此获益。在这些街道里不仅有很大的人流，而且商业的营业额也会很大，所以商业街上店铺的租金很高。

当一个郊区地铁线经过某个地方，由于地下的改造而使地面发生变化。将街区改成行人专用之后，与地下行人通道体系相连，如设一个自动扶梯，可以产生很大的人流，对这个地区的商业产生很好的影响，但同时会使旁边的街区很冷清。地铁站的出入口沿地面步行流线和地面物业业态分布进行设置，地铁站建成后，更容易把行人吸引到了某一条街，而不是平均地分配到几条街。

相互叠加的运动体系的结果是在某些连接处形成高密度人流。使用地下通道的人，根据不同的人流量有不一样的选择，但是都比地面要多。由于地面与地下建筑之间的关系非常密切。蒙特利尔地下城将地下的行人步行街和地上的交通网络联系在一起，通过地下通道的建筑直接穿越了市中心街面上的重重障碍直达目的地。

行人一般还会受到空间引导的影响，如果说行人可以在地上空间与地下空间之间穿行无碍，行人在地下会与在地上的感觉一致，这样真正成功做到了地下建筑对地面建筑的外延。

5) 与城市步行系统的关系

地下步行系统与地面、高架步行系统分工合作共同构成城市步行系统。它们之间不是相互排斥、相互取代、非此即彼的关系，而是各具特色、相互配合，共同服务行人。地面步行系统是一种基本的步行系统，不可能完全被取代，但不可能无车流干扰的完全连续，且气候不良时也不能有效使用。高架步行系统具有造价低，能够获得自然景观等优点，但也具有影响城市景观和抗震性能低，倒塌后易形成地面疏散障碍的缺点。地下步行系统具有防灾性能高，恒温节能，缩短地铁站与建筑物之间距离，增加城市公共活动空间的优点，但具有缺乏自然，造价较高的缺点。因此在布置步行人流时，应根据不同的场合、不同的分工灵活布置三种步行系统，表 7.3 为三种步行系统的分工情况分析。

表 7.3　三种步行系统分工情况分析

分工关系	特　点	代表案例
时间分工	地面、地下等按时间不同而互为主次，在冬季和上下班时间以地下步行为主，而气候良好时仍鼓励利用地面步行	加拿大蒙特利尔、多伦多；中国哈尔滨地下城
空间分工	当地区的人流量过大时，与地上步行空间共同分担部分人流	日本东京车站八重洲；中国深圳罗湖交通枢纽
特色分工	地面、地下均有良好的步行空间，地面步行空间以绿化等自然环境为主，地下步行空间以满足商业活动和交通效率为主	法国巴黎列·阿莱地区、拉·德方斯；中国上海人民广场地区、杭州钱江新城核心区

6）容量的确定

地下步行系统的容量确定也是非常重要的方面，如图 7.26 所示。人们进入步行街，对步行街的大小一般不会太在意，只要方便就行了。但是一些非常狭窄的步行街，现在的人流已经达到了非常密集的程度，在某种程度上构成了一个阻塞的点，商贸活动也因此受到影响。应认真计算地下人行街道网络的人流量吞吐能力，一般的步行街应具有多大的宽度才有利于分流人群，又不会造成空间浪费，由此来对将来的人行道网络计划提出一些有益的建议。人流量是地下人行道路网络规划的一个指标。[18]

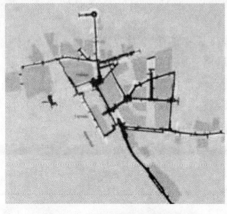

图 7.26　"设计容量"的重要性

7）与其他地下空间的联系

以开发地铁为契机来带动周边地区的发展，带动地下空间的发展和繁荣。加拿大蒙特利尔地下城选择的位置非常有利，从地铁的两边往路的两个方向都可以发展，沿这个主轴发展由此形成了网络，如图 7.23 所示。

7 城市地下交通规划

东京的例子则是在垂直于地铁的方向发展,在垂直于地铁的方向上竟然延伸到了11个层之多,独立构成了一个交通网络,如图7.27所示。

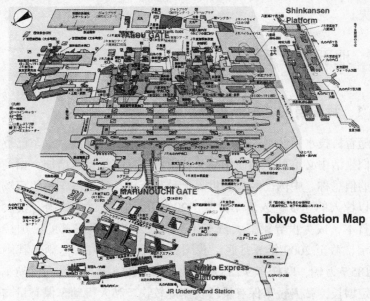

图7.27 东京站地下步行系统及转换空间示意

从图中可以清楚看到地上地下步行系统之间的联系构成了一个地下交通中心向四面八方延伸。当然没有必要把所有的地下建筑和地上建筑联系起来,尤其是没有必要一定要把所有的地下商业区域都联系起来。

8) 步行系统中的环境

要使地下空间成为非常惬意的地方,还必须处理好阳光、照明等问题。对商业区来说,人们主要是去那些灯火通明,给人感到舒适的地方,肯定不会去阴暗的地方。图7.28是蒙特利尔伊顿中心,这是一个大型的商业娱乐中心,人们可以去那儿散步、看橱窗、喝咖啡、约会和买东西。

综合利用地上与地下的空间,会给行人带来很多的便捷。当然有时候行人在地下容易迷失方向,辨

图7.28 地下步行系统中的交通组织示意(蒙特利尔伊顿中心)

别不清自己的方位，尤其是一些外地或外国人，来到非常复杂的地下系统中，会显得手足无措，这就要求在照明与信号识别系统的设置方面多下工夫。

7.5 地下停车系统规划

7.5.1 我国当前城市停车现状

随着科技水平的迅速发展和城市机动化水平的提高，汽车已逐渐成为人们生活中必不可少的使用品，城市汽车保有量迅速增加。据商务部发布的信息称，中国已经成为世界上最富有成长性的汽车销售市场，并正在以惊人的速度进入汽车社会。2006年中国已超过德国，仅次于美国、日本，成为世界第三大汽车生产国。2009年公安部的一项统计数据显示，截至2009年8月底，我国机动保有量为1.8亿辆，其中，汽车7 185.7万辆，摩托车9 238.8万辆。从统计情况看，私人机动车保有量稳定增长，私人轿车保有量增长速度较快。私人机动车保有量与去年同期相比，增长9.28%。私人轿车保有量为2 377.38万辆，占轿车总量的81.89%，与去年同期相比，增长31.46%。预计到2020年中国汽车保有量将超过2亿辆，由此带来的城市交通拥堵、能源安全和环境问题将更加突出。[19]

根据国家统计局发布的统计数据，考虑到全国各地经济水平和消费习惯，以小汽车每辆10万元来估算，2009年我国有20个城市的R值（车价与人均GDP的比值）超过3，40多个城市R值超过4，这60个城市的总人口占全国城市人口的50%，随着中西部城市经济的稳定发展，与较发达城市之间的差距日趋缩小，未来二三十年内，小汽车将在大多数城市里开始普遍进入家庭，城市未来的土地资源、空间资源、城市环境、规划建设将面临新的挑战。仅靠城市地面、地上空间显然不能解决快速增长的动静态交通需要，只能通过开发利用地下空间资源，有效优化城市空间结构，整合城市空间资源，合理配置城市基础设施，从而降低城市运营成本，减少汽车尾气污染。

当前我国城市停车仍以路边停车为主，值得注意的情况是，车辆停放的时间一般比行驶时间长，例如法国巴黎的航空摄影显示，在城市道路上行驶的汽车仅占该市汽车总量的6.6%，其余均处于停放状态。所

7 城市地下交通规划

以城市中车辆的增多直接导致停车空间需求量的增长。

近年来,作为城市静态交通主要内容的停车设施有了较大的发展,但路内、外停车设施的充满度(饱和度)反差却很大,如上海中心区的公共停车场充满度不到30%,低的甚至不到5%,可以容纳600台小汽车的人民广场地下停车场经常空荡荡,而路边停车点生意火暴,如图7.29所示。南京市的情况也是如此,表7.4为南京市路内、路外及总的停车设施饱和度统计表。[20]

图7.29 路边停车仍是主要停车方式

表7.4 南京市路内、路外及总的停车设施饱和度

停车设施	全天饱和度	高峰小时饱和度
路内	0.59	0.72
路外	0.48	0.55
综合	0.53	0.61

从总体上看,城市停车问题主要表现在停车需求与停车空间不足的矛盾、停车空间扩展与城市用地不足的矛盾。据1991年的统计,上海市中心商业区约440万 m² 的范围内,停车位短缺约2 000个,而到2000年,这一地区仅小型汽车停车位的需求量就达到8 000个左右,停车泊位数只能满足约1/7的停车需求量。2008年,南京应配停车位约50万个,而停车泊位短缺33.5万个,这对于一个年增长6万辆车的城市来说,停车已经是城市建设的当务之急。

人们不愿使用地下停车设施的原因主要可归结为两个:一是地下停车收费较高,例如西安市民生百货大楼门前,一次路边停车收费3元,不限时间,而地下停车场计时收费,1小时2~3元,费用明显高于路边停车;二是地下停车设施进出不方便,有调查报告显示,在曼谷白天离开停车库要花费1小时的时间。[21]

地下停车的"高代价"涉及地下停车场的综合效益、投资政策等问题。地下停车场使用不便的问题可以通过停车设施系统的综合规划加以有效解决，其中最根本的是要改变把停车设施孤立起来，仅为满足局部地区停车需要而进行的规划设计，而是要把静态交通看做城市大交通的一个子系统，在城市化的进程中与动态交通系统相协调。因为无限制地发展停车设施同样会刺激动态交通，最终导致交通恶化，所以只有将"动态"与"静态"相结合，在综合解决城市交通问题的大背景下，停车问题才能得到解决。

7.5.2 地下停车的价值

从直接经济效益看，地下停车设施的建设费用要远高于同规模同类型的地面设施，且投资回收周期长。如果单纯以建设投资的多少和投资回收期的长短来衡量地下停车的价值，不可能取得积极的结果。对于地下停车的价值或综合效益，可从以下几个方面来认识：

（1）必须以改善城市整个交通环境，维护城市地面景观为目的，从我国城市交通普遍落后，路网密度、道路等级、道路面积率、停车空间等主要指标与现代城市的要求有很大差距的现实出发，来评价地下停车的必要性与可行性。

（2）必须考虑土地费用的因素。停车空间的分布与集中程度，和城市土地级差收益的等级划分情况是一致的，即城市中土地价值最高的地区，也是停车需求最高的地区，因而地面停车空间的扩展相当困难。

（3）在城市中心区发展地下公共停车场（库），可以减少投资者对停车设施的建设费用。商业区的车辆可以使用公共停车场，将缩短投资收回期。

（4）建设地下停车设施带来一定的间接效益，如改善商业区的交通环境，进而提高商业区的经济效益；地下停车场（库）建成后，地面恢复为广场或绿地，加上车流的减少，将极大地改善地面景观，获得良好的社会效益。

（5）地下停车场（库）的人员通道与附近的地铁、地下商业设施相连接，可以引导相当部分的人流，这些商业设施店铺的租金也相应提高。

发展地下停车来解决停车问题，特别是城市中心商业区选用"昂贵停车方式"已是一种趋势，这一点在世界范围内已逐渐被接受，例如，巴黎的拉·德方斯，将城市规划在一个数百公顷的大平台上，平台下面全是地下车库。所有车辆都在城外直接进入地下车库，城内没有机动车。地面交通步行化与停车地下化，解决了该区的动、静态交通问题，图 7.30 为法国巴黎的地下停车库。[22]

图 7.30　法国巴黎地下停车库

7.5.3　停车场选择模型

一般认为，在地面、地下停车场共存的情况下，以下因素将影响人们对停车场的选择：停车费率、停车后的步行距离、取缔违章停车的执法力度、停车场使用的方便程度、停车诱导信息等；停车者本身的因素，如职业、收入、是否自费停车等；停车场的特征，如规模、方式（机械、自行）等也会对停车场选择产生影响，这些因素的相互作用对停车场选择的影响机理是非常复杂的。国内外对此做过较多研究，下面介绍基于 logit 模型的停车场选择模型。

选择步行距离、停车费用、停车场容量和停车时间作为模型变量，选择停车场的效用函数中的固定项为

$$V_{1n}=\theta_1+\theta_2 Wd_{1n}+\theta_3 Cost_{1n}+\theta_4 Cap_{1n}+\theta_5 T_{1n}（地下停车场）$$
$$V_{2n}=\theta_2 Wd_{2n}+\theta_3 Cost_{2n}+\theta_4 Cap_{2n}+\theta_5 T_{2n}（地上停车场）$$

式中，Wd_{in}——第 n 个人从停车场 i 到目的地的步行距离(m)；

$Cost_{in}$——第 n 个人在第 i 个停车场的停车费用；

Cap_{in}——第 n 个人，停车场 i 的容量变量，当停车场容量大于 60 个车位，$Cap=1$，否则 $Cap=0$；

T_{in}——第 n 个人在第 i 个停车场的停车时间特征变量；其中：

地上停车场：停车时间小于 30 min，T_{1n} 取 1，否则取 0；

地下停车场：停车时间大于 120 min，T_{1n} 取 1，否则取 0。

则第 n 个人选择地下停车场的概率为

$$P_{1n} = \frac{1}{1+e^{-a}}$$

式中：

$$a = [\theta_1 + \theta_2(Wd_{1n} - Wd_{2n}) + \theta_3(Cost_{1n} - Cost_{2n}) + \theta_4(Cap_{1n} - Cap_{2n}) + \theta_5(T_{1n} - T_{2n})]$$

基于某一地区大量的实际调查数据，运用计算机计算程序，可以分析得出该地区影响人们选择地下停车场的主要因素，从而为地下停车场的规划提供参考依据。例如，分析北京西单地区平日和假日的计算结果，有以下基本结论：

（1）在平日，影响人们选择地下停车场的主要因素有停车后的步行距离、停车费用、停车场容量和停车时间。步行距离越长，停车费用越高，选择地下停车场的概率越小；停车场容量越大，停车时间越长，选择地下停车场的概率越高。

（2）在假日，停车场容量和停车费用对停车场选择行为影响较小，步行距离和停车时间成为主要影响因素，这对作为市政公共设施的地下公共停车场的选址、布局、规模等具有一定的指导意义。

7.5.4 地下停车系统规划

1）地下停车系统的构成

城市某个区域内，具有联系的若干个地下停车场（库）及其配套设施，构成该区域的地下停车系统。地下停车系统具有整体的平面布局和停车、管理、服务、辅助等综合功能。

2）单个地下停车场（库）的规划

（1）单个地下停车场（库）规划要点

①结合城市总体规划，考虑地上、地下停车场的比例关系，尽量利用地面上原有的停车设施。

②考虑机动车与非机动车的比例，并预测非机动车转化为机动车的预期，使地下停车场的容量有一定的余地。

③城市某个区域的地下公共停车场的规划在容量、选址、布局、出入口设置等方面要结合该区域内已有或待建建筑物附建地下停车场（库）的规划来进行。

④要考虑地下停车场（库）的平战转换，及其作为地下工程所固有

的防灾、抗灾功能，可以将其纳入城市综合防护体系规划。

(2) 单个地下停车场(库)的选址原则

① 附建式地下停车场（库）建在地面建筑下，一般只需满足地面建筑和地下停车两种功能要求，常把裙房中餐厅、商场等功能与地下停车相结合，故不存在选址问题。

② 单建式地下停车场(库)一般为公共停车场(库)，应选择在城市具有大量停车需求而地面空间不足或地价高昂、地面景观环境需保护的地段，一般布置在道路网的中心地段，符合城市交通总体规划，如市中心广场、绿地、空地或道路下，如图7.31所示。[23]

③ 公共停车场(库)的服务半径不宜超过 500 m（我国 1987 年的一项调查表明，在 17 000 个调查对象中，有 85%的人希望从停车设施到出行目的地的步行距离在 300~500 m 之间）；专用汽车库不宜超过 300 m。

图 7.31　布置在道路下的地下停车场

④ 应符合城市环境保护的要求，避免排风口对附近环境造成的污染，保持停车场(库)与附近建筑物的卫生间距。

⑤ 应符合城市防火要求，地下停车场(库)设置在露出地面的构筑物如出入口、通风口、油库等，其位置应与周围建筑物和其他易燃、易爆设施保持一定的防火间距(见表 7.5)。

表 7.5　停车场的防火间距　　　　　　　　　　单位：m

车库名称和耐火等级		汽车库、停车场民用建筑耐火等级		
		一、二级	三级	四级
汽车库	一、二级	10	12	14
修车库	三级	12	14	16
停车场		6	8	10

注：中华人民共和国国家标准．汽车库、修车库、停车场设计防火规范(GB 50067—1997)．建标〔1997〕280 号．

⑥应选择在水文和工程地质较好的位置,避开地下水位过高或工程地质构造复杂的地段,避开已有的地下公用设施主干管、线和已有地下工程。

⑦尽量与地下商业设施、地铁、地下步行道等综合布置,以利于发挥地下停车场(库)的综合效益。

⑧建在岩层中的地下停车场(库),工程地质和水文地质条件对选址起着相当关键的作用,主要要求有:

·基地所在山体厚度应满足最小自然保护层的要求,一般为20~30m,大型洞室宜沿山脊布置。芬兰岩层中的地下停车场如图7.32所示。

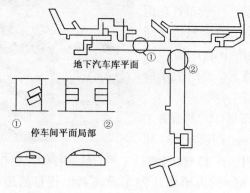

图7.32 芬兰岩层中的地下停车场

·所在山体岩性均匀,整体性好,风化破碎程度低,岩石强度高,不存在区域性的大断裂带。

·整个工程的底面宜保持在稳定地下水位以上,在石灰岩地区要避开岩溶地段和暗河。

·洞口所在的边坡稳定,并按一定的防洪标准(如50年或100年一遇的洪水位)确定洞口的合理高程。

(3)单个地下停车场(库)的布局原则

①附建式地下停车场(库)原则上应在主体建筑用地范围之内。

②出口、入口宜分开布置,宜布置在次干道或支路上,距离城市道路规划红线不应小于7.5 m,并在距出入口边线内2 m处视点的120 m范围内至边线外7.5 m以上不应有遮挡视线的障碍物。无法避开主干道时,可设置专门的停车辅路引至出入口并尽量远离道路交叉口。

③车位指标大于50个小型汽车位时,出入口不少于2个,大于500个时,出入口不得少于3个。出入口宽度不小于7 m,出入口之间

净距须大于 10 m，转弯半径不小于 13 m，纵坡不宜大于 8%。

④ 考虑到停车安全及场地排水需要，停车坪坡度一般在 0.2%~0.3%之间。

(4) 单个地下停车场(库)的平面形态

① 广场式矩形平面

地面环境为广场、绿地，在广场道路的一侧设地下停车场(库)，可按广场的大小布局，也可根据广场与停车场规模来确定。地下停车场(库)总平面一般为矩形等规则形状。如日本川崎火车站站前广场地下停车场，设在广场西南路边一侧，上层为商场，下层存车 600 台，入口设在环路一侧。

② 道路式长条形平面

停车场设在道路下，基本按道路走向布局，出入口设在次要道路一侧。基本上都把地下街同停车场相结合，即上层为地下街，下层为停车场，停车场的柱网布局与商业街可以吻合，平面形状为长条形。

③ 不规则地段下的不规则平面

附建式地下停车场(库)受地面建筑平面柱网的限制，其平面特点是与地面建筑平面相吻合。不规则平面的地下停车场是停车场的特殊情况，主要是由于地段条件的不规则或专业车库的某些原因。岩层中的地下停车场，其平面形式受施工影响会起很大变化，通常是条状通道式连接起来，组成"T"形、"井"形或树状平面。

7.5.5 地下停车系统的形成

1) 地下停车系统整体布局形态

城市的空间结构决定了城市的路网布局，而城市的路网布局决定了城市的车行行为，进而决定了城市的停车行为。所以，地下停车系统的整体布局必然要求与城市结构相符合。城市特定区域的多种因素，如建筑物的密集程度、路网形态、地面开发建设规划等，也对该区域地下停车系统的整体布局形态产生影响。

我国目前的城市结构可概括成多种类型，本文对团状结构、中心开敞型结构、完全兴建型结构这三种类型，相应地提出四种地下停车系统的整体布局形态：网状布局、辐射状布局、环状布局和脊状布局。

(1) 网状布局

团状城市结构一般以网格状的旧城道路系统为中心，通过放射型道路向四周呈环状发展，再以环状路将放射型道路连接起来，图7.33为北京城区的路网结构。

图7.33 北京城区的路网结构

我国部分历史悠久的大城市如北京、天津、南京等，城区面积较大，有一个甚至一个以上的中心或多个副中心，街区的分割与日本城市的有些相似，与欧美的城市相比有着路网密度大、道路空间狭窄、街区规模小的特征。道路空间的不足，以及商业、办公机能的城市中心集中化、居住空间的郊外扩大化，导致了对交通、城市基础设施的大量需要。这些需要推动了地铁、共同沟、地下停车场、地下街等的建设。[24]

团状结构的城市布局决定了城市中心区的地下停车设施一般以建筑物下附建式地下停车库为多，地下公共停车场一般布置在道路下，且容量不大。与这种城市结构相适应的地下停车系统，宜在中心区边缘环路一侧设置容量较大的地下停车场，以作长时停车用，并可与中心区内已有的地下停车库作单向连通。中心区内的小型地下车库具备条件时可个别地相互连通，以相互调剂分配车流，配备先进的停车诱导系统（PGIS），形成网状的地下停车系统。[25]

（2）辐射状布局

"开敞空间"（open space）是当今城市规划与建设中最重要的一种空间类型，它具有人文或自然特质、一定的地域和可进入性。开敞空间不仅是一种生态和景观上的需要，也是社会与文化发展的需要，所以这些广场、公园或绿地往往形成这座城市的政治或经济中心，如伦敦的海德公园、上海的人民广场等。城市的开敞空间既是一种交流，包括社会活动的空间，也是一种人际关系与空间场所的叠合，同时它还反映了对新社会、新文化的理解，可以预言，开敞型的城市结构将更广泛被接受，如图7.34所示。

图7.34　中心开敞型的城市结构

开敞的广场或绿地为修建大型的地下公共停车场提供了条件，这使得地下停车可以成为中心区的主要（甚至是唯一）的停车方式。大型地下公共停车场（容量超过500台）与周围的小型地下车库相连通，并在时间和空间两个维度上建立相互联系，形成以大型地下公共停车场为主，向四周呈辐射状的地下停车系统，如图7.35所示。

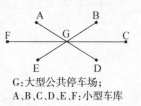

G：大型公共停车场；
A、B、C、D、E、F：小型车库

图7.35　辐射状的地下停车系统示意图

地下公共停车场与周围建筑物的附建式地下停车库在空间维度上建立"一对多"的联系，即公共停车场与附建式车库相连通，而附建式车库相互之间不作连通。在时间维度上建立起"调剂互补"的联系，即在一段时间内，公共停车场向附建式车库开放，另一段时间内各附建式车库向公共停车场开放，如在工作日公共停车场向周围附建式的小型车库开放，以满足公务、商务的停车需要，在非工作日（双休日、节假日）附建式小型车库向公共停车场开放，以满足娱乐、休闲的停车需要。

(3) 环形布局

完全兴建型的新城区非常有利于大规模的地上、地下整体开发，便于多个停车场的连接和停车场网络的建设。可根据地域大小，形成一个或若干个单向环形地下停车系统。

例如，"杭州钱江新城核心区控制性详细规划"中，根据建筑总量测算，按照国家关于停车配建规定要求计算，核心区需34 000个停车位。考虑其中10%做地面临时停车，则核心区需地下停车位30 000个，折合90万～120万 m^2 的地下停车库，为了提高车库的停放使用效率，避免各单位独立设地下车库而造成地块内车库出入口过多的现象，规划设计在不穿越城市道路的原则下，在同一街区内的地下车库连通，形成小环型独立系统，如图7.36所示，图7.37为中关村地下停车系统规划图。

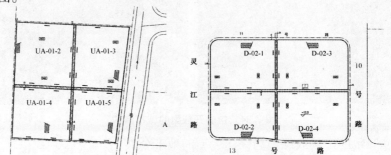

图7.36 杭州钱江新城地下停车系统规划图

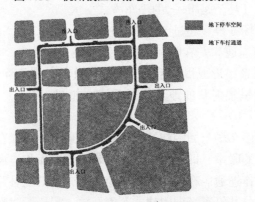

图7.37 中关村地下停车系统规划图

(4) 脊状布局

在城市中心繁华地段，地面往往实行"中心区步行制"，即把车流、人流集中，地面交通组织困难的主要街道设为步行街。这些地段通常商业发达，停车供需矛盾较大。实行步行制后，地面停车方式被取消，停车行为一部分转移到附近地区，更多的会被吸引入地下。沿步行街两侧地下布置停车场，形成脊状的地下停车系统，如图7.38所示。出入口设在中心区外侧次要道路上，人员出入口设在步行街上，或与过街地下步道相连通。[26]

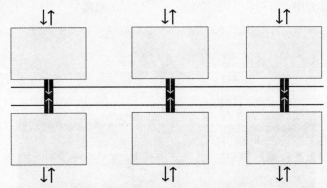

图 7.38　脊状的地下停车系统示意图

2) 地下停车系统与其他地下公共设施的联系

地下停车场（库）与地下步行道路的联系最为紧密，也较容易实现。地下车库的人员出入通道可与地下步行道路相连通，从而借用其出入口，跨越主要机动车道，方便了车库与停车目的地之间人流的组织。

地下停车场(库)与地下商业街、地铁站结合建设已成为当今地下空间综合开发的主流，三者资源共享，并带动地面商业的蓬勃发展，在城市的某一区域发挥了很好的综合效益。常见的实例是负一层设地下商业设施，负二层作停车用，利用公共道路下的隧道或延伸的月台连接附近的地铁车站，或者地下街与地铁站结合建设，再与地下公共停车场用地下步行系统相连。如日本名古屋中央公园地下公共车库，与地下街合建，通过地下街与周围街区之间设置了许多地下步道和出入口，使用十分方便，体现了公共空间的中介作用。加拿大蒙特利尔的一些主要商店，如著名的伊顿中心，店方出资在店内分隔出一角，修建了一个地铁的出入口，方便换乘的同时也吸引了人流。图7.39是珠海市莲花路地下停车系统示意，图7.40是地下停车场通向地铁的连接通道，图7.41

是地下停车设施与地下商业街、地铁的联系。[27]

图7.39 珠海市莲花路地下停车系统示意图

图7.40 地下停车场通向地铁的连接通道

图7.41 地下停车设施与地下商业街、地铁等的联系

7.5.6 地下公共停车场(库)与私有地下车库连接后的管理问题

城市某个区域的地下停车场(库)相互联系形成该区域的地下停车系统,一个不可回避的问题是地下公共停车场(库)需要与建筑物下附建的地下车库或其他私有地下车库的连通,连通后必然带来收费、协调开放时间、安全等管理问题,以及开辟连接通道带来的投资、使用收费等问题。

所以必须采用自动智能管理方式取代过去的人工方式。在出入口处设置停车导向系统,显示整个地下停车系统内各单元的充满度情况,以便及时迅速地引导车辆找到空车位。为了解决公共和私有车库收费标准不同的问题,在出入口和连接通道与停车场(库)的节点处设置IC卡自动交费系统,有条件的可以设置"不停车交费系统",通过车辆与出入

7　城市地下交通规划

口的感应装置实现自动缴费，极大地提高停车周转效率，方便使用者。对于公共与私有车库连接通道的建设费，可以按照"谁投资，谁受益"或"投资共担、利益共享"的原则，从停车收费中予以补偿。[28]

本章注释

[1] 钱七虎，陈志龙. 地下空间科学开发与利用[M]. 南京：江苏科学技术出版社，2007

[2] 陈志龙，姜伟. 地下交通与城市绿地复合开发模式探讨[J]. 地下空间，2003(2)

[3] 建设部. 城市地下空间开发利用管理规定. 2001

[4] 施仲衡. 地下铁道设计与施工[M]. 西安：陕西科学技术出版社，1997

[5] 曹继林. 轨道交通与地区发展：[硕士学位论文]. 上海：同济大学，1997

[6] 资料来源：伦敦地铁线网图：http://mappery.com/；
上海地铁线网图：http://www.chinaodysseytours.com

[7] 周翊民，孙章. 上海与东京的城市客运交通比较研究[J]. 上海铁道大学学报，1994(4)

[8] John Zacharias. 地下人行道路网络的规划与设计[J]. 北京规划建设，2004(1)

[9]《城市规划》记者组. 中国城市轨道交通：步履艰难的行程[J]. 城市规划，1995(1)

[10] 王时. 探索、创新、从实际出发——上海铁路新客站评析[J]. 建筑学报，1990(6)

[11] 上海市地铁工程建设指挥部，上海市地铁总公司. 上海地铁年鉴[M]. 上海：上海科学技术出版社，1995

[12] 陈雪明. 城市交通的联合开发策略——试论美国经验在中国的应用[J]. 城市规划，1995(4)

[13] 孔令龙. 欧美购物中心的内向组织结构原理研析[J]. 建筑学报，1991(5)

[14] 杨旭. 广州市中心区地铁物业建筑空间秩序组织初探：[硕士学位论文]. 广州：华南理工大学，1996

[15] 王进益编译. 国外关于建立步行街、步行区及其建筑艺术布

局问题[R]. 中国城市规划设计研究院学术信息中心

[16] 庄严等. 重写老街史，今日换新颜——记哈尔滨中央大街完全步行街建设[J]. 建筑学报，1997(12)

[17] 于泽. 商业区中行人的活动流线[J]. 国外城市规划，1996(2)

[18] 齐康. 城市环境规划设计与方法[M]. 北京：中国建筑工业出版社，1997

[19] 王富昌. 鼓励企业建立产业联盟和研发平台. 2010 中国汽车产业发展国际论坛，2010

[20] 黄睿. 我国城市中心商业区停车问题现状及发展对策研究：[硕士学位论文]. 西安：西安建筑科技大学，2003

[21] 刘兰辉. 大城市商业区停车行为研究：[硕士学位论文]. 北京：北京工业大学，2002

[22] 张俊芳. 北美大城市中心区停车设施的发展与规划[J]. 国外城市规划，1996(2)

[23] 童林旭. 地下汽车库建筑设计[M]. 北京：中国建筑工业出版社，1996

[24] 王文卿. 城市汽车停车场(库)设计手册[M]. 北京：中国建筑工业出版社，2002

[25] 田莉等. 城市快速轨道交通建设和房地产联合开发的机制研究[J]. 城市规划汇刊，1998(2)

[26] 俞泳. 城市地下公共空间研究：[博士学位论文]. 上海：同济大学，1998

[27] 张有恒. 大众运输系统之设计及运营管理[M]. 台北：黎明文化事业公司，1990

[28] 重庆市规划局. 重庆市城乡规划地下空间利用规划导则（试行）. 2007

8 地下公共服务空间规划

地下公共服务空间是地下公共系统活动的开放性场所，城市地下公共服务空间与地上公共空间相比，具有恒温性、隔热性、遮光性、空间性、安全性等独到之处，具有一定的优势，但是地下空间一经建成，对其再度改造和改建的难度是相当大的，具有不可逆性，所以从这种意义上说，要求对地下公共服务空间的利用计划要有长远眼光，进行多方面论证、认真评估后才能实施。

根据城市公共服务空间的现状布局和地下空间的需求阶段，在城市地下公共服务空间中主要包括：地下商业服务空间、地下文化娱乐空间、地下医疗卫生空间、地下行政办公空间和地下教育科研空间等，具体划分类型详见图8.1所示。[1]

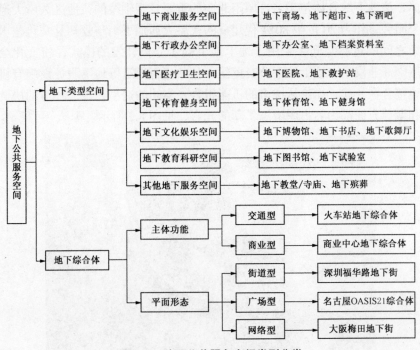

图8.1 地下公共服务空间类型分类

8.1 地下公共服务空间布局

8.1.1 布局特征与原则

1）与地面公共服务中心相对应

公共服务空间的分布有其自身规律性，容量不足、交通拥挤、缺乏开放空间等问题主要出现在市级和区级的公共服务中心，因此对地下公共服务空间的开发利用也就有较多的需求。

2）与地面、地下交通集散枢纽相结合

在地下交通集散点和交通枢纽周围开发地下公共服务空间，不仅有利于地下空间商业价值的提升，提高地下通道的通行率，而且有利于提高地面环境质量，降低地下工程的投资成本和回报周期。

日本名古屋市为举办2005年世博会，在20世纪末对城市进行大改造，著名的新地标OASIS21就是在这次改造中最耀眼的一座地下综合体，该地下综合体位于名古屋南北向的重要景观轴线的荣地区久屋大通公园旁，作为20世纪80年代建成的久屋大通地下街与爱知县文化艺术馆之间的过渡空间，采用了地上地下同步立体开发的模式，将文化会展、商业娱乐、地上地下公交枢纽、公共步行通道等地下服务设施有机地整合在一起，无论从城市的机能组合、空间的造型艺术、环境的协调和谐等方面都为名古屋增添了新的光彩，见图8.2所示。[2]

图8.2　日本名古屋荣地区OASIS21综合体

8 地下公共服务空间规划

3）与特殊的使用需要相适应

不同类型的公共服务空间对内部和周边环境的要求不同，当公共服务空间对自然采光要求不高，而对保温、保湿、隔音等条件有特殊要求时，适宜向地下发展；人流密度大，流动频繁，对自然通风采光要求较高的公共服务空间则不宜向地下发展，或者地下开发的规模有一定的限制。在规划设计时，考虑到公共服务空间内的人流相对集中，且地下空间所具有的封闭性、方向感不强等消极因素的影响，设施内部须符合消防防火的标准规范，制订和设置应对突发事件、安全事件的应急措施，同时，还应满足防洪、防震等防范自然与人为灾害的要求。图8.3为纽约州首府奥尔巴尼市帝国州广场(Empire State Plaza)，始建于20世纪70年代，面积约40 hm²，广场及周边主要建筑包括10个政府大楼、议会大楼、地下文化教育中心、巨蛋剧场、纽约州博物馆、科宁塔（Corning Tower）、42层观景平台以及奥尔巴尼历史和艺术学会等，是集立法、行政、文化、商业、交通枢纽等功能于其中，上下一体的大型行政文化综合体。帝国州广场从规划设计到建设完成，历时约二十余年，在规划之初就考虑城市空间立体化，在有限的空间内将尽可能多的停车、道路交通、文化教育交流等影响行政文化中心城市功能置于地下，把立法、行政、办公、文化交流等功能汇集于广场之上，使得整个广场功能高度集聚，而又不失秩序，现在已经成为纽约州重要景观之一。[3]

图8.3 奥尔巴尼市帝国州广场一角

4）建设规模有一定的限制

地下公共服务空间是对地上公共服务空间的补充和完善，一般而言，在地下商业街中，店铺面积占总开发面积的比例不得超过30%，而且一定小于通道和广场的面积，而停车空间的面积则必须大于30%。在规划总体布局时也应考虑地下公共服务空间的空间和时间上的连续性和发展弹性，为未来地下空间的拓展预留相应的空间资源。

我国目前没有出台有关地下街、地下综合体等地下设施的相关标准、规划，但深圳、重庆等地方借用了日本的相关规定，如地下街各组成部分应当保持合理的比例及尺寸，其中地下街中的店铺(包括设备用房、防灾中心)的总面积不应小于公共地下通道(包括地下广场、梯道)的总面积等刚性规定。

(1) 地下街商业与交通比例关系的计算：

$$A \leqslant B, A+B \cong C$$

式中，A——店铺(包括设备用房、防灾中心)的总面积；

B——公共地下通道(包括地下广场、梯道)的总面积；

C——停车场的总面积。

(2) 公共地下人行道（不包括公用卫生间、机械安装处、防灾中心的人行道)的最低宽度不少于6 m，其宽度按下式确定：

$$W \geqslant \frac{P}{1\,800} F$$

式中，W——公共地下通道的宽度；

P——20年后预测高峰小时人流量(人/h)；

F——2.0 m的预留宽度（考虑购物行人，每侧1.0 m的预留宽度)，没有商店等区域为1.0 m。

(3) 通向地上的楼梯有效宽度为1.5 m以上。

其他规定还包括连通要求、防火及出入口设置的相关规定。根据人防工程设计规范，地下综合体面积超过5 000 m²，需增设专用发电机作为备用电源等。[4]

8.1.2 地下公共服务空间规划要求

规划地下公共服务空间包括地下综合体、地下商业街，除此之外，其他单独的地下公共服务空间按功能还分为地下商业服务业空间、地下文化娱乐空间、地下教育科研空间和地下办公医疗空间等。

地下公共服务空间竖向控制：根据地面功能需要确定地下空间的层数，为确保安全地下公共服务空间的商业设施，原则上为一层。根据市政管线（道路地下的公共服务空间）和树木（绿地广场下的公共服务空间）实际情况，确定地下公共服务空间的覆土厚度和负一层（商业设施层）的地坪标高。具体覆土厚度和标高由地下空间详细规划确定（表8.1）。[5]

表8.1 各类公共设施在地下空间中的适应程度一览表

公共设施类型	地下设施功能	有利因素				不利因素						
		封闭	隔声	安全	环境控制	天然光线	人员出入	车辆进入	外观识别	高大空间	大通风量	内部供热
商业	商店	○	○	△	△	△	☆	△	○	○	☆	☆
	餐馆											
教育科研	教室	○	☆	○	△	△	☆	△	○	△	☆	☆
	实验	○	△	○	△	△	△	△	○	△	△	○
	图书馆	○	☆	○	△	△	△	△	○	△	△	△
文化娱乐	博物馆	○	△	○	△	△	△	△	☆	△	△	△
	剧院	○	☆	○	△	△	△	△	☆	☆	☆	☆
	礼堂	△	☆	○	△	△	△	△	△	☆	☆	☆
	体育馆	△	○	○	△	△	△	△	△	☆	☆	○
	游泳馆	△	○	○	△	△	△	△	△	△	△	☆
	网球馆	△	○	○	△	△	△	△	△	☆	△	○
医疗	医院	○	○	○	△	△	△	△	△	△	△	○

说明：☆最主要的因素；△其次主要的因素；○没有特殊要求的因素。

图8.4为郑州中心城区地下公共服务空间规划，从布局上来看，郑州中心城区地下公共服务空间仍然遵循着以上几条原则，即与城市上位规划相对应，与城市不同层次的商业中心、交通枢纽地区相衔接，依托地铁网络发展地下服务设施等。

有地下公共服务空间具体项目的总平面布置上，必须符合国标《人民防空工程设计防火规范 GB 50098—1998》中总平面布局平面布置有关规定，如：

（1）不应经营火灾危险性为甲、乙类储存物品属性的商品。

（2）营业所不宜设置在地下三层及三层以下。

城市地下空间总体规划

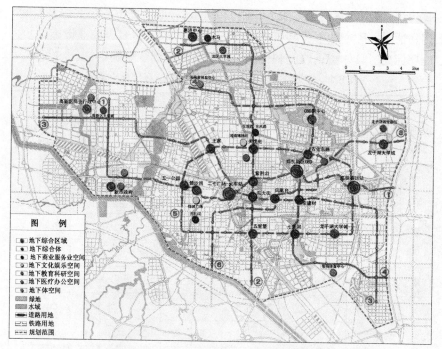

图 8.4 郑州中心城区地下公共服务空间规划

（3）当总建筑面积超过 2 万 m^2 时，应采用防火墙进行分隔，且防火墙上不得开设门窗洞口。歌舞厅、卡拉 OK 厅（含卡拉 OK 功能的餐厅）、夜总会等歌舞娱乐放映游艺场所不应设置在地下二层及二层以下，当设置在地下一层时，室内地坪与室外出入口地面高差不应大于 10 m。

8.2 地下公共服务空间规划要点

地下商业服务功能空间包括地下综合体、地下商场、餐饮设施、地下旅社等，一般与地面上的繁华商业区结合布置，另外也可以考虑城市的广场、绿地、居住区、道路等。通过地下商业开发可以有效地缓解地面交通拥挤的状况，在不扩大和少扩大城市建设用地的前提下，实现城市空间的立体化开发，提高土地利用效率，节约土地资源，在一定程度上缓解高昂的地价和开发建设的矛盾，同时可以增大地面的绿地面积，保护和改善城市生态环境。

城市地下商业服务空间按照开发形式和聚集程度可分为三种类型：地下综合体、地下商业街和地下商场。

8 地下公共服务空间规划

1）地下综合体

（1）地下综合体的功能空间

① 地下动态交通：城市地铁、公路隧道以及地面上的公共交通之间的换乘枢纽，由集散厅和各种车站组成。

② 地下人行交通：地下过街人行横道、地铁车站间的连接通道、地下建筑之间的连接通道、出入口的地面建筑、楼梯和自动扶梯等内部垂直交通设施等。

③ 地下静态交通：地下公共停车库。

④ 地下商业服务空间：地下商场、地下超市、地下餐饮、地下休闲娱乐等服务设施，文娱、体育、展览等设施，办公、银行、邮局等业务设施。

⑤ 地下市政公用设施：各类市政设施的主次干管线；为综合体本身使用的通风、空调、变配电、供水排水等设备用房，中央控制室、防灾中心、办公室、仓库、卫生间等辅助用房，以及备用的电源、水源、防护设施等。

⑥ 地下连通空间：地下综合体之间可以通过地下商业街或地下通道等形式进行连通。地下综合体可根据实际情况与其他地下空间、不同功能建筑的地下室连通，提高使用效率，尽量将人流在地下进行疏散，减轻地面的交通压力。地下综合体要加强与城市地面功能的衔接与结合，充分发挥其在城市功能中的作用。为满足防灾要求，连接地下综合体的地下街中商业用地面积不得超过作为交通功能的通道用地面积，地下通道要以交通功能为主，兼顾商业设施的建设。[6]

（2）地下综合体类型

地下综合体的类型按所在位置和平面形状，可以分为街道型、广场型和网络型。

街道型：多处在城市中心区较宽阔的主干道下，平面为狭长型。这类地下街兼做地下步行通道的较多，也有的与过街横道结合，一般都有地铁线通过，停车的需要量也较大。此类综合体较为常见，大多依托轨道站点，地面大中型商业中心进行规划建设。深圳福华路地下街是近年来建设规模相对较大的单建式地下空间体，总建筑面积约 2.8 万 m^2，地下二层，负一层为商业及通道，共分美食区、休闲娱乐区、电子科技（零售）区三个功能区，负二层为地铁存车库，该综合体位于深圳华强北商业中心地段，就业人口集中，商业购物人流密集，并靠近轨道 1 号线科技馆站，该综合体利用地面区位与商业优势，将部分配套服务功能延展至地下，形成集地下人行交通、商业、停车功能为一体的大型地下综合体，如图 8.5 所示。

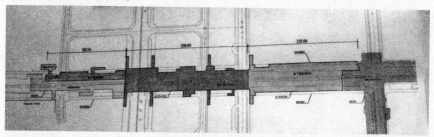

图 8.5 深圳福华路地下综合体总平面图

广场型：一般位于车站前的广场下，与车站或在地下连通，或出站后再进入地下街。广场型地下街平面接近矩形，特点是客流量大，停车需要量大，地下街主要起将地面上人与车分流的作用。此类型地下综合体代表案例就是川崎地下街，该综合体位于 JR 川崎东口站的站前广场，总面积约 5.67 万 m^2，是日本第三大地下商业综合体（图 8.6）。[7]

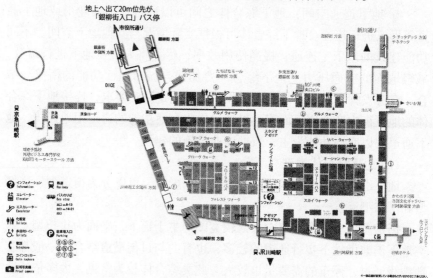

图 8.6 日本川崎市川崎地下街平面示意图

网络型：即街道型和广场型的复合，兼有两类的特点，规模庞大，内部布置比较复杂。大阪梅田地下街的一部分在站前广场下，并以地铁站为转换节点，沿道路下通道形成网络状布局（图 8.7）。[8]

8 地下公共服务空间规划

图8.7 大阪梅田地下街平面示意图

(3) 国内外城市地下综合体开发

近10年来，国内一些大城市为了缓解城市发展中的矛盾，对中心地区进行了立体再开发，建设了不少城市地下综合体（见表8.2）。据不完全统计，目前正在进行规划、设计、建造和已经建成使用的已近百个，规模从几千到几万平方米不等，主要分布在城市的中心广场、站前广场和一些主要街道的交叉口。开发深度在地下一到四层，其中大型地下综合体规模在10万平方米以上，中小型地下综合体规模在1万~10万 m^2，地下综合体不仅在城市生活中发挥着积极作用，而且成为现代化城市的一个橱窗。

日本的地下综合体称为"地下街"，功能明确、布置简单、使用方便、重视安全，在规模上不追求过大，目前单个地下街面积最大的不超过8万 m^2，一些新建的地下街面积多在3万~4万 m^2。80%的地下综合

表8.2 国内部分城市地下综合体一览表

名 称	开发规模（万 m²）	地铁	功能	开发深度
北京中关村西区	15	—	商业、娱乐、餐饮、停车	地下二层
上海人民广场	5	有	地铁、商业、停车、换乘、人防	地下二层
深圳中心区	14	有	地铁、商业、停车、换乘	地下三层
深圳罗湖口岸	1.6	有	地铁、换乘、停车	地下三层
南京新街口	4.1	有	商业、地铁、停车	地下二层
大连胜利广场	12	无	商业、娱乐、停车	地下四层
武汉汉口火车站广场	5.7	无	商业、人防	地下一层
武汉桥口人民广场	1.05	无	商业、停车、人防	地下一层
珠海口岸广场	14	有	地下交通、公交站、地铁、出租车站、商业	地下三层
广州英雄广场	1.8	有	地铁、停车、商业	地下一层
沈阳北新客站	1.2	无	地铁、商业、停车	地下一层

体与停车场相结合，多数为二层（见表8.3）；法国巴黎的列·阿莱地下综合体充分利用了列·阿莱广场地下空间，将交通、商业、文娱、体育等多种功能安排在广场的地下空间中，地下共四层，总建筑面积超过20万 m²，共有200多家商店；加拿大多伦多伊顿中心位于市中心东北部，与市政厅广场相邻，是多伦多市最大的商业综合体，共有商业面积56万 m²，其内部空间组织运用室内中厅和商业步行街相结合的手法，南北两端分别连接杨格地下街下部的两个地铁站。[9]

（4）地下综合体规划要点

① 结合地面的市级、区级商业行政中心及地面特殊使用需求设置，地面市级、区级商业行政中心是城市人流、商业、行政等集中区，

8 地下公共服务空间规划

表8.3 日本大型地下街一览表

序号	所在城市	地下街名称	建成时间	总建筑面积(m²)
1	东京	八重洲	1973.3	684 682
2	东京	歌舞伎町	1975.10	385 633
3	东京	新宿	1966.11	296 504
4	东京	新宿西口	1964.5	18 675
5	东京	新宿东口	1976.3	17 078
6	东京	池袋东口	1957.1	215 238
7	东京	池袋西口	1965.6	15 049
8	东京	新桥	1972.6	11 848
9	川崎	阿捷利亚	1986.1	56 704
10	横滨	波塔	1980.1	56 704
11	横滨	戴蒙德	1974.11	38 805
12	名古屋	中央公园	1978.11	55 702
13	名古屋	叶斯卡	1971.12	29 153
14	名古屋	名古屋	1969.12	10 942
15	名古屋	萨卡也其卡	1969.11	14 245
16	名古屋	尤尼莫尔	1969.11	21 197
17	大阪	虹之町	1971.12	36 474
18	大阪	梅田中心	1970.3	27 253
19	京都	波塔	1980.11	21 732
20	大阪	三宫	1965.10	17 985
21	大阪	地铁俱乐部	1968.9	10 197
22	札幌	奥罗拉	1965.6	31 131
23	札幌	波塔	1961.11	14 139
24	新潟	西崛罗莎	1976.10	17 539
25	冈山	冈山一町街	1974.8	24 771
26	福冈	天神	1976.9	35 250

城市地下空间总体规划

大型建筑配建地下空间多，商业环境成熟，可结合这些建筑建设地下综合体。

② 地下综合体结合地面开发情况分期建设，要充分考虑地面建设情况和城市地铁线的开发分期建设完成。

③ 地下综合体要加强与城市地面功能的衔接与结合，充分发挥其在城市功能中的作用。

④ 地下综合体可根据实际情况与其他地下空间、不同功能建筑的地下室连通，提高使用效率，尽量将人流在地下进行疏散，减轻地面的交通压力。[10]

⑤ 为满足防灾要求，连接地下综合体的地下街中商业用地面积不得超过作为交通功能的通道用地面积，地下通道要以交通功能为主，兼顾商业空间的建设。

图 8.8 是杭州临平新城核心区结合杭州市地铁 1 号线规划的华夏之城地下综合体，该综合体地面为余杭区着力打造的 CBD 核心区，地面功能集聚，建设强度高，未来地面无法承载大量的人流、车流、物流，因此，必须尽可能地利用地下空间资源，以缓解未来核心区所面临的各类城市功能的供需矛盾，规划以地铁 1 号线及站点的建设为契机，利用地面开放空间的广场用地为轴线，以商业、金融、办公地块配建停车网络化、共享化为方向，将人流、车流、物流尽可能地引入到地下。在城市设计上，结合余杭地区的良渚玉器造型为文化意象，利用该区域的湖泊与地下轴线的关系，将文化、景观、防灾等规划要素与地下空间设计融为一体，形成地上地下相互衔接、动静态交通网络共享、配套商业服务均衡布局、轨道人行换乘便捷的大型地下综合体。[11]

图 8.8 杭州临平新城核心区地下综合体效果图

2）地下商业街

（1）地下商业街开发形式

① 在城市道路、广场、绿地等下方单建的地下建筑，建筑内部有步行通道，两边布置一些商店、饮食店之类的店铺。

②以城市各地块基地中修建的附建式地下建筑为主体，通过地下通道将其联通，在附建式地下空间中辟出专门的步行通廊，与地下连接通道一起构成步行系统。如图8.9所示的休斯敦地下商业街。

图8.9　休斯敦地下商业街

（2）地下商业街规划思路

①地下商业街应与周边公共建筑及地下车库相互连通，兼顾交通功能。

②地下商业街的商业面积，以不超过交通空间的面积为宜，结合具体的建设条件进行综合分析。

③地下街与地下车库整合建设时，地下车库应布置在地下二层，地下一层交通空间的面积与商业空间的面积之和应不超过地下车库的面积。

④地下商业街应与人防功能相结合，其开发建设也应达到人防空间的建设标准，在战时可兼作人员疏散通道及物资储备场所。[12]

3）地下商场集中区

地下商场是地面商场的地下延伸部分，其业态应以百货、超市、餐饮为主，地下空间的装饰风格应同地面建筑相一致。开发宜结合地下过街道直接连通，吸引人流，提高可达性。地下商业集中区地下空间开发强度较大，若加强各地下商场之间的连通并按人防标准建设可形成一个较大的人防空间网络，在战时可兼作地下人员掩蔽场所、物资储备场所等功能。如图8.10所示的为郑州大同路地下商业街。

图8.10　郑州大同路地下商业街

8.3 其他地下公共服务空间规划

1）地下行政办公空间

地下行政办公空间可分为两大类：一类为人防及城市综合防灾应急指挥行政办公空间，规划规模按人防工程及国家综合防灾规划标准规划建设；一类为市、区级的行政中心和商业金融设施的地下配建空间，以行政办公图书、档案管理、资料处理等行政办公为主要用途，单体规模相对较小。斯德哥尔摩地下档案室如图8.11所示，此类地下空间应结合上位规划的用地布局进行安排设置。

图8.11　斯德哥尔摩地下档案室

2）地下文化娱乐空间

地下娱乐空间主要指建于地下的影剧院、音乐厅、舞厅、俱乐部以及利用地形地貌或地下埋藏物建设的博物馆、文化中心等各类娱乐活动中心。规划应结合大型公共建筑的地下配建，或广场绿地等开放空间用地进行规划建设，在一些大型地下综合体之中也可根据功能布局和商业业态分布进行设置。此类地下空间类型、规模和建设形式相对较多，有全地下、半地下建设，也有利用山体坡地等地形建设，也可利用区级、社区级的广场、绿地等开放空间用地和大型建筑地下配建进行规划设置。图8.12即是利用汉阳陵地下遗址建设的汉阳陵博物馆。[13]

图8.12　西安汉阳陵地下遗址博物馆

3）地下医疗卫生空间

地下医疗卫生空间指全部或部分建于地下的各种医院、防疫站、检验中心、急救中心等。按照地下医院的建设标准，利用各级医疗空间的改建和新建，修建一定规模、数量的地下医疗空间，满足人防要求和城市发展需要。地下医疗卫生空间是城市防灾空间的重要组成部分，其规划建设应满足人防及防灾功能的需要。

4）地下体育健身空间

地下体育健身空间是目前比较流行的一类功能空间，其具体设施可包括地下体育馆、地下健身馆、地下游泳池等体育休闲型的服务设施。此类地下空间设施大多利用地面公共建筑、体育场馆的附属设施、中高档居住小区、大型综合体配套进行规划设置，在布局上，可考虑结合区级、社区级的中小型开放空间用地、地下综合体进行规划建设，图8.13为利用人行通道和地面大型公共建筑，武汉市会展中心的配建地下室设置的一处体育健身馆。

图8.13　武汉市会展中心地下体育健身馆

5）地下教育科研空间

地下实验、科研、教学等功能空间的利用，要结合大学和中小学的建设、改造来进行，尤其是要充分利用学校的操场进行地下公共空间的开发。规划结合中学的建设，鼓励在操场下根据需要建设地下实验室、图书馆、运动设施等。规划结合高等教育园区的建设，充分利用其操场等用地，根据需要建设地下教育科研空间，此类地下空间在美国的大学中多有出现，主要为地下图书馆，地下试验室等，图8.14为美国伊利诺依州立大学为本科生建设的一处极富东方色彩的地下图书馆。[14]

图 8.14　美国伊利诺依州立大学地下图书馆

6) 其他类型地下公共服务空间

除以上类型地下公共服务空间外，还可根据城市地形地貌、地质构造和废弃矿井坑道等自然形成或人工建造的地下空间兴建或改建成地下宗教设施(图 8.15)、地下殡葬设施等。我国城市的土地资源在快速城市化过程中日趋紧张，陵园墓地也随着城市房地产市场的价格增长而不断上涨，有些城市墓地的价格已然超过房地产的价格，因此，在一些有条件的城市可利用旧有的坑道、矿井等地下空间，进行改造后建设地下陵园，这既有效地利用城市空间资源，从传统文化上看，也符合中国人入土为安的文化心理。[15]

图 8.15　斯德哥尔摩一处地下教堂

8 地下公共服务空间规划

本章注释

[1] 上海市标准化研究院，上海城市发展信息研究中心等.《城市地下空间设施分类与代码》征求意见稿. 2010

[2] 维基百科：http://zh.wikipedia.org/zh-cn

[3] 资料来源：en.wikipedia.org/wiki/Empire_State_Plaza；www.empirestateplaza.net/

[4] 深圳市规划委员会. 深圳市城市规划标准与准则. 2004

[5] 北京市园林局. 北京地区地下设施覆土绿化指导书. 2006
上海市绿化和市容管理局，上海市规划和国土资源管理局. 上海市新建公园绿地地下空间开发相关控制指标规定. 2010

[6] 刘皆谊. 城市立体化视角——地下街设计及其理论[M]. 南京：东南大学出版社，2009

[7] 川崎アゼリア株式会社：http://www.azalea.co.jp

[8] 稻垣光宏，龟谷义浩，知花弘吉. 大阪梅田地下街のサインに関する研究. 日本建筑学会近畿支部研究报告集，平成20年（2008）

[9] 童林旭. 地下空间与城市现代化发展[M]. 北京：中国建筑工业出版社，2005

[10] 崔阳，李鹏，王璇. 地下综合体公共空间一体化设计[J]. 地下空间与工程学报，2007(5)

[11] 解放军理工大学地下空间研究中心. 杭州临平新城核心区地下空间规划及城市设计. 2010

[12] 解放军理工大学地下空间研究中心. 淄博中心城区地下空间开发利用规划. 2008

[13] 范文莉. 当代城市地下空间发展趋势[J]. 国际城市规划，2007(6)

[14] 刘皆谊. 城市地下空间与城市整体空间的和谐发展探讨——运用城市设计促使地下街与城市环境一体化平衡发展. 中国建筑学会2007年学术年会，2007

[15] 张小玲，王莹等. 深圳墓地价格直逼豪宅 上涨速度与房价相当. 南方都市报，2010-04-05

9 地下市政设施规划

9.1 概述

随着城市经济建设的高速发展和城市人口增长,城市规模不断扩大,土地开发强度增加,现代城市对市政管线的需求量也越来越大,许多城市出现市政设施发展不平衡问题。特别是一些城市的旧城区,由于旧城区的道路的狭窄,地下管线种类越来越多,管线长度越来越长,且部分管道开始老化,城市浅层的地下空间资源已被接近饱和,管线重叠,传统的直埋方式不适应现代化城市发展的需要,见图9.1所示。城市中的给水、排水、电力、电信、燃气、热力等地下市政管线工程,俗称生命线工程,合理规划和建设好各类地下市政管线,是维持城市功能正常运转和促进城市可持续发展的关键。[1]

图9.1 已被各类管线占满的地下浅层空间

地下市政设施可分为地下综合管沟系统和地下市政站场两大类型，见图9.2所示。

市政基础设施地下化是一项专项规划，除了要考虑地面市政设施规划外，还应充分考虑结合城市道路交通、绿地以及广场的规划进行建设。城市道路更新与修建为市政管线的地下敷设创造了条件，尤其是沿道路两侧绿带的开发更为城市开发利用地下综合管沟等市政设施的地下化发展提供了广阔的空间，也必将成为未来城市建设和发展的趋势和潮流。

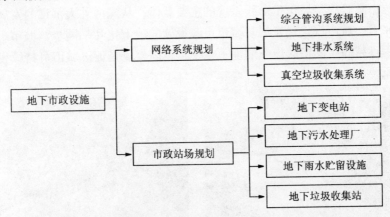

图9.2 地下市政设施分类

9.2 地下市政设施规划方法

9.2.1 规划原则

1）合理性原则

合理开发利用城市地下空间资源，促进城市地上空间与地下空间协调发展。利用城市道路、绿地、广场地下空间，将部分市政设施进行地下化或半地下化，整合城市土地资源，挖掘土地潜力，理顺城市容量关系，以推动城市建设与城市环境的和谐发展。

2）持续性原则

坚持以市场化、社会化发展为导向，以城市可持续发展为目标，结合市政管线改造或更新、新建道路或更新拓宽、重大工程建设、新市镇或新社区开发进行规划布局，倡导节约紧凑型城市市政基础设施发展模式。

3）可行性原则

地下市政设施的建设应结合城市经济与社会发展水平，上下统筹、远近结合，注重规划项目的可实施性。市政设施地下化既要符合市政设施技术要求，又要与城市规划的总体要求相一致，为城市的长远发展打下良好的基础。

9.2.2 规划思路

市政管线是城市生命线系统的主要载体，从国内外大都市的发展历程来看，城市现代化发展与城市市政设施的地下化几乎同步，城市现代化程度越高，其市政设施的地下化率也越高，也是促进城市可持续发展的重要途径（图9.3）。

图9.3 日本西院南寿地区街道缆线地下化前后对比示意

市政设施的地下化以城市道路、广场、绿地下地下空间资源的综合利用为方向，充分考虑城市地下市政设施布局；对城市市政设施进行合理布局和优化配置，规划与市政管线协调发展的综合管沟系统；与城市建设相协调，推动整个城市基础设施建设的进程；使城市地下空间资源得到合理、有效的开发利用，形成超前性、综合性、实用性的城市地下市政设施系统。

（1）在城市地面空间容量饱和、地面开敞空间相对不足情况下，在地面规划建设密度较高的地段或改造项目中，在项目的立项、报批以及规划设计时，可通过调整、置换等形式，利用街头绿地、小区配套绿地等公用、闲置地块对影响城市景观、居民居住环境的变电站、给排水基站、调节站等市政设施地下化。

（2）参考国内城市相关经验，建筑面积在 1.5 万 m^2 以上的宾（旅）

馆、饭店、商店、公寓、综合性服务楼及高层住宅,建筑面积在3万m²以上的机关、科研单位、大专院校和大型综合性文化体育设施,规划居住人口3 000人以上的住宅小区的建筑、企业或工业小区,在项目的立项、报建、审批和规划设计时,适当通过规划控制指标的调节措施,鼓励中水设施的地下化建设。

(3) 在不违反国家及地方法律法规的前提下,规划、建设、民防等部门在依据行政许可法授权的范围内,适当通过自由裁量权,鼓励地面建设高密度、高聚集的城市中心区、行政中心,在开发大型公共服务设施项目的规划、设计、建设中考虑建设地下真空垃圾收集系统,促进区域垃圾及废弃物的无害化、资源化的集中处理。

9.3 地下综合管沟

所谓地下综合管沟(在日本被称为共同沟,中国台湾地区称为共同管道),是指将两种以上的城市管线集中设置于同一地下人工空间内所形成的一种现代化、集约化的城市基础设施。

综合管沟的建设最早在欧洲兴起,法国、英国、德国、俄罗斯、日本、美国等都建有综合管沟(图9.4)。[2]

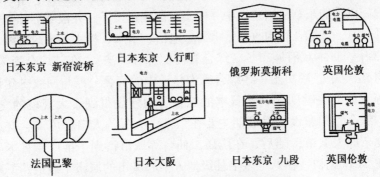

图9.4 部分国家地下管线综合管廊形式

最早的综合管沟出现在巴黎,第一次工业革命时期,城市化导致城市人口大量增加,使城市基础设施出现严重不足,产生了一系列的城市问题,如城市环境恶化,爆发了瘟疫等流行疾病,严重威胁着人们的生存和健康,在这种背景下,巴黎、伦敦开始了以建设下水道为主体的城市基础设施建设,拉开了现代城市地下空间规模化、系统化开发利用的序幕。英国曼彻斯特市地下市政管沟如图9.5所示。

城市地下空间总体规划

图 9.5　英国曼彻斯特市地下市政管沟

巴黎在早期的下水道建设中，创造性地在其中布置了煤气、电力等管线，形成了早期的综合管沟。长期使用后证明综合管沟具有直埋方式地下管线无法比拟的优点，并很快在世界各地流行和普及，目前，巴黎已建有综合管沟一百多千米，且综合管沟中收容的管线也越来越多。

日本是目前世界上综合管沟（共同沟）建设最先进的国家，早在关东大地震以后的东京复兴建设中，便实验性地建设了"九段阪"综合管沟（共同沟），该综合管沟收容了电力、电信、给水、排水等市政管线。到1963年，日本政府颁布了"综合管沟（共同沟）法"，在"综合管沟（共同沟）法"中，解决了一些综合管沟建设中的资金分摊与回收、建设技术等方面的关键问题，使日本的综合管沟建设得到了大规模的发展。日本综合管沟建设的发展期主要在东京、大阪等人口密度高、交通状况复杂的大城市，随后，在广岛、仙台等城市得到了推广。日本规划要在21世纪初，在八十多个县级地方中心城市的城市干线道路下建设约1 100 km的综合管沟，日本地下管线综合管廊（共同沟）分布如图9.6所示。[3]

随着20世纪70年代经济的高速发展，台北市政基础设施出现严重不足，市政基础设施进入了大的更新与改造期，80年代末至90年代初，台北平均每月修复和扩建各种管线而开挖道路高达1 100次，给城市交通带来极大问题，也造成了巨大的经济损失，为此，台北在1991年开始综合管沟建设，干支管沟总长约30 km。[4]

9 地下市政设施规划

图9.6 日本东京地区地下综合管廊(共同沟)布局[5]

台北的综合管沟建设是在吸取其他国家综合管沟建设经验的基础上，经过科学的规划而有序发展的。在建设模式上非常重视与地铁、高架道路、道路拓宽等大型城市基础设施的整合建设。如东向快速道路综合管沟的建设，全长6.3 km，其中2.7 km与地铁整合建设，2.5 km与地下街、地下车库整合建设，独立施工的综合管沟仅1.1 km，这种科学的决策极大地降低了综合管沟的建设成本，有效地推动了综合管沟的发展。

目前中国大陆进行综合管沟建设的城市越来越多，如上海张扬路综合管沟和北京中关村西区综合管沟已使用，另有深圳、广州、杭州等城市正在规划和设计综合管沟。

上海市政府为了将浦东建设成为现代化的国际大都市，于1993年

城市地下空间总体规划

规划建设了我国第一条现代综合管沟——浦东新区张扬路综合管沟。根据规划，张扬路共有一条干线综合管沟，两条支线综合管沟，目前建成的是一条收容了给水、电力、信息（通信）、煤气四种管线的支线综合管沟，如图9.7所示。[6]

图9.7 上海张扬路下管线综合管廊

深圳市目前的综合管沟还处在可行性研究阶段，有皇岗路综合管沟、小梅沙—盐田坳综合管沟工程等。皇岗路是穿越未来中心区的南北主干道，近期将进行改造，结合道路改造修建综合管沟，其主要断面方案如图9.8所示。小梅沙—盐田坳综合管沟是因为小梅沙和盐田坳之间隔着菠萝山，该综合管沟是为联系两片区之间的山体隧道性综合管沟。[7]

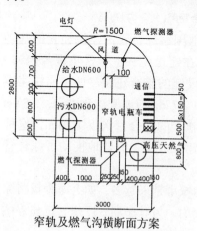
窄轨及燃气沟横断面方案

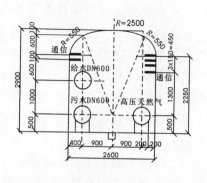
无检修车横断面方案

图9.8 深圳小梅沙—盐田坳共同沟断面综合管廊

9.4 综合管沟的经济分析

综合管沟的费用包括建设费用(即本体造价)、维护费用两部分。由于国内综合管沟建设还处在起步阶段,对综合管沟的建设综合造价和年运行费用还缺乏详细的统计数据。

9.4.1 综合管沟的经济效益

据我国台湾省台北市综合管沟建设统计数据,干线综合管沟的平均(各种工法)造价为 13 万元 /m,我国上海张扬路支线综合管沟的平均造价是 10 万元 /m。综合管沟的建设成本中,还应考虑现有管线迁移的费用。台北综合管沟的年维护管理费约为 830 元 /m。

目前,我国对综合管沟的经济性只是停留在管道直埋的造价上,只从直埋管道的造价与综合管沟的造价比较两者的经济效益是不科学的,应该从建设、维护管理各方面长期投资的比较,才能充分反映综合管沟的优越性。

管道直埋的总成本主要由以下几部分组成:管道直埋时的初始建设成本、各次重埋成本(等同于综合管沟设计年限内)、管线修复成本、交通阻滞社会影响成本、环境影响因素成本、修复时间长短的影响成本等,当前管道直埋的成本,往往只考虑其首次投入成本,而对重埋成本、修复成本、交通阻滞社会影响成本、环境影响因素成本等不计,而综合管沟的经济效益正是体现在重复修建成本低、对城市环境影响小等方面。

9.4.2 综合管沟的环境和社会效益

随着现代化城市经济、科技和人民生活水平的不断提高,城市载体所需的地下管线必将日渐增多,城区地下已经密如蛛网的各类管线还将有增无减,如图 9.9 所示。据有关部门调查,在杭州某城区 4 km^2 的地下,埋设有 20~30 家单位的 360 km 长的管线。由于各类管线的无序发展,争夺着有限的地下空间,给城市的发展带来了诸多问题。[8]如:城区道路不断被挖、无序争夺地下空间、肆意浪费地下资源、工程施工事故不断。综合管沟的建设可以大大改善因重复修建地下管道而引起的道路阻塞、城市地面混乱等问题,使城市建设无序发展、各行其是,采取治标不治本的下策，分而治之，唯求得短期效果，形成积重难返的现状。

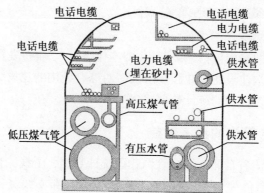

图 9.9 典型街道下的地下管线

9.4.3 综合管沟的防灾效益

就一些已经建设综合管沟的成熟经验来看，一般埋设于自然地平以下，其上覆土 1~3 m，最深的可以达到 5~6 m。覆土的深度主要考虑到地面道路的路基要求和防止涨冻的冰冻线要求。同时，考虑道路荷载、地下水浮力、土压力的作用，其剖面结构形式一般做成拱形或矩形，在其外缘按照相互影响因素，分割成若干个功能分区，内部形成一个工作空间。

由于地下结构具有天然的抗震、防洪、防风等作用，综合管沟在灾害发生时可有效减轻灾害对城市管线的破坏，大大提高了城市管道的防灾能力。另外，在战时，综合管沟可以有效地抵御冲击波带来的地面超压和土壤压缩波，并且对有侵彻作用的航弹，可以起到一定的遮蔽作用，因此，综合管沟有效提高了城市管线的抗战争灾害的能力。

9.5 综合管沟的组成和分类

9.5.1 综合管沟的组成

经过一百多年的发展，综合管沟的建设技术已趋于完善，一条标准的综合管沟一般由下面几部分组成。

1) 综合管沟本体

一般而言，综合管沟的本体是以钢筋混凝土为材料，采用现浇或预

9 地下市政设施规划

制方式建设的地下构筑物，其主要作用是为收容各种城市管线提供物质载体，管沟形制与规模应根据城市需要来确定，图9.10是目前较大型的东京日比谷共同沟的实景图。[9]

2）管线

综合管沟中收容的各种管线是综合管沟的核心和关

图9.10 东京日比谷共同沟虎之门竖井(-50 m)

键，综合管沟发展的早期，以收容电力、电信、煤气、供水、污水为主，目前原则上各种城市管线都可以进入综合管沟，如空调管线、垃圾真空运输管线等，但对于雨水管、污水管等各种重力流管线，由于进入综合管沟将增加综合管沟的造价，应慎重对待。东京银座综合管沟中收容的各种管线如图9.11所示。[10]

3）监控系统

对综合管沟内的湿度、煤气浓度以及人员进入状况等进行监控的系统设备和地面控制中心，是综合管沟防灾的重要设施，监控信号传入综合管沟地面监控中心设备，由监控中心采取相关的措施。

4）通风系统

为延长管线的使用寿命，保证综合管沟的安全和维护管线放置施工人员的生命安全及健康，在综合管沟内设有通风系统，一般以机械通风为主，如图9.12所示。[11]

图9.11 东京银座综合管沟中收容的各种管线　　图9.12 综合管沟中的强制通风设备

5）供电系统

为综合管沟的正常使用、检修、日常维护等所采用的供电系统和用电设备包括通风设备、排水设备、通信及监控设备、照明设备和管线维护及施工的工作电源等，供电系统包括供电线路、光源等，供电系统设备宜采用防潮、防爆类产品。

6）排水系统

综合管沟内如渗水或进出口位置雨天进水等原因，综合管沟内会存在一定的积水，因此，综合管沟内应装设排水沟、集水井和水泵等组成的排水系统。

7）通信系统

联系综合管沟内部与地面控制中心的通信设备，含对讲系统、广播系统等，主要采用有线系统。

8）防灾标示系统

标示系统的主要作用是标示综合管沟内部各种管线的管径、性能以及各种出入口在地面的位置等，防灾标示系统在综合管沟的日常维护、管理中具有非常重要的作用，如图9.13所示。[12]

9）地面设施

地面设施包括地面控制中心、人员出入口、通风井、材料投入口等，如图9.14所示。[13]

图9.13 综合管沟中的防灾标识

图9.14 综合管沟地面通风口

9.5.2 综合管沟的分类

综合管沟按其在城市市政设施中的地位可分为干线综合管沟、支线综合管沟和综合电缆沟，如图9.15所示。[14]

干线综合管沟主要收容城市各种供给主干线，但不直接为周边用户提供服务；而支干线综合管沟主要收容城市中各种供给支干线，与用户

9 地下市政设施规划

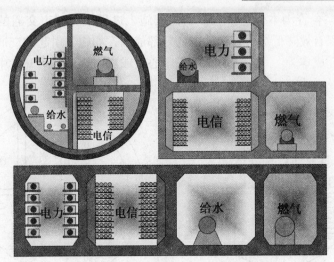

图 9.15 地下综合管沟干线三种型制类型

直接相连并为周边用户提供服务；综合电缆沟主要收容各种电力电缆、通信光缆、军警特种通信光缆等各种信息传输光缆等。

在建设位置上，干线综合管沟一般设于城市道路中央机动车道的下部，支线综合管沟和综合电缆沟则大多位于道路两侧的非机动车道或人行道的下部，如图 9.16 所示。

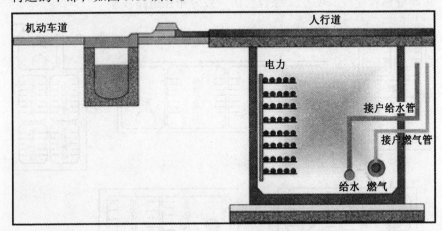

图 9.16 支线综合管廊

根据施工方法的不同，综合管沟又可分为暗挖式综合管沟、明挖式综合管沟和预制拼装式综合管沟。

暗挖式综合管沟是在综合管沟的建设过程中，采用盾构、钻爆等施工方法进行施工，其断面形式一般采用圆形或椭圆形，如图 9.17 所示。

暗挖式综合管沟本体造价较高，但其施工过程中对城市交通的影响较小，可以有效降低综合管沟建设的外部成本，如施工引起的交通延滞成本、拆迁成本等。一般适合于城市中心区或深层地下空间开发中的综合管沟建设。

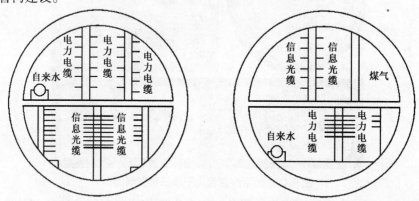

图 9.17　暗挖式地下管线综合管廊断面形式

明挖式综合管沟是采用明挖法施工建设的综合管沟，其断面形式一般采用矩形，如图 9.18 所示。明挖式综合管沟的直接成本相对较低，适合于城市新区的综合管沟建设，或与地铁、道路、地下街、管线整体更新等整合建设。明挖式综合管沟一般分布在道路浅层。

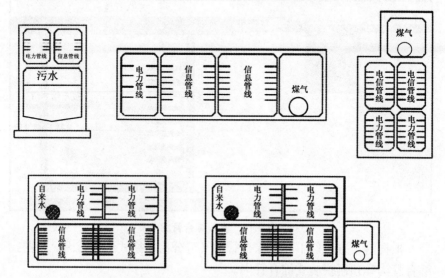

图 9.18　明挖式地下管线综合管廊断面形式

预制拼装式综合管沟，即将综合管沟的标准段在工厂进行预制加工，而在建设现场现浇综合管沟的接出口、交叉部特殊段，并与预制标准段拼装形成综合管沟本体。预制拼装式综合管沟可以有效地降低综合管沟施工的工期和造价。预制拼装式综合管沟适用于城市新区或高科技园区。[15]

预制拼装式综合管沟早期以电缆沟为主，近年来断面逐步扩大，已能容纳各类城市管线并适合于各类综合管沟的建设，成为这些特殊功能区综合管沟发展的新趋势和方向。

9.6 综合管沟规划

9.6.1 地下综合管沟的规划原则

综合管沟规划是城市各种地下市政管线的综合规划，因此其线路规划应符合城市各种市政管线布局的基本要求，并应遵循如下基本原则：

（1）综合原则。综合管沟是对城市各种市政管线的综合，因此，在规划布局时，应尽可能地将各种管线进入管廊内，以充分发挥其作用。

（2）长远原则。综合管沟规划必须充分考虑城市发展对市政管线的要求。

（3）相结合原则。综合管沟应与地铁、道路、地下街等建设相结合，综合开发城市地下空间，提高城市地下空间开发利用的综合效益，降低综合管沟的造价。[16]

9.6.2 综合管沟的规划策略

目前，国内还没有与综合管沟相关的标准和规范，对于已建的综合管沟也没有形成系统的运行管理监测数据，因此对综合管沟的运行参数、管理模式、投资造价、社会经济效益进行系统分析是工程技术人员的进一步研究方向。

综合管沟是大型地下构筑物，不能像普通直埋管线一样随意进行局部调整和修改，因此，在综合管沟建设立项前应进行前期的可行性研究，在统一、全面、详细规划基础上进行设计，充分考虑交叉管道、地质情况、道路拓宽等因素的影响，以避免施工过程中的反复调整和修改造成渗水等不可避免的质量隐患。

1）明确规定综合管沟的主管单位，统一管理运营

综合管沟的建设与发展是城市综合开发利用地下空间资源的系统化、网络化的必然选择，考虑到综合管沟建设的牵涉面较广，建设周期较长，投资规模较大，因此，建议由规划、建设、民防等有关部门联合提请市政府，成立综合管理机构，统一组织规划建设综合管沟系统，并制订实施计划。

明确规定综合管沟由各主管机关管理，进入或使用综合管沟应经其许可，并由各主管机关会商各管线单位制订管理办法。

2）研究规划期内城区市政管线地下化发展阶段，制订规划期内中远期地下化建设发展目标

表 9.1 为一般综合管沟相关条件分析，建议规划、建设主管部门成立管沟主管机构确定城区综合管沟的中长期发展计划，根据综合管沟不同的规格与要求拟定城区各地区发展方向。

表9.1 不同类型综合管沟规划要点

	干线综合管沟	支线综合管沟	缆线综合管沟
主要功用	负责向支线综合管沟提供配送服务	干线综合管沟和终端用户之间联系的通道	直接供应终端用户
敷设形式	城市主次干道下	道路两旁的人行道下	人行道下
建设时机	城市新区、地铁建设、地下快速路、大规模老城区主次干道改造等	新区建设、道路改造	结合城市道路改造、居住区建设等
断面形状	圆型、多格箱型	单格或多格箱型	多为矩型
收容管线	电力（35kV以上）、通信、光缆、有线电视、燃气、给水、供热等主干管线；雨、污水系统纳入	电力、通信、有线电视、燃气、热力、给水等直接服务的管线	电力、通信、有线电视等
维护设备	工作通道及照明、通风等设备	工作通道及照明、通风等设备	不要求工作通道及照明、通风等设备，设置维修手孔即可

3）拟定不同城市功能区综合管沟建设策略

根据城市发展，确定市政设施地下化的重点发展区域，城市新区开发、旧区改造应优先考虑规划建设综合管沟，管沟建设应该有效结合城

市交通的地下化，地铁及其他重大市政工程建设，综合管沟建设应该纳入其工程计划内一并执行。在新建及发展中的新兴城区建设的综合管沟工程规划与设计，应充分考虑管网增容、扩容预留空间，提高附属设施及运行管理系统的综合性和高效性，利用一次性高投入创造长久的社会效益和经济效益，以避免重复投资。

城区核心区域，管沟建设将大幅减少道路开挖对交通的影响，缓解交通堵塞，减少经济损失。

在城区景观大道、交通要道及商业中心干道等严格控制开挖的路段，适宜采用综合管沟建设。

4）建立市政管线信息数据平台，增强城市防灾能力

在旧城改造、道路改造等城市建设时，可依据数据系统，集中处理市政管线的避让与迁移，减少工程投入，增强城市防灾能力。

5）统筹规划与分期实施

综合管沟避免了因埋设或维修而导致道路多次开挖的麻烦，为规划发展需要预留了宝贵的城市空间资源；根据路网建设的规模、重要性与急迫性，配合重大市政建设、管线需求及路段串联，拟订建设的短、中、长期计划，并配合分期建设计划，拟订管沟工程实施建设计划，其内容包括建设的融资模式及经费分摊方式、管理维护办法、实施步骤、施工构想、建立信息系统等。[17]

综合管沟的规划应与各工程管线规划综合协调，规划确定实施以后，各管线单位不得轻易变更管线埋设的位置和走向，不得因要避开综合管沟而另选其他道路开挖埋设管线。道路一经规划建设综合管沟，各管线单位必须密切配合，综合管沟设计收容的管线一律纳入其中，建成以后严禁挖掘道路。

9.6.3 综合管沟的规划可行性分析

1）确定综合管沟收容管线内容

根据综合管沟收容管线的标准与技术要求，结合城市建设与经济发展的实际需要，确定规划对象综合管沟应收容的内容，一般包括电力线、电信线、给水管线以及供热管线。其他管线如排水、雨水管线、燃气管线等因技术要求高、建设成本大等因素，可根据城市经济与社会发展需要考虑纳入与否。

2）上位规划的解读与分析

地下综合管沟规划的可行性主要来自四个方面，第一个方面是城市的经济和社会发展水平，这方面决定着城市是否具备规划建设地下综合管沟经济能力；第二个方面是城市对地下综合管沟建设的需求；第三个则是规划的法定依据，这是地下综合管沟是否与城市总体规划、专项规划相衔接，体现其规划的科学与合理的重要因素；第四个方面是各市政部门利益之间的博弈与协调，这方面是衡量地下综合管沟规划设计与建设的可操作性重要标志。[18]

以上四个方面中，对上位规划，即城市总体规划、市政设施专项规划的解读，在管沟规划中显得尤为重要。针对城市管沟应纳入的管线，逐一进行分析和梳理，以莱芜市地下综合管沟规划为例，通过对以下几类管线的主次管线走向与分布的规划要求，综合形成最易建设地下综合管沟的总体布局。各类市政管线管沟化可进行如下分析。

（1）电力、电信管线：电力、电信管道线在综合管沟内具有可以变形、灵活布置、较不易受综合管沟纵断面变化而变化的优点。而传统的埋设方式受维修及扩容的影响，造成挖掘道路的频率较高。另一方面，根据对国内管线事故的调查研究，电力、电信管线是最容易受到外界破坏的城市生命线之一，综合考虑，电力及电信管线基本上是可以收容的，如图9.19所示。

图9.19　莱芜市莱城城区电力、电信主次管线布局分析

(2)给水、污水管线：一般情况下将给水、污水管线纳入综合管沟内具有明显的优势，依靠先进的管理与维护，可以克服管线的漏水问题；为管线扩容提供了必要的弹性空间；避免了外界因素引起的自来水管爆裂，以及维修引起的交通阻塞，如图9.20所示。

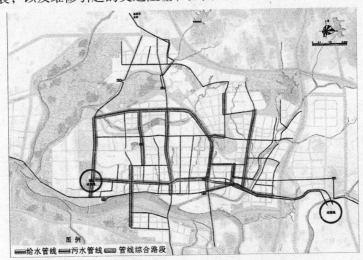

图9.20　莱芜市莱城城区给、污水主次管线布局分析

(3)供热燃气：如果解决供热燃气管线铺设的安全问题，可以把供热燃气管线纳入综合管沟，便于维修和管理，还可以节省建设投资的总成本，如图9.21所示。

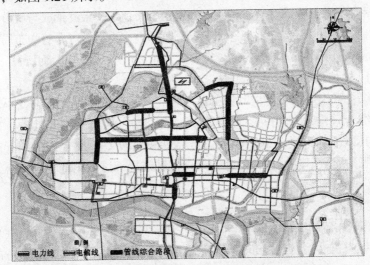

图9.21　莱芜市莱城城区供热及燃气主次管线布局分析

城市地下空间总体规划

综合以上莱城市政管线的规划分析，最后得到莱芜市莱城城区地下市政管线综合分析图，如图 9.22 所示。[19]

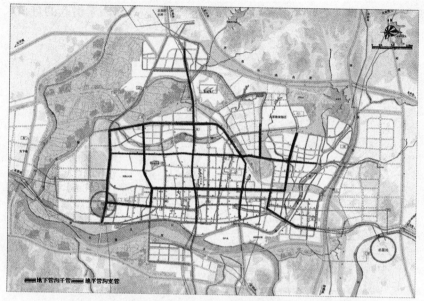

图 9.22　莱芜市莱城城区地下综合管沟规划布局分析

9.6.4　规划布局

综合管沟是城市市政设施，因此其布局与城市的形态有关，与城市路网紧密结合，其主干综合管沟主要在城市主干道下，最终形成与城市主干道相对应的综合管沟布局形态。在局部范围内，支干道综合管沟布局应根据该区域的情况合理进行布局。综合管沟布局形态主要有下面几种。

1）树枝状

综合管沟以树枝状向其服务区延伸，其直径随着管廊逐渐变小。树枝状综合管沟总长度短、管路简单、投资省，但当管网某处发生故障时，其以下部分受到的影响大，可靠性相对较差。而且，越到管网末端，服务质量下降。这种形态常出现在城市局部区域内的支干综合管沟或综合电缆沟的布局。

2）环状

环状布置的综合管沟的干管相互联通，形成闭合的环状管网，在环状管网内，任何一条管道都可以由两个方向提供服务，因而提高了服务的可靠性。环状网管路长、投资大，但系统的阻力减小，降低了动力损耗。

9 地下市政设施规划

3)鱼骨状

鱼骨状布置的综合管沟,以干线综合管沟为主骨,向两侧辐射出许多支线综合管沟或综合电缆沟。这种布局分级明确,服务质量高,且网管路线短,投资小,相互影响小。[20]

9.6.5 规划设计基本要求

1)进入的管线确定

综合管沟内原则上一切城市市政管线均可进入,考虑到综合管沟的安全,有些管线(如煤气管)不进入,而单独设置。俄罗斯就明确煤气管不进入综合管沟内,我国已建的上海张杨路和北京中关村西区综合管沟也都将煤气管在管廊一侧独立设置。由于重力(如污水管、雨水管等)对管线的坡度有严格的要求,若综合管沟中有重力管,其建设将受到严格的限制,因此,只适合于地形条件好的城市局部区域内,城市全范围内的主线综合管沟中不宜进入重力管。

2)断面的确定

综合管沟的断面形式一般主要有圆形和矩形。圆形断面主要用在暗挖式综合管沟,矩形断面主要用于明挖式和预制装配式综合管沟,如图9.23所示。

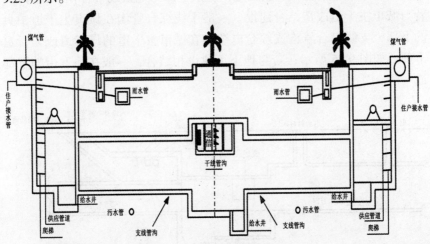

图 9.23 综合管沟断面示意图

综合管沟的断面尺寸主要根据进入管线的多少、进入管线的尺寸大小以及将来城市发展需要确定,其断面尺寸没有严格的规定,国外综合管沟的尺寸也各不相同,如俄罗斯综合管沟的断面尺寸为 2.0 m×2.0 m,

城市地下空间总体规划

巴黎综合管沟的宽度达 8.0 m，北欧综合管沟的宽度在 6.0 m 左右，日本综合管沟的宽度一般为 3.0~4.0 m，我国上海张杨路综合管沟的断面尺寸为 5.9 m×2.6 m，北京中关村西区综合管沟宽度为 13.6 m，如图 9.24 所示。[21]

图 9.24　中关村西区综合管沟

3）竖向布置

综合管沟一般是与城市地铁、主干道改造、地下街相结合建设的。若与地铁建设相结合，一般在地铁隧道上部与地铁线整合在一起考虑；若与城市主干道改造结合建设，一般干线综合管沟在城市主干道中央的下部，支线综合管沟或综合电缆沟在城市主干道的慢车道或人行道下部，如图 9.25 所示；若与地下街建设相结合，一般在地下街的下部或一侧。[22]

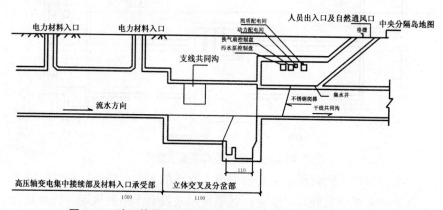

图 9.25　地下管线综合管廊或综合电缆沟与城市道路的关系

9.6.6 综合管沟特殊部位

综合管沟与综合管沟交叉，或从综合管沟内将管线引出是比较复杂的问题，它既要考虑管线间的交叉对整体空间的影响，如对人行通道的影响，也要考虑出入口的处理，如防渗漏和出口井的衔接等。无论何种综合管沟，管线的引出都需要专门的设计，一般有以下两种模式。

1）立体交叉

立体交叉就是类似于立交道路匝道的建设方式将管线引出，在交叉处或分叉处，综合管沟的断曲要加深加宽，直线管线保持原高程不变，而拟分叉的管线逐渐降低高度，在垂井中转弯分出，如图 9.26 所示。

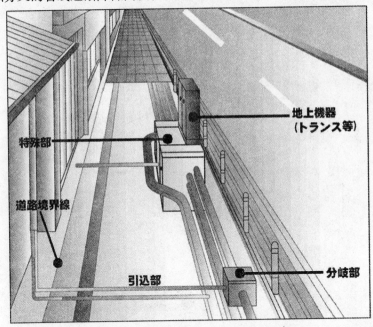

图 9.26　管沟特殊部位的立体交叉示意

2）平面交叉

如因空间限制而无法采取立体交叉，只能采取平面交叉引出管线，此时不仅要考虑管线的转弯半径，还要考虑在交叉处工作的人员必要的工作空间和穿行空间。[23]

9.6.7 综合管沟与其他地下设施交叉

综合管沟与地下设施交叉包括与既有市政管线交叉，与其他地下空间（如地下铁路、地下道路、地下街等）的交叉，与桥梁基础的交叉等，如果处理不当，势必造成综合管沟建设成本的增加和运行的不可靠等，原则上可以采取以下措施：

（1）合理地统一规划地下各类设施的标高，包括主干排水干管标高，地铁标高，各种横穿管线标高等。确定标高的原则是综合管沟与非重力流管线交叉时，其他管线避让综合管沟，当与重力流管线交叉时，综合管沟应避让重力流管线，与人行地道交叉时，在人行地道上部通过，管沟交叉示意如图 9.27 所示。

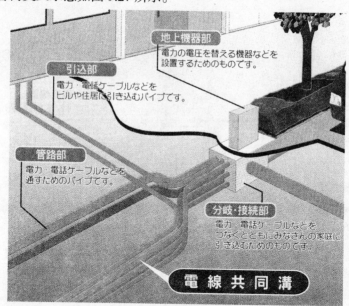

图 9.27 管沟交叉示意

（2）整体平面布局。在布置综合管沟平面位置时，充分避开既有各种地下管线和构筑物，如地铁站台和区间线等。

（3）整合建设。可以考虑综合管沟在地铁隧道上部与地铁线整合建设，或在其他城市地下空间开发时，在其上部或旁边整合建设，也可考虑在高架桥下部与桥的基础整合建设，但必须考虑和处理好沉降的差异。

（4）与隧道或地下道路整合建设，包括公路或铁路隧道的整合建设或与地下道路整合建设。日本规划未来城市地下空间开发时在地下50～100 m之间就包括地下道路和综合管沟的整合建设。

9.7 地下市政站场规划

9.7.1 地下市政站场建设概况

市政设施是城市建设非常重要的一部分，不仅能完善城市功能与结构，而且对改善城市生态与投资环境、提高城市生活质量有着非常重大的意义。然而大量市政设施地面化，不仅占用了部分城市土地资源，而且给周围环境保护带来了压力，尤其是污水处理厂与变电站的地面建设不仅需要大量土地作为绿化防护带，而且加深了其与周围环境的矛盾。因此，在进行市政设施规划布局时，应适当考虑其地下化，使其对自然环境的影响减少到最小限度。

利用地下空间资源解决城市问题时间最早、规模最大的就是城市市政基础设施，市政设施地下化是城市地下空间开发的主要方向和核心内容之一。市政站场设施地下化可以减少城市土地资源的占用，提高城市土地效能；市政设施的地下化，净化城市空间环境，提升城市人居生活质量；地下空间所具有的物理特性，也有利于市政站场设施地下化的发展。

和当前我国地铁建设进入快速发展阶段不同，在城市建设用地日趋紧张、建筑密度越来越高、人们的环保意识越来越强的社会环境下，越来越多的城市轨道交通线网被要求采用以地下的形式进行建设，尤其是城市中心区地段。而对城市而言，与交通问题同样重要的市政设施的地下化方案却一再搁浅。一方面是居民用电需求不断增加，另一方面因变电设备陈旧遭居民反对而无法扩容。2004年，南京市准备新建24座变电站，却遭到了一些市民的强烈反对，常府街110 kV变电站应于2005年建成，但时至2010年，仍未建成。变电站的地下化造价要比地面建设的投资成本高至3～4倍，增加的建设成本没人买单，便是其症结所在。

我国的地下市政设施建设主要集中在北京、上海、广州等大城市，经过十余年发展，建设逐渐从东部或沿海大城市，进入到中小型城市，随着我国各地对地下变电站设施需求不断增加，2005年2月，国家发展和改革委员会发布了我国首部地下市政设施的国家标准——《35 kV ~ 220 kV 城市地下变电站设计规定 DL/T 5216—2005》。据统计，到 2008 年年底，北京投入运行的地下变电站超过 30 座，全部位于城市政治、经济中心区，其中近 50% 的变电站位于国家各党政机关较为集中的政治中心区，50% 的变电站位于经济中心区，以北京东部国贸 CBD 地区为例，在 411.52 hm² 的地域内，共建设了 6 座地下变电站，其中西大望 220 kV 变电站、大北窑、航华等 5 座 110 kV 变电站，变电容量达到了 1 559.6 MVA。

目前我国最大的地下变电站位于上海北京路与成都路口，这座被称为"世博站"的 500 kV 静安地下变电站，是中国第一座，也是目前世界上最先进的全地下、圆筒体变电站，总投资约 14.7 亿元，电缆线路工程投资约 10 亿元。作为世博会重要的配套工程，静安地下变电站南北长约 220 m，东西宽约 200 m，建设规模列全国同类工程之首，建成后不仅能满足上海市浦西内环线以内中心城区的用电需求，优化浦西地区中心城区 220 kV 电网，提高供电可靠性，而且将保障位于世博地区南市站、连云站的供电电源，为包括世博园区在内的供电及今后中心城区 220 kV 电网的更新改造创造条件。静安地下变电站如图 9.28、图 9.29 所示。[24]

图 9.28 施工中的静安地下变电站　　图 9.29 静安地下变电站外景

9.7.2 地下市政站场分类

地下市政站场设施按其功能划分，可分为地下变配电设施、地下给排水收集处理设施、地下垃圾收集处理设施、地下供（换）热制冷设施、地下燃气供给设施、地下环卫设施等。按其建设形式划分，可分为地下、半地下市政站场。

地下给排水收集处理包括地下排水设施、地下雨水收集与贮留系统、地下中水处理设施、地下污水处理厂等。地下环卫设施包括地下垃圾收集站、地下垃圾转运站、地下垃圾处理站场、地下厕所等。

9.7.3 地下市政站场规划

1) 地下市政站场的建设规模和接线形式

北京地区地下110 kV变电站均为负荷终端站，考虑其建设难度、负荷密集需求，此类变电站建设需考虑远期发展需要，建设规模较大。一般配置4台50 MVA变压器为最佳选择。为保证供电可靠性，满足灵活调度和电源转供的需求，变电站110 kV侧进出线4回，采用单母线分段接线；10 kV出线56回，采用双受电开关，单母线八分段环形接线，以利于1台变压器停运时10 kV负荷的平均分配。[25]

2) 站址选择和规划布置

目前地下市政站场的建设依安装位置不同，可分为全地下和半地下市政站场。二者区别主要在于半地下站场的通风设备及人员出入口等少量部分建筑位于地面或地上，但其设施主体或市政设施重要设备位于地下；而全地下站场是指所有市政设备绝大部分在地下或建筑物地下。

地下市政站场可以结合城市广场、绿地、道路等开放空间用地，或利用自然和人工形成的洞穴、坑道单独规划建设，或结合其他建(构)筑物合建。建设形式一般分以下五种类型：

(1) 利用主建筑一侧地上部分建筑面积及其地下空间，地下中水或雨水收集设施。

(2) 全部置于建筑物地下，如地下变配电所，地下雨水贮留设施等。

(3) 一部分利用建筑物地下部分，另一部分利用建筑物外的绿地，如地下垃圾收集站。

(4) 全部放置在绿地开放空间用地下，或洞穴、坑道之中，如地下污水处理厂、地下发电站等。

(5) 部分置于地上，其他设备置于地下，如半地下变电站、地下卫生间等，如图9.30所示。

3) 地下市政站场规划布局

地下市政站场规划是以城市总体规划、市政专项规划为依据，结合地下空间开发规划的总体发展趋势与功能设施布局，对占用城市土地资

城市地下空间总体规划

图 9.30　武汉解放公园中的一处地下卫生间

源，影响城市景观或生活环境的部分市政站场设施地下化的一种建设形式，是对城市市政专项规划布局的进一步深化，而不是对地面各市政专项规划的调整和变更。因此，地下市政站场规划应遵循下面的几个原则。

（1）协调原则：地下市政站场规划必须以城市总体规划为依据，与城市各市政专项规划相协调。

（2）就近原则：地下市政站场规划布局必须结合地面市政站场规划布局，尽可能就近利用绿地、道路等用地进行地下化规划设置。

（3）适度原则：地下市政站场的设置与布局应与其所处用地的规划区位、设施等级相一致，市政站场地下化或地下市政站场的规划规模有适度控制，从而不影响地面绿地、道路或建筑物的使用。

（4）优先原则：地下市政站场规划应充分考虑城市的功能布局，优先在土地资源紧张、地面空间容量不足的老城中心区，建设密度高的商务区，地面景观要求较高的城市公园、旅游景观区等地区进行设置，如图 9.31 所示。[26]

9 地下市政设施规划

图9.31 无锡主城区地下市政站场规划图

本章注释

[1] 陈刚，李长栓，朱嘉广. 北京地下空间规划 [M]. 北京：清华大学出版社，2006

[2] 李德强. 综合管沟设计与施工 [M]. 北京：中国建筑工业出版社，2009

[3] 蒋群峰. 浅谈城市市政共同沟[J]. 有色冶金设计与研究，2001(3)

[4] 钱七虎，陈晓强. 国内外地下综合管线廊道发展的现状、问题及对策[J]. 地下空间与工程学报，2007(2)

[5] 王健宁. 综合协调、经营运作、技术标准——城市地下管线共同沟建设亟待解决的问题[N]. 中国建设报，2003-05-09

[6] 黄鹄，陈卓如. 深圳大梅沙—盐田坳共同沟简介 [J]. 市政技术，2002(4)

[7] 苏宏阳，郦锁林，曾进伦等. 基础工程施工手册 [M]. 北京：中国计划出版社，2001

[8] 张国建. 促进城市地下管线设计建设有序发展的思考[J]. 中国建筑金属结构，2009(6)

[9] Yurikousa blog：http：//www.1go2go.or.tv

[10] 吕明合. 城市共同管沟：一条挑战体制的地下管道[J]. 中州建设，2010(9)

[11] 王璇，陈寿标. 对综合管沟设计中若干问题的思考[J]. 地下空间与工程学报，2006(4)

[12] 吴靖，李兵. 关注综合管沟的消防问题[J]. 山东消防，2002(6)

[13] 薛敏蓉，郭林，孙元慧. 青岛市重庆路市政管线综合管沟规划设计[J]. 给水排水，2009(9)

[14] 唐山凤凰新城开发建设投资有限责任公司. 唐山市凤凰新城市政综合管沟项目可行性研究报告. 2009

[15] 蒋群峰. 浅谈城市市政共同沟[J]. 有色冶金设计与研究，2001(3)

[16] 沈利杰. 关于市政管线和管沟的综合规划设计探讨[J]. 科技信息，2008(16)

[17] 胡雄. 武汉CBD综合管沟项目风险管理研究：[硕士学位论文]. 武汉：华中科技大学，2007

[18] 孟东军，刘瑞娟. 综合管沟在市政管线规划中的应用[J]. 市政技术，2004(5)

[19] 解放军理工大学地下空间研究中心. 莱芜市城市地下空间开发利用规划. 2009

[20] 王璇，陈寿标. 对综合管沟规划设计中若干问题的思考[J]. 地下空间与工程学报，2006(4)

[21] 苏云龙. 综合管廊在中关村西区市政工程中的应用和展望[J]. 道路交通与安全，2007(2)

[22] 杨勇. 对管线综合规划设计常见问题的探讨[J]. 建设科技，2006(11)

[23] 建设部. 城市工程管线综合规划规范(GB 50289—1998)

[24] 房岭峰，陈承，李钧. 500 kV地下变电站深入市中心综述[J]. 上海电力，2007(5)

[25] 国家发展和改革委员会. 35 kV～220 kV城市地下变电站设计规定(DL/T 5216—2005).

[26] 解放军理工大学地下空间研究中心，无锡市城市规划设计研究院等. 无锡市主城区城市地下空间开发利用规划. 2007

10 城市地下物流系统规划

10.1 概述

目前国内开发利用地下物流系统进行集装箱运输还处于理论探索和研究的阶段。从国外来看,这方面的研究也正在进行探索性研究。如美国 Texas A&M University 的 Dr.Arthur.P.James,荷兰的 Prof.J.C.Rijsenbrij 都曾对此进行深入的研究和探讨。美国麻省理工学院(MIT)D.Bruce Montgomery, California State University 的 Kenneth.A.James 正在分别探讨研究利用以电磁为动力的集装箱运输的可行性;美国 Texas Transportation Institute(TTI)的 Roop 则正在进行利用 SAFE Freight Shuttle 运输集装箱的探讨研究。而上述研究中提出的系统,一般为管道或地面运输,但需要一个独立的设施,为避免不良天气条件的影响,部分在地下或在管道中运行。[1]

本章主要介绍从可持续原则,从节地、节能等方面考虑,由德国的 Stein 教授和美国 Henry Liu 教授的研究成果,分别利用 CargoCap 和 PCP 的技术进行地下集装箱运输的研究情况。

1) 德国的地下集装箱运输研究

德国的公路目前正面临着扩展和维修方面的资金短缺,据估计每年达 25 亿欧元。此外,公路的扩展也面临着环境和生态方面的压力。因此,德国正在寻找一种新的运输系统。鲁尔大学(Ruhr University Bochum)正在进行"地下运输和供应系统"课题的研究,将其定义为 CargoCap,作为未来德国的第五类运输系统。

德国的 CargoCap 的系统其管道直径为 1.6 m,利用欧洲的货盘(pallet)作为运输的标准,以便与传统的运输系统相协调。每个 Cap 单元能运输 2 个标准的欧洲货盘。根据目前发展的 CargoCap 的概念,不需要任何的转运和重新包装,约有 2/3 的德国货物可直接适合 CargoCap 系统运输,技术参数如表 10.1 所示。

城市地下空间总体规划

表 10.1 CargoCap 的技术参数

技术参数	数 值	技术参数	数 值
重量	800 kg	轨道宽度	800 mm
最大载重量	2 000 kg	管道直径	1 600 mm
转道最大坡度	4%	底盘	2 840 mm
最大速度	36 km/h	导向轮距离	3 200 mm
最大加速度	1 m/s²	重量(不含货物)	800 kg
轮子直径	200 mm	摩擦系数	0.14
计量表	800 mm	货舱宽度	1 000 mm
车轴距离	2 840 mm	货舱高度	1 300 mm
货舱长度	3 500 mm	货舱长度	3 400 mm
运输容量	2 400 mm×800 mm×1 050 mm	最小曲线半径	20 m
直流电压	500 V	最大承重	1 000 kg
平均功率	3 400 W	最大功率	30 000 W

在此基础上，2005 年始 Stein 教授探讨利用该系统在港口和内陆之间运输集装箱、swap bodies、semi-trailers 的可行性。其集装箱运输工具(transport vehicle)仍采用 CargoCap 的技术，但其尺寸等参数不同；集装箱运输工具是自动的，4 个轴，最高速度可达到 80 km/h，如图 10.1 所示。能够进行编组，每组(bundle)是 34 个运输工具，总长度是 750 m。其路线主体部分为单线，每 30 分钟发一组(bundle)，每 18 km 有一个双线岛(island)，岛长 2.7 km。轨道的最大坡度(inclination)1.25%，最小转弯半径 1 000 m。单线方形隧道 5.31 m × 6.99 m，双线方形隧道 10.08 m × 7.36 m，圆形隧道直径 8.10 m。

10　城市地下物流系统规划

图10.1　CargoCap 运输集装箱运输工具

2）利用 PCP 系统集疏纽约港口集装箱可行性研究

美国的 Henry Liu 教授对利用 PCP 系统集疏纽约港和临近的新泽西（New Jersey）集装箱的可行性进行了系统研究。通过研究，Henry Liu 教授认为：该系统需要利用大直径的隧道或导管（conduit）。在纽约港口附近或城市地区，特别是穿过哈得孙河（Hudson River）或纽约的港口时，一个圆形的隧道在水下 100 英尺至 150 英尺 * 是必须的。当隧道延伸至郊区，可以采用掘开式，在地下 5 英尺，并改用方形隧道。图 10.2 是日本目前正在应用的 PCP 方型系统。

图10.2　日本目前正在应用的PCP方形系统

根据标准箱尺寸，一圆形隧道直径应该是 15 英尺。对于方形的导

---

*1 英尺 =0.304 8 m；1 英里 =1 609.334 m

管需要 9 英尺宽，11 英尺高。每个 capsule 将是 8.5 英尺宽，10 英尺高，42 英尺长，以便于能运输一个 40 英尺长的集装箱，或 2 个 20 英尺的标准箱。其动力是推荐利用线性马达（LIM），它们比用吹风动力具有更高的效率。利用吹风动力系统，每一列 capsule 由三个 capsule 组成，每 40 秒发送一列，每小时发送 270 个 capsule，按每天 8 小时计算，每天发送 2 160 个 capsule。按每年 350 个工作日计算，可运输 756 000 capsule（150 万箱 TEU）。如果利用线性马达替代吹风动力，其运输效率将是吹风动力运输效率的 5 倍，每年将能运输 750 万箱 TEU。[2]

2003 年，纽约港和临近的新泽西（New Jersey）港口集装箱处理量是 410 万箱 TEU。这意味着一个以线性马达为动力的 PCP 集疏系统将能完全处理纽约港和临近的新泽西港的集装箱量。

在可行性研究中，Henry Liu 教授假设纽约 PCP 的集装箱分发配送系统需 16 英里的四个分支管线，5 英里的主管线，共 21 英里的隧道，15 英里的方形导管组成，设计示意如图 10.3 所示。由双向同时运输，双管铺设。

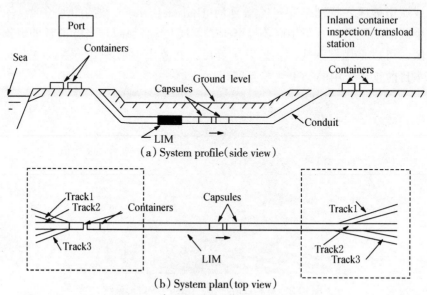

图10.3 纽约港口集装箱运输系统的设计示意图

经计算，隧道与导管的建设费用为 20.01 亿美元，每年的运行维护费用为 3.12 亿美元。系统寿命按 30 年计算（最保守估计），运输每个

TEU 的成本是 17.2 美元。参考卡车运价，按每个 TEU 收费 30 美元计算，按最大运输能力，每年能收入 2.86 亿美元（去掉每年的成本）。按其最大运输能力的一半进行计算，每年仍有 6 000 万美元的纯收入（去掉每年的成本）。

据其估算，按设计能力的 50%计算，可减少纽约卡车运营的 2.64 亿车千米，减少碳氢化合物（HC）、一氧化碳（CO）、氮氧化物（NO_x）和颗粒物（PM）的排放分别为 425 t、3 720 t、921 t 和 103 t。研究中没有计算由此带来的环境效益和社会效益，如更快更安全的运输，避免恐怖袭击，减小由卡车货运引起的交通拥堵，缩短运输时间等等。[3]

10.2 城市地下物流系统的功能与构成

10.2.1 管道形式地下物流系统

采用管道运输和分送固、液、气体的构思已经有几百年的历史了，现有的城市自来水、暖气、煤气、石油和天然气输送管道、排污管道都可以看做地下物流的原始方式。但这些管道输送的都是连续介质，而本章所讨论的则是固体货物的输送管道，这类管道运输方式可分为气力输送管道（Pneumatic Pipeline）、浆体输送管道（Slurry Pipeline/Hydraulic Transport）、舱体运输管道（Capsule Pipeline）。

气力输送管道：在 20 世纪，开始采用气力或水力的办法通过管道来运输颗粒状的大批量货物，气力管道输送是利用气体为传输介质，通过气体的高速流动来携带颗粒状或粉末状的物质。可输送的物质种类通常有煤炭和其他矿物、水泥、谷物、粉煤灰以及其他固体废物等。

第一个气力管道输送系统是 1853 年在英国伦敦建立的城市管道邮政系统；随后，在 1865 年，Siemens & Halske Company 在柏林建立了德国第一个管道邮政网，管道直径为 65 mm，该系统在其鼎盛时期的管道总长度为 297 km，使用达一百余年，在西柏林该系统一直运行到 1977 年，在东柏林直到 1981 年才停止使用。近年来，管道气力输送开拓了一个新的应用领域——管道废物输送，在欧洲和日本的许多大型建筑系统都装备了这种自动化的垃圾处理管道，位于美国奥兰多的迪士尼世界乐园也采用了这种气力管道系统，用于搜集所产生的垃圾。

气力输送管道多见于港口、车站、码头和大型工厂等，用于装卸大批量的货物。美国土木工程师学会(ASCE)在报告中预测：在21世纪，废物的管道气力输送系统将成为许多建筑物包括家庭、医院、公寓、办公场所等常规管道系统的一部分，可取代卡车，将垃圾通过管道直接输送到处理场所。这种新型的垃圾输送方法成为一个快速增长的产业。

浆体输送管道：浆体输送是将颗粒状的固体物质与液体输送介质混合，采用泵送的方法运输，并在目的地将其分离出来。

浆体管道一般可分为两种类型，即粗颗粒状浆体管道和细颗粒状浆体管道，前者借助与液体的紊流使得较粗的固体颗粒在浆体中呈悬浮状态并通过管道进行输送，而后者输送的较细颗粒一般为粉末状，有时可均匀地浮于浆体中。

舱体运输管道：分为水力舱体运输管线（hydraulic capsule pipeline）和气动舱体运输管线(pneumatic capsule pipeline)，即HCP和PCP。

水力舱体输送系统的设想在1880年就由美国的鲁滨逊(Robinson)申请了专利；但上述设想始终未进入实质性的应用研究和开发。直到20世纪60年代初，由加拿大的RCA(Research Council of Alberta)率先对无车轮的水力运输系统进行了研究，并于1967年建成了大型的试验线设施。之后，法国、德国、南非、荷兰和美国、日本等也相继开展了研究。特别是法国，Sogrech公司首先建成了小型使用线，用以输送重金属粉末。1973年后，日本日立造船公司对带车轮的水力舱体系统通过大型试验线设施开展实验研究和实用装置的设计，实验研究表明：用水力舱体可进行土砂、矿石等物料的大运量、长距离输送。

PCP用空气作为驱动介质，舱体作为货物的运载工具。由于空气远比水轻，舱体不可能浮在管道中，为了在大直径管道中运输较重的货物，必须采用带轮的舱体，PCP系统中的舱体运行速度(10 m/s)远高于HCP系统(2 m/s)。所以，PCP系统更适合于需要快速输送的货物如邮件或包裹、新鲜的蔬菜和水果等；而HCP系统在运输成本上则比PCP系统更有竞争力，适合输送如固体废物等不需要即时运输的大批量货物。

10.2.2　隧道形式地下物流系统

早期的隧道形式货运系统多为轨道形式，如芝加哥和伦敦地下货运系统。其中伦敦皇家邮件系统最为著名。在伦敦地下街道20 m以下，自1927年开始运行，连接Paddington和Whitechapel之间10.5 km双轨线上的9个州、4个站，每天处理400多万的信件和包裹。1992年开始研究将该系统扩展升级，延长约 7 km，考虑向牛津街上的大商场配送货物。

目前发展隧道形式的地下物流系统运输工具多使用以电力为动力，并具有自动导航等功能，如两用卡车（Dual Mode Truck）和自动导向车（Automated Guided Vehicle, AGV）等，最高速度可达到 100 km/h，管道直径一般为 1~3 m。可以运输不同介质货物如鲜花、包裹等，具有自动导航系统，是目前该领域研究的热点，正考虑其实际应用。

10.2.3 地下物流系统的功能

1) 稳定快捷的运输功能

货物地下物流系统中货物运输主要以通过或转运为主，建设城市地下物流系统最为重要的目的就是保证货物运输的及时准确。对于一些时间性很强的货物，城市内拥挤的公路交通将是最大的威胁，供应和配送的滞期将会严重影响货物的质量。城市地下物流系统不易受外界的影响，运输稳定快捷。

2) 仓库保管功能

因为不可能保证将地下物流系统中的商品全部迅速由终端直接运到顾客手中，地下物流的终端一般都有库存保管的储存区。

3) 分拣配送功能

地下物流系统的重要的功能之一就是分拣配送功能，因为地下物流系统就是为了满足诸如即时运送（JIT）、大量的轻量小件搬运等任务而发展起来的。因此，地下物流系统必须根据客户的要求进行分拣配货作业，并以最快的速度送达客户手中，或者是在指定时间内配送到客户。地下物流系统的分拣配送效率是城市地下物流系统质量的集中体现。

4) 流通行销功能

流通行销是地下物流系统的另一个重要功能，尤其是在现代化的工业时代，各项信息媒体的发达，再加上商品品质的稳定及信用，因此直销经营者可以利用地下物流系统、配送中心，通过有线电视或互联网等配合进行商品行销。此种商品行销方式可以大大降低购买成本。

5) 信息提供功能

城市地下物流系统除具有运输、行销、配送、储存保管等功能外，更能为各级政府和上下游企业提供各式各样的信息情报，为政府与企业制定如物流网络、商品路线开发的政策做参考。[4]

10.3 城市地下物流系统规划

10.3.1 地下物流系统

1）地下物流系统的概念

城市地下物流系统是除传统的公路、铁路、航空及水路运输之外的第五类运输和供应系统。城市地下物流系统主要分流城内货物运输,达到缓解交通拥堵的目的。将城市边缘处的物流基地或园区的货物经处理后通过地下物流系统配送到各个终端,这些终端包括超市、工厂和中转站,从城内向城外运送货物的采用反方向运作,图10.4是城市内部地下物流系统的示意图。[5]

图10.4 城市内部地下物流系统的示意图
(钱七虎.建设特大城市地下快速路和地下物流系统.)

目前城市地下物流系统的概念和标准不统一,如荷兰称为地下物流系统(ULS)或地下货运系统(UFTS),即 Underground Logistic System 或 Underground Freight Transport System,运输工具为自动导向车(AGV),即 Automated Guided Vehicle;美国称为地下管道货物运输,即 Freight Transport by Underground Pipeline；德国称为 CargoCap 系统；在日本称为地下货运系统(UFTS),即 Underground Freight Transport System,运输的工具为两用卡车(DMT),即 Dual Mode Truck。在国内的翻译也不是很统一,一般翻译为城市地下物流系统、城市地下管道快捷物流系统、城市地下货运系统等,本章采用城市地下物流系统的概念。[6]

一般来讲,地下物流系统按动力的不同分为三类:

(1) 以气和水为动力：主要包括气动力运输管线、水动力运输管线和密封舱运输管线。密封舱运输管线还分为包括水力和气力运输管线，即 HCP 和 PCP。运输速度可达到 10~40 km/h，管线最大直径一般不超过 1 m。目前这类运输主要应用于矿石、固体废物等同质物质(homogenous goods)运输，不具备自动导航系统，已在日本、德国等多个国家进行了应用。

(2) 以电为动力：运输工具以电为动力的密封舱、两用卡车和自动导向车等为标志。最高速度可达到 100 km/h，管道直径一般为 1~3 m。目前这类运输技术上已经成熟，可以运输不同介质货物(heterogeneous goods)如鲜花、包裹等，具有自动导航功能，是目前研究的热点，正考虑其实际应用。

(3) 低压的管线运输：速度一般可达到 300-500 km/h，管道直径一般大于 3 m。目前这类技术尚未成熟，仅仅停留在理论研究阶段。[7]

2) 运输货物种类

城市地下物流系统已被实践证明具有如下作用：① 通过减少货运卡车数量达到减少城市道路车辆的目的；② 减少道路上的事故发生率，提高道路交通的安全性；③ 从某种意义上讲，是道路的一种扩展；④ 减少了道路的维修、新建道路等费用。

特别与其他道路交通比较，具有环境保护的作用，是一种可持续发展的、具有潜力的运输方式。主要具有如下作用：① 减少对环境的损害，如没有或很少的空气、噪声等污染；② 低能耗；③ 不存在交通堵塞；④ 由于位于地下，不受风、雨、雪等不良气候的影响。

一般城市地下比较适合运输小型货物，如单个包裹(single pieces of packages)、捆扎货物(bundled goods)、货盘类货物(palletized goods)等。此外还可运送食品(groceries)、小型集装箱货物(containerized goods)等，其中部分食品类货物还要考虑温度方面的要求，小型集装箱是指类似"EURO-pallet"的标准集装箱，其尺寸为 120cm×80cm×105cm。[8]

3) 地下物流系统的特点

一般来讲，地下物流具有如下特点：

① 主要以集装箱和货盘为运输的基本单元，能够进行常规的装卸作业。

② 使用两用卡车(DMT)、自动导向车(AGV)等作为运输承载工具，通过自动导航系统使各种设备和设施的控制和管理具有极高的精确性和

自动化水平，可节省人力。图10.5是日本地下物流运输工具——两用卡车，图10.6是荷兰两种不同类型的自动导向车。

图10.5 日本地下物流运输工具——两用卡车(DMT)

(钱七虎. 建设特大城市地下快速路和地下物流系统.)

图10.6 荷兰两种不同类型的自动导向车(AGV)

(钱七虎. 建设特大城市地下快速路和地下物流系统.)

③因有独立的运输环境而受外界影响小，可以保证运输的稳定性。

④在缺少发展空间的地区将货运交通引入地下，可以防止道路沿线的噪声危害。

⑤运载工具使用清洁能源，无污染。[9]

4）研究和应用概况

从某种意义上说，城市地下物流系统并不是一个新生事物。采用管道运输和分送固、液、气体的构想已经有几百年的历史了，现有的城市自来水、暖气、煤气和排污管道可以看做地下物流的初级形式。早在19世纪初就已得到应用。在20世纪，开始通过管道采用气力或水力的方法来运输颗粒状的大批货物，气力管道运输是利用气体为传输介质，通过气体的高速流动来携带颗粒状的物质；水力输送是将颗粒状的固体物质与液体输送介质混合，采用泵送的方法运输，并在目的地将其分离出来。图10.7是伦敦地下邮件系统终端，图10.8是芝加哥地下货物运输系统。早期地下物流系统根据运输方式的不同，可以分为以气力或水力的管道运输方式和以电力为动力的轨道运输方式，但不具备自动导航功能，其应用情况见表10.2。[10]

图10.7　伦敦地下邮件系统终端

（钱七虎. 建设特大城市地下快速路和地下物流系统.）

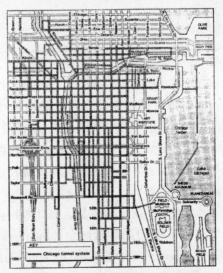

图10.8　芝加哥地下货物运输系统

（钱七虎. 建设特大城市地下快速路和地下物流系统.）

表 10.2 早期城市地下物流系统在各国应用

城 市	应 用 情 况
英国伦敦	伦敦利用有轮的气力运输管线(30 英寸×33 英寸)运输邮件,轨道规格为 24 英寸,运输速度可以达到每小时 40 英里。在 1863 年至 1869 年之间,建设了多条线路。1874 年,该系统停止运行
英国伦敦	英国伦敦街道 20 m 以下,自 1927 年以来就运行着一个邮件轨道系统,连接 Paddington 和 Whitechapel 之间 10.5 km 双轨线上的 9 个州,每天处理 400 多万件的信件和包裹,如今又计划利用该系统向牛津街上的大商店配送货物。其隧道直径为 2.74 m,有 50 列火车,每列长 8.25 m,重 5 t(载货 1 t),最高时速可以达到 60 km
日本东京	1915 年,日本东京车站与东京中央邮局之间建设了地下邮件系统,长度约数百米
德国汉堡	1962 年,德国汉堡再次利用气力运输管线运输邮件,主要运行在火车站与重要邮政局之间。其密封舱长 1.6 m,管道直径为 0.45 m。在 1.8 km 长的管道内运行,速度在每小时 30~36 km 之间,在 1973 年停止运行
美国芝加哥	在美国芝加哥城市街道下面 40 英尺的地方,从 1906 年就运行着一个长达 60 英里的地下货物运输网络,以电为动力,以四轮机车(locomotive)为单元,运输城市垃圾和煤,1959 年停止运行

近年来该领域的研究也越来越受到重视,其中以美国、荷兰、日本和德国等为代表的发达国家正在进行相关工程的可行性研究或建设。目前正在研究设计的地下物流系统除具有独立的运输环境而受外界影响小、保证运输的稳定性、防止道路沿线的噪声危害等特点之外,与早期地下物流系统最大的区别是使用自动导向车(AGV)、两用卡车(DMT)等作为运输承载工具,通过自动导航系统使各种设备和设施的控制和管理具有极高的精确性和自动化水平。

目前发展城市地下物流系统已成共识,在 1999 年、2000 年、2002 年已召开三次地下物流系统的国际研讨会 (International Symposium on Underground Freight Transportation by Capsule Pipelines and Other Tube/Tunnel Systems),以美、日、荷、德等为代表的发达国家正积极开展这方面的研究和应用,见表 10.3。[11]

10 城市地下物流系统规划

表 10.3 目前各国城市地下物流系统应用和研究

城 市	应 用 情 况
日本 东京	日本东京从 2000 年开始，正式研究建设货物运输专用的地下物流系统，利用两用卡车为运输工具，该卡车以电为动力，在地面通过人的驾驶，地下无人驾驶、自动导航，由于电池动力的限制，载重不超过 2 t 1994 年，邮政通讯部在东京的深部地下空间（50~70 m）修建一个"Tokyo L-net"系统，为双车道，管线内部直径 3.7 m，用来连接东京市中心的邮政局并用来运送商品包括报纸、杂志和食品等
美国休斯敦	2001 年始，由代夫特理工大学和得克萨斯农业与工程大学加尔维斯顿分校两所大学的专家学者对休斯敦的地下物流系统的可行性进行了详细论证和初步设计，如图 10.9 所示
荷 兰	在荷兰，从 1996 年 1 月，一百多个研究者完成了连接阿姆斯特丹史基浦机场、阿斯米尔花卉市场（世界上最大的花卉市场，每年的交易额高达 10 亿欧元）和霍夫多普铁路中转站的地下物流系统可行性研究，2004 年正式建成运行。阿姆斯特丹现有的向史基浦机场和花卉市场的货物供应与配送完全依靠公路，对于一些时间性很高的货物（如空运货物、鲜花、水果等），拥挤的公路交通将是巨大的威胁，供应和配送的滞期会严重影响货物的质量(鲜花耽搁 1 天贬值 15%)，与铁路网相连的地下物流系统将成为进出史基浦机场和花卉市场货物公路运输的良好替代方式，同时也可替代在史基浦机场中转运往欧洲其他航空港的货物运输。因此，这个地下物流系统可以大大增强这个地区的经济，并减少环境污染和改善交通状况，如图 10.10 所示
德 国	从 1998 年开始研究地下物流配送系统，计划在德国鲁尔工业区修建一条从多特蒙德(Dortmond)到杜伊斯堡(Duisburg)的长约 80 km 地下物流配送系统

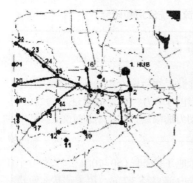
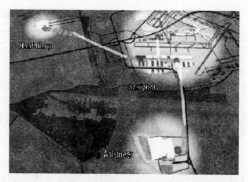

图 10.9　休斯敦地下物流系统网络设计图
（钱七虎．建设特大城市地下快速路和地下物流系统．）

图 10.10　阿姆斯特丹史基浦机场、阿斯米尔花卉市场 Hoofddorp 铁路中转站的地下物流系统
（钱七虎．建设特大城市地下快速路和地下物流系统．）

10.3.2　地下物流的防灾作用（以北京交通为例）

（1）缓解交通堵塞

据估算，在北京一年堵车大概造成 60 亿元损失，造成环境污染等方面的影响更是无法以金钱进行衡量。把大量的货物运输转向地下，可以极大地缓解交通拥挤问题，降低交通事故率，给私人小汽车留下巨大的发展空间。在荷兰建设地下物流系统，可以分担其国内货物运输总量的 30%，即每年 2.45 亿 t；在日本东京中心地区建设 300 km 的地下物流系统，同样可以承担其目前现有卡车运输量的 30%。

在北京规划建设地下物流系统，按上述比例估计，以 2000 年为例，北京货运总量约为 3 亿 t，其中公路承担约占 91.2%，铁路约占 8.5%，其他运输方式所占比例约为 0.3%。市区内部的货运量按 50% 计算，无论是分担货运总量的还是公路货运量的 30%，其数量都可将达到近 0.5 亿 t。地下物流系统能达到减少货运卡车数量的目的，从而为缓解北京交通拥堵起到极大的促进作用。[12]

（2）改善环境

根据北京市环保监测中心公布的数据，1998 年全市空气污染指数 4 级以上有 23 周，占全年的 42.2%，其中达到严重污染的 5 级有 2 周，轻度污染的 3 级为 21 周，二氧化硫超过世界卫生组织标准的 5 倍。北京的大气污染属于典型煤烟型污染和汽车尾气污染并重的复合型污染。2000 年市区建成区噪声为 53.9 dB，比 1995 年下降 3.2 dB，低于国家标

准。道路交通噪声7年来稳定在71dB并略有下降。但城区有22%的居民生活在65 dB环境中，78%的居民生活在85 dB环境中，噪声干扰严重威胁居民的生产与生活，城区和三环路主要居民区局部环境空间辐射强度已超过国际安全标准。

城市地下物流系统用于运送货物的运输工具是由电力这一清洁能源驱动的，不会产生废气，且其在地下运行还避免了噪音污染。环境问题得以彻底解决，提高了城市生活质量。在日本东京建设300 km的地下物流系统评估中，NO_x和CO_2分别减少了10%和18%，能源消耗减少18%，运输速度提高了24%。参照此标准，建设地下物流系统对北京改善环境、实现可持续发展无疑具有重要意义。

(3) 促进北京电子商务和直接配送的发展

电子商务将是21世纪的主流商务模式，而在电子商务如火如荼的今天，货物送达依然是电子商务发展的瓶颈。少数自称解决物流问题的公司，也只不过利用了邮局的全国邮递系统、城市的快递公司系统，交付图书、音像制品之类的小件物品。更多的电子商务公司则采取了要求厂家、商家送货的方式完成顾客购物全过程。

如前文所述，城市地下物流系统具有低成本、准时、可靠(由于地下物流系统与地面运输相对独立，不受外界影响,可提供向高密度工商业区24小时的及时配送)的特点，可以很好地解决制约北京电子商务发展的"物流瓶颈"。如在城市范围内合理规划建设一些货物中转站，并与地下物流系统相连。消费者在网上订购商品，生产商接到订单后按要求生产产品后，将产品运到城市物流园区，城市物流园区将送往同一区域的货物装在一辆自动导向车上，通过地下通道配送到中转站，再由中转站送到消费者手中。

(4) 防灾能力将得到提高

北京市灾害的种类较多，已成为阻碍北京可持续发展的潜在因素。主要灾害源可概括为战争威胁、地质灾害、气象灾害、环境公害、火灾与爆炸、生命线系统隐患、交通堵塞和事故等。地下空间对上述绝大部分灾害都具有良好的防灾特性，例如抗震特性、防早期核辐射、冰雹、大雾、沙尘暴、热岛效应、低温冷害等。

城市地下物流系统在地下运行，无需担心地上风、雨、雪等气候对货物运送的影响，如类似北京2001年"12月7日"一场小雪造成全城交通大瘫痪的状况将可以得以避免或减轻。北京作为我国首都、国家人防一类重点设防城市，具有特别重要的战略地位，建设地下物流系统战时可大大提高物资保障能力。[13]

10.3.3 地下物流系统规划的可行性分析(以北京为例)

（1）北京物流与邮政规划基本情况

根据《北京商业物流发展规划(2002—2010)》，北京商业物流以大型现代化物流基地为核心，物流基地与综合性及专业性物流配送区共同构成高效的物流网络体系。到2010年计划建成3个大型物流基地、17个物流配送区。

其中物流基地是首都城市功能性基础设施，辐射全国乃至亚太地区的重要物流枢纽。为本市进出货物的集散和大型厂商在全国及亚太地区采购和分销提供物流平台。分别选址在房山阎村—丰台王佐、通州马驹桥和顺义天竺三处各规划建设一个大型物流基地。阎村—王佐物流基地—铁路—公路货运枢纽型物流园区，主要依托京广铁路、京石高速路、107国道和城市六环路。马驹桥物流基地—公路—海运国际货运枢纽型物流园区，主要依托天津港、京津塘高速路和城市六环路。天竺物流基地—航空—公路国际货运枢纽型物流园区，主要依托首都机场、101国道和城市六环路。每个物流基地占地3 km² 左右。

物流基地功能包括内陆口岸、货物集散、配送、流通加工、商品检验、物流信息等。货物集散功能是指接收通过各种运输方式到达的货物，并进行分拣、储存，将北京市发出的货物进行集中，通过直接换装方式向外发运；配送功能是通过物流基地内的物流配送中心实施对客户的商品配送服务。

物流配送区包括综合性物流配送区和专业性物流配送区。定位为城市基础设施，覆盖北京市及周边地区的物流枢纽。为本市进出货物的集散和厂商在北京及周边地区采购和分销提供物流平台；为进行末端配送服务提供专业化的物流设施。

综合性物流配送区规划选址在朝阳十八里店、半截塔、大兴大庄、海淀杏石口四处各规划建设一个综合性物流配送区。专业性物流配送区在海淀四道口、丰台玉泉营、大红门三处结合现有冷库设施，各规划建设一个专业冷链(食品)物流配送区；在朝阳洼里、来广营、楼梓庄、管庄、青年路、百子湾、海淀清河、丰台五里店、久敬庄、昌平马池口等十处结合现有仓库改造各规划建设一个满足不同行业或不同业态要求的专业性物流配送区。

根据北京邮政通信发展规划(2004—2050)，2003年北京邮政业务总量达到了 31.3 亿元，处量各类邮件 77.1 亿件。邮件内部处理场地 10 万 m²，分散在北京站、北京西站、望京、天桥、垂杨柳、马连道、首都机场等处。相对于每日 2 100 多万件的邮件日处理量，生产场地已十分紧张。随着业务的不断发展，处理场地严重不足与邮件量增长之间的矛盾已经成为制约北京邮政乃至全网邮政进一步发展的瓶颈。

处理场地的分散也给邮政生产和管理带来很大的困难，现每日仅用于各场地间往返盘驳的车辆就达到 380 频次，日盘驳总里程 3 000 km。

到 2008 年，建成 10 万 m² 的北京综合邮件处理中心；建成 3 万 m² 的北京航空邮件转运站；建成 7 000 m² 的北京机要邮件处理中心；建成 3.2 万 m² 邮政物流中心；邮件内部生产处理场地面积达到 23 万 m²。全市形成 5 个邮件处理中心(综合、报刊、国际、速递、机要)、4 个邮件转运站(北京站、西站、永定门、航站)、3 个邮政物流中心、1 个信息中心(西站)的新格局。[14]

（2）地下物流系统的经济可行性

根据相关资料，城市地下物流系统的间接效益大于直接效益。如对建设日本东京地下物流系统采用成本收益率的方法评估，初期效益是建设运营成本的 4.6 倍，随着网络的扩展，效益成本的比值下降，即使全部网络建成，预期的效果还是相当好的，成本大约是 3.5 效费比，这个收益率是非常高的。但即使考虑该系统最大的运量和收费总额，采用 180 日元/车千米的标准收费，内部收益率最高为 3.8%，这说明内部回收率是很低的，至全部网络建成后的内部回收率则更差，仅为 2.6%；与此类似，根据休斯敦地下物流系统可行性分析，初步计算总投资超过 10 亿美元，经过 40 年运行，仅收回直接投资 3.1 亿美元(不包括环境效益等间接效益)，同样不能收回成本。

笔者认为，地下物流系统作为缓解城市交通堵塞问题的主要方式之一，与城市地铁类似，其社会效益与环境效益等间接效益大于直接效益，虽然在大部分城市，地铁在直接经济效益上处于亏损状态，但对于国民经济来说，就其社会效益与环境效益而言，地铁是可行的，有必要的。同理，建设城市地下物流系统的间接效益大于直接效益，在日本的地下物流系统研究的成果中，与时间相关的效益（指因节省货物运送时间所获得的社会效益）所占总效益的比例超过了 90%。

根据上述分析，在交通拥堵严重的北京建设地下物流系统的合理性是显得易见的。但如果由建筑商全部承担建设地下物流系统的成本，即使通过收费也不可能全部收回投资。但由于地下物流系统减少交通拥挤和改善环境的效果是如此巨大的，我国有关部门有必要对城市地下物流系统的研究和发展引起足够的重视。[15]

本章注释

[1] 郭东军. 港口城市发展地下集装箱运输系统动因初探[J]. 地下空间与工程学报，2006(7)

[2] Liu, H. Feasibility of Underground Pneumatic Freight Transport in New York City, Columbia Missouri [R]. 2004

[3] Montgomery B., S. Faifax, et al. Urban Maglev Freight Container Movement at the Ports of Les Angeles/Long Beach. Proceedings National Urban Freight Conference 2006[A]. Metrans, Los Angeles

[4] 马保松，汤凤林，曾聪. 发展城市地下管道快捷物流系统的初步构想[J]. 地下空间，2004(1)

[5] 钱七虎. 建设特大城市地下快速路和地下物流系统——解决中国特大城市交通问题的新思路[J]. 科技导报，2004(4)

[6] 张敏，杨超，杨珺. 发达国家地下物流系统的比较与借鉴[J]. 物流技术，2005(3)

[7] 马祖军. 城市地下物流系统及其设计 [J]. 物流技术，2004(10)

[8] 殷永生，苗海燕. 第三方物流顾客满意度影响因素分析[J]. 当代经济，2008(12)

[9] 北京交通委员会，北京工业大学. 北京公路总枢纽总体布局规划[R]. 2003

[10] 梁浩栋，白光润，蒋海兵. 城市土地利用思想与物流园区布局规划研究[J]. 安徽商贸职业技术学院学报(社会科学版)，2005(4)

[11] 顾晨. 仓储物流业的作用和地位[J]. 知识与创新，2009(1)

[12] 王咏梅. 第三方物流在新疆的发展现状及对策 [J]. 当代经济，2008(22)

[13] 王之泰. 电子商务与物流配送——探讨新经济与现代物流的关系[J]. 商场现代化，2000(12)

[14] 张荣忠. 全球性港口拥堵现象透析 [J]. 港口与航运，2005(5)

[15] 张耀平，王大庆. 城市地下管道物流发展前景及研究内容初探[J]. 技术经济，2002(7)

11 城市居住区地下空间规划

城市居住区是人类聚居在城市化地区的居住地，是城市的主要构成部分。"城市是经济、政治和人民的精神生活的中心，是前进的主要动力"。城市居住区从空间上分析，约占城市的 1/3～1/2 的土地。人类在城市居住区活动的时间比重约在 2/3 以上。城市居住区是人类物质、精神、经济、文化等诸活动的重要空间。城市居住区不仅仅是安居乐业的空间，也是国家和地方政府经济文化发展的重要基地。近年来，我国城市住宅每年建成在 2 亿 m² 左右，住房建设是国民经济的重要产业。国际上也认为城市居住区是国家的重要经济活动。如美国住房占全国固定资产的 1/4，年住房建设占全国所有新建筑投资的 1/3。为城市居民创造良好的居住条件和生活环境是城市居住区规划设计的目标之一。

近年来，随着我国住房标准的提高，对绿化面积、环境质量以及配套服务设施完善的要求也越来越高，而我国城市土地资源却相当贫乏，地下空间的开发利用将是解决这些矛盾行之有效的途径。据研究，我国可供有效利用的地下空间总量为 1 亿多 m³，而以目前技术水平可达到的开发深度 30 m 计，可提供建筑面积 60 000 亿 km²，这是一笔具有巨大潜力的自然资源。[1]

11.1 居住区地下空间开发利用的效益

11.1.1 完善小区服务功能

众所周知，我国人多地少，土地资源匮乏。随着城市化水平的提高，城市人口剧增，住宅建筑和居住区开发对用地需求量日益增加，为保护耕地而限制用地量，又势必造成地价高昂，如果一味增加建筑密度和高度，则可能导致居住区空间拥挤，开敞空间减少。在某些居住区开发建设中，由于地价高昂往往不得不压缩公建和配套服务设施的用地面积，甚至一些必需的配套功能都被忽略，结果造成居住区配套服务设施不完善，在很大程度上影响了居住区综合环境质量。合理开发利用地下空间，则是解决建设用地矛盾和居住区环境问题的有效途径。按照建筑功能空间对地下空间环境适应性的原则，居住区中许多公共建筑配套服务设施空间都可转入地下，这些建筑空间主要包括：

即使设在地面也需要辅助人工照明和机械通风空调，而且虽有大量人员进入，但停留时间相对较短的建筑功能空间，如居住区中的商业购物、文娱活动以及停车物业管理办公功能空间。

对自然采光通风和日照没有特殊要求且只有少数专业人员进入，或要求与地面外部空间隔离以避免污染，以及要求特殊防护的功能空间，如各种管线空间、变电站、水泵房、煤气调压站、废弃物收集处理、转运站、中水系统、雨水收集池以及人防设施等。无论是采取与地面住宅建筑相结合的附建式，还是单建式，都可充分高效利用土地，大大节约地面建筑空间的占地面积，既完善了配套服务设施，又保证了地面有适当的开敞空间，避免了地面建筑空间的拥挤，改善了地面建筑空间环境。尤其是在寒冷和炎热地区，将部分公共服务建筑空间设在地下，还可充分发挥地下建筑保温隔热、冬暖夏凉的优势，具有很大的节能效益。[2]

11.1.2 改善居住区生态环境

园林绿化是改善居住区生态环境质量必不可少的主要内容。在居住区用地紧张的情况下，将地下空间与绿地复合开发，则可在完善配套服务设施的同时，不但不缩减绿化面积，还会增加绿化用地，即把相当一部分基础设施(如自行车、小汽车停车库等)附建在住宅建筑地下，节约一部分土地用于绿化种植，而单独修建的地下建筑或半地下建筑，可设在小区中心绿地地下，表面覆土后用于绿化，相应增加了绿化面积。绿化种植面积的增大对改善居住区生态环境质量必然起到积极的作用。此外，利用地下空间设置中水系统和雨水收集池，还可为居住区绿化灌溉和园林造景(如喷泉、水池)提供用水，为绿化种植提供有利条件。[3]

11.1.3 丰富居住区的建筑环境艺术

在改善居住区物质环境的同时，还必须注重居住区的视觉环境艺术的塑造。居住区的视觉环境艺术质量，取决于住宅建筑的总体布局空间形式、建筑形体造型、装修色彩以及园林绿化环境艺术等因素。地下空间开发利用，使居住区有了适当的外部开敞空间和更多的园林绿化用地，为居住区空间环境艺术的塑造提供了有利条件。另外，结合地下或半地下覆土建筑，可创造独特的建筑环境艺术形式。例如，将半地下建筑凸出地面的侧墙部分，堆土成斜坡状；屋顶部分覆土，用以培植草皮或灌木花丛，设置花架种植藤蔓茂密的攀缘类植物；在地下结构空间周边、交界以及与桩、墙对应部分，种植树冠较大的四季常青植物，并与季节性花卉相结合，构成生机盎然的自然景观。在掩土绿化的同时，借鉴我国传统园林艺术手法，结合半地下建筑高低错落的结构，点缀假山奇石、亭台花架、石桌凳以及台阶小径，并利用循环水系统形成喷泉水幕、水潭小溪，从而创造出仿自然山水的园林景观，既具观赏价值，又为居民提供自然优美的游憩交往场所。[4]

11.1.4 减少居住区环境污染

导致居住区环境污染的因素是多方面的，如摩托车、小汽车的尾气导致的空气污染，以及发动机引起的噪声污染，地面停车杂乱无章可导致视觉污染。地面上设置的配电房、水泵房、煤气调压站、垃圾收集点和转换站以及各种管线设施等处理不好，都可能造成环境污染，而如果将其转入地下，并覆土绿化，则可大大减少环境污染因素，改善居住区环境。此外，利用地下空间设置的污水处理系统或雨水收集池，还可为居住区洒水消尘和车辆冲洗提供廉价水源，既节约用水，又净化环境。

11.1.5 改善居住区交通环境

居住区的交通状况是影响居住区整体环境的一个重要方面。目前，居住区较普遍存在自行车和摩托车缺乏合适的停车空间，车行道与步行道混合，地面车库或车棚影响视觉环境，造成空间拥挤等不良状况。特别是近年来，随着经济发展和生活水平的提高，我国城市交通设施用地量将比以前的规划指标有大幅度增加，按建设部颁布的《2000年小康型城市住宅科技产业工程城市示范小区规划设计导则》规定：小区内小汽车停车位应按照不低于总住户数20%设置，并留有较大发展可能性。经济发达及东南沿海地区应按照总住户数的30%以上的要求设置。目前，我国的广州、上海、深圳等城市，居住区停车位要求达到1.5～2.0停车泊位/每户，甚至更高。因此，私人小汽车数量增长与停车场地不足的矛盾已日益突出，最有效的解决途径就是开发利用地下空间，修建地下或半地下车库。目前，已有一些新建小区尝试在组团内住宅建筑和绿地地下修建成片式地下车库，地面绿化并铺装人行道，小汽车则从车行道，通过地下车库出入口进出地下车库，地下车库通往上部住宅的垂直交通（电梯、楼梯），方便了车主进车或出车，实现了组团内人、车分流，提高了效率和安全感，大大改善了环境。从长远发展看，许多大中城市都正在规划建设地铁，地铁建设推动沿线地下空间开发，附近的大型居住区还可从地下将城市公共交通直接引入居住区，大大方便居民的出行，使居住区开发有很强的交通优势，相应地将会提高居住区的开发升值潜力。[5]

11.1.6 增强居住区防灾抗灾能力

增强城市防灾减灾和抗灾能力，也是城市建筑环境可持续发展不容忽视的重要内容。地下空间具有很强的隐蔽性、隔离性和防护性。地下建筑对风灾、地面火灾、地震灾害，尤其是战争空袭灾害，具有地上一般建筑无可比拟的防护优越性。值得指出的是，我国的人防工程建设是城市地下空间开发的重要内容。按国家有关规定，人防重点城市居住区开发建设中必须修建一定数量的防空地下室。人防工程平战结合，人防工程与普通地下空间开发相结合，以及人防工程与城市规划建设相结合，是新时期我国城市人防建设的基本方针。因此，地下空间开发尤其是地下人防工程建设在城市综合防灾体系中占有极重要的地位。[6]

11.2 居住区地下空间主要功能

居住区地下空间主要功能有下面七点。

1）停车功能

随着居民生活水平的提高，人们对居住区的环境要求越来越高，要提高居住区的环境，必须解决居住区的车辆停放。因此居住要解决的首要问题就是停车，主要包括家用小汽车和自行车，解决居住区停车问题的最有效方法就是采用地下停车。

（1）自行车停车

在住宅下建设集中半地下停车，每个组团内在适当位置安排集中地下自行车停车库，可方便居民停放，便于管理，避免停车占用地面空间和摆放杂乱的情况，同时对节约的地面空间进行绿化配景，创造良好的

11 城市居住区地下空间规划

生活居住环境。[7]图 11.1 是南京市某居住区地下自行车停车库。

图11.1　南京市某居住区地下自行车停车库

（2）汽车停车

城市居住区，特别是城市中心区居住区，由于土地十分紧张，建筑密度极高，如图 11.2 为南京中心区以高层建筑为主的居住建筑现状。随着小汽车的家庭化，居住区内越来越多的小汽车需要停放，由于居住区用地十分有限，如将汽车停放在地面，将会侵占大量的用地，同时由于停车的秩序得不到保证，使居住区内杂乱无章（图 11.3）。[8]因此，许多城市在居住区建设时考虑地面停车和地下停车相结合的方式，地面停车场以分散为主，并严格控制规模，极大部分结合地面建筑修建地下停车库。当前许多大城市居住区的停车需求量越来越大，而人们对居住的环境的要求也越来越高，因此出现了地下多层停车库和多层停车设施，有的城市在居住区建设时出现了地上地下整体开发的形式，彻底改变了原来停车库只建在住宅下和小区内公共绿地下的情况，既满足日益增长的居民私家车停车需要，同时大大改善了居住的人居环境。[9]

图11.2　南京市中心区居住区现状　　图11.3　高层居住区地面停车现状

2）休憩娱乐功能

中心绿地为居住区的视觉中心和焦点，同时也是居住区最主要的公共活动空间，结合地面功能可进行地下空间资源的开发利用，如健身房、棋牌室、卡拉 OK 活动室等放入地下，可节约大量地面空间资源，大面积地增加了绿化面积，美化了环境，使居住区文化娱乐设施配备更齐全、更完善。

3）购物、服务功能

居住区的诊所、邮局、银行等，还有服务商业，如理发店、美容店、礼品店、花店以及超市共同组成的购物中心建造在地下空间，增加服务面积，便于服务小区居民的日常生活。

4）公用设施

居住区有的市政设施可设在地下，如配电房、水泵房、垃圾收集点。配电房和水泵房等可置于地块一端地下，地上种植绿化，增加绿地面积，改善居住区环境。垃圾收集点均匀分布于居住区内，以方便住户。

5）市政管道地下集中排布

居住区内市政管道地下空间集中排布，有利于维护及管理。

6）通道及商业功能

对于和附近地铁能连通的小区，设置地下连通通道和附属的地下商业设施，提高小区出行效率，增加居住区开发价值。

7）平战结合地下民防设施

我国新建居住区需按比例建造一定面积的人防地下室。近年来，随着人防工程建设平战结合方针的贯彻落实，人防地下室建设基本上均与居住区平时需要的配套设计结合建设，如平时作为停车库，战时用作人员掩蔽和物资储备；平时用作休闲娱乐、商业设施，战时也作人员掩蔽和物资储备。

另外，人防地下室的建设，平时为居住的居民提供了防灾空间，一旦出现如地震、大风、有毒气体外泄等灾害，人防地下室是最佳的避难场所。[10]

11.3 居住区地下空间规划基本原则和要点

11.3.1 基本原则

居住区地下空间规划设计是为居民营造"居住环境"。因此，必须坚持"以人为本"的原则，注重和树立人与自然的和谐。由于社会需求的多元化和人们经济收入的差异，以及文化程度、职业等的不同，对住房与环境的选择也有所不同，特别是随着住房制度的改革，人们可以更自由地选择自己的居住环境，对住房与环境的要求将更高。

居住区地下空间规划应从以人为核心的观念转变为以环境为核心的理念。居住区地下空间规划务必营造人与自然环境和谐共存，生态健康、富有特色、富有自然美的城市居住区。[11]

11.3.2 规划设计要点

城市居住区地下空间规划设计，应充分体现居住环境的整体性、功能性、经济性、生态性、超前性与灵活性。

1) 整体性

整体性是居住区地下空间规划设计的灵魂，因为居住区作为大量建造的一般性民用建筑，在地下空间规划设计时，必然会遇到地上与地下的协调问题，所以，地下空间对居住区的环境特色和个性起到决定性作用。居住区地上地下的整体设计必须运用现代城市设计的思想与方法，对地上地下整体环境的空间轮廓、群体组合、道路骨架、绿化种植等一系列设计要素进行整体构思。

居住区的功能性很强，而且它的功能多样，几乎涵盖了人们生活的各个领域，可以说每个居住区都是一个小社会。同时，随着社会的进步，人们生活水平的提高，还要考虑发展的需要，动态的要求。因此，在居住区地下空间规划时，应充分考虑地下空间的特点和优势，地上地下综合考虑，将对居住区地面环境有影响的设施放入地下，使地面有更多的景观。

2) 经济性

任何一件商品都要考虑其经济性，作为最昂贵的商品之一的住宅更应如此。因此，节地、节能、节材、节省维护费用等是居住区地下空间规划设计要考虑的重要方面。然而，经济性包含的内容不仅仅是造价，同时还包括了居住区的环境、功能等，因此，在考虑居住区地下空间效益时，要从社会、环境、功能、经济等各方面加以考虑。特别是随着人们生活水平的提高，经济性的概念已不是房屋的造价一个方面，居住区的环境效益也越来越被人们认识到，许多城市居民买房先看环境。

3）生态性

城市生态环境的保护越来越为人们所关注，已成为全球性的热点。作为城市主体的居住区的生态质量对城市的生态环境的改善起到重要作用，水绿交融的环境，可以通过地下空间的开发得到更好体现。

4）超前性与灵活性

地下建筑物的寿命少则几十年，多则上百年，因此，地下空间规划设计必须要有超前的意识。但是人们认识世界的能力毕竟是有限的，而应面对现实，要兼顾当前的实际情况，因此超前性要与灵活性相结合，也就是要求规划设计要有弹性，要留有余地。[12]

11.4　居住区地下空间开发模式

居住区地下空间开发模式与人们的生活水平，以及人们对居住区环境的要求有着密切的联系。根据开发水平的不同大致可分为附建式、单建式和系统式三类。

1）附建式地下空间

附建式开发是居住区地下空间开发利用的最初级阶段。在居住区房屋建设时，由于房屋基础要求，如要设箱型基础，人们将箱型基础改造成地下室加于利用。有时为了人防建设的需要，需配建防空地下室，人们就将防空地下室作为住宅的基础，从而节约造价。附建式地下空间如图11.4所示。

2）单建式地下空间

在附建式地下空间达不到居住区服务设施配建要求时，人们往往想到利用居住区的广场、绿地和道路修建地下空间，以满足居住区功能的要求。有时也是为了改善居住区环境的要求，通过开发地下空间，使地面更开敞，环境更优美。单建式地下空间如图11.5所示。

11 城市居住区地下空间规划

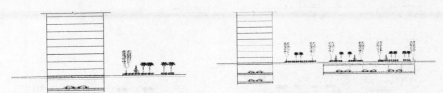

　　附建式住宅下停车库　　　　　住宅区广场下单建式停车库

　　　图11.4　附建式地下空间　　　　图11.5　单建式地下空间

　　点状地下空间的开发利用是小区内部空间结构协调的基础元素，一般通过与地面功能的规划统一达到协调发展的目的。各点状地下空间各自独立，但与其上部建筑有机联系，构成地下空间的基本形态，如独立的地下停车库等。

　　但是，点状地下空间除了地下空间利用率较低外，由于各地下空间相对独立，因而需要许多各自独立的出入口，出入口不仅侵占了居住区地面道路和绿地，同时也给交通组织带来不便。居住区内机动车的进入使居住区内环境恶化，同时给居住带来不安全因素，[13]如图11.6所示。

图11.6　居住区林林总总的地下停车库出入口

3）系统式地下空间

　　地下空间开发进入整体、有序、系统开发阶段，便要使地下空间在功能、形态、模式上有系统的理论指导和规划原则。连通式地下空间的开发利用是这一思想贯彻的起点。根据城市总体规划中该居住区所在的位置及其周边环境特点，可结合附近地铁车站进行连通，使小区内居民能通过地下通道直接来往于地铁车站与小区之间，同时可在通道内设地下商业设施，如购物、娱乐等，或规划车辆进出小区地下空间通道，实现人车分流，极大地改善地面的交通状况。地下空间的连通，使居民能不出地面便可实现居住区内各功能区的通达。系统式地下空间如图11.7所示。[14]

城市地下空间总体规划

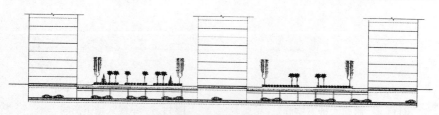

住宅区大型地下停车库

图11.7 系统式地下空间

当前，国内许多城市在中心地区居住区开发时，为了提高居住区环境，增强居住区的功能，在用地十分紧张的情况下，将整个居住区地下空间进行综合开发，将机动车道、停车（自行车、小汽车）和其他配套设施全部置于地下，使居住区地下空间形成系统，提高了地下空间使用效率，充分利用居住区内地下空间为居民服务，将居住区地面空间留作绿化、休闲，营造居住区良好的生态环境，使居住区真正从原来以人为中心转变为以环境为中心的理念上来。图11.8为南京市朗诗熙园居住区系统式地下空间总平面，图11.9为该居住区系统式地下空间开发后良好的地面生态环境。

居住区地下空间开发利用形式，因根据居住区的具体情况，结合小区地形特点、周边环境以及使用功能等，可分别采用全地下式、半地下式、靠坡式、下沉式、叠加式等。[15]

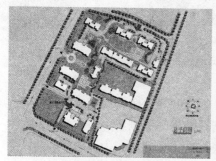 

图11.8 南京市朗诗熙园居住区系统式地下空间总平面

图11.9 南京市朗诗熙园居住区良好的地面生态环境

本章注释

[1]祁红卫，陈立道. 城市居住区地下空间开发利用探讨[J]. 地下空间，2000(2)

[2] 钱七虎. 城市可持续发展与地下空间开发利用［J］. 地下空间，1998(2)

[3] 童林旭. 城市的集约化发展与地下空间的开发利用[J]. 地下空间，1998(2)

[4]王文卿. 城市问题与城市地下空间的开发利用[J]. 地下空间，1998(2)

[5]郭东军，陈志龙等. 城市人防工程规划中的线性规划模型研究[J]. 解放军理工大学学报(自然科学版)，2001(5)

[6]石晓冬. 潜在而丰富的城市空间资源——北京城市地下空间的开发利用[J]. 北京规划建设，2003(2)

[7]陈伟，胡江淳. 住宅小区地下停车库的设计［J］. 地下空间，1999(3)

[8]赵景伟，周同，吕京庆. 城市地下空间开发研究[A]//2005年度山东建筑学会优秀论文集[C]. 2005

[9]南京市城市规划设计研究院. 南京市地下交通控制性详细规划. 2003

[10]李春，束昱. 城市地下空间竖向规划的理论与方法研究[A]//中国土木工程学会第十二届年会暨隧道及地下工程分会第十四届年会论文集[C]. 2006

[11]姜玉松. 城市地下空间开发与利用的几个问题［A]// 全国城市地下空间学术交流会论文集[C]. 2004

[12]宗仁. 中国土地利用规划体系结构研究：[博士学位论文]. 南京：南京农业大学，2004

[13]童林旭. 为21世纪的城市发展准备足够的地下空间资源[J]. 地下空间，2000(1)

[14]周健，蔡宏英. 我国城市地下空间可持续发展初探［J］. 地下空间，1996(3)

[15]南京市城市规划设计研究院. 南京市城市总体规划调整. 2001

12 历史文化保护下的地下空间开发

当前在全球经济一体化的趋势下，各国民族文化和传统文化受到强烈冲击，尤其是经济处于弱势的民族，它们的传统文化正面临被强大外来文明湮灭的危险。传统文化不仅关乎一个民族的文化延续以及心理认同，而且只有不同民族的不同文化才能共同构成世界文化的多样性。珍贵文物和艺术品是一个民族传统文化、特色文化的集中表现。在意外事件频发的当今社会，保护珍贵文物和艺术品免受战火及各种灾害损害是全社会的责任。因此，加强历史文物的保护比任何时候都显得更为重要。[1]

本章通过对历史文物保护与地下空间资源开发利用实践的研究，从历史文物保护与地下空间开发利用模式及开发保护的指导思想、原则和措施，提出历史文物保护与地下空间开发影响或制约的主要因素，并对历史文物保护与地下空间资源利用及功能需求类型进行了系统的论述。同时从规划的角度，系统地分析不同类型历史文化的保护与地下空间开发的方法与措施。[2]

12.1 当前我国快速城市化过程中的历史文化保护现状

12.1.1 城市化发展中历史文化保护面临的问题与挑战

（1）历史街区逐渐消失。因城市建设需要，按照传统生活方式建设的各类名胜古迹、历史建筑早已不适应城市现代化生活和展示的需要，承载着城市记忆的历史文化遗存的保护与传承受到较大的冲击，城市内的历史街区已逐渐衰败，仅存的片区也已支离破碎，危在旦夕。[3]

（2）文物古迹、历史遗存的保护力度不够。受保护的文物古迹年久失修，未列入文物保护的历史遗存，不够重视，甚至被拆除。反映城市历史文化的地段其用地被占为他用，一些保护地段由于没有重视其周围的空间环境控制和忽视地下空间资源的开发利用，给历史文化遗产、城市景观的保护与重建造成难以弥补的损失。

(3)空间发展矛盾突出。城市建设呈现高容量、高密度、高价值的特征。一方面不断增长的城市需求和有限的可供用地束缚着城市的建设和发展,另一方面,城市建设仍以地面、地上二维空间蔓延式扩张发展为主流,从而给城市的建设带来两难的困境。[4]

(4)城市内广泛分布着不同等级、不同类型的文物保护单位、文化遗存、历史建筑等,这使得城市的建设因历史文化的保护受到较多制约,这在近年来不断出现,因城市开发建设而毁坏地下埋藏物、破坏历史文化遗存的事件得到印证。

(5)一方面城市需求发展和更新,另一方面,城市文化遗存也应得到保护。而城市地下空间资源的开发利用是缓解城市资源供给矛盾,拓展城市空间容量,保护城市记忆,延续城市文脉,提升城市人居环境品质的重要途径,城市地上地下文化遗产、文化遗存众多,其周边地下空间资源的开发和利用,对城市建设和发展起着标志性的作用。[5]

12.1.2 历史文化保护与地下空间资源的关系

1)我国历史文化保护的类型与级别

根据《中华人民共和国文物保护法实施细则》的规定,文物习惯分为地上、地下两种形式。地上的有古建筑、石窟寺和古墓葬的地面部分、古遗址的地面遗存和大型摩崖石刻等等;地下的是古墓葬、古遗址等埋藏于地下的部分。概括而言,地上、地下大多属于建筑的遗存。若按其存在和保管的情况,则可归为两大类,其一是不可移动的文物,其二是移动的文物。根据历史文化遗存的历史价值、文化价值、艺术价值,我国的历史文化保护大致可分为国家级、省级、市级、县(区级)等若干等级,并依据国家文物保护的相关法律、法规、政策给予相应的保护措施。

2)文物古迹保护范围的划分

《中华人民共和国文物保护法》规定,文物保护单位的保护范围内不得进行其他工程建设,并且"根据保护文物的实际需要,经省、自治区、直辖市人民政府的批准,可以在文物保护单位的周围划出一定的建设控制地带",在这个地带内修建新建筑和构筑物,"不得破坏文物保护单位的历史风貌"。

对现有的文物古迹据其本身价值和环境的特点,一般设置绝对保护区及建设控制区两个等级,对有重要价值或对环境要求十分严格的文物

城市地下空间总体规划

古迹可加划分环境协调区为第三个等级。

（1）绝对保护区：所有的建筑本身与环境均要按《中华人民共和国文物保护法》的要求进行保护，不允许随意改变原有状况、面貌及环境。如需进行必要的修缮，应做到"修旧如旧"并严格按审核手续进行。绝对保护区内现有影响文物原有风貌的建筑物、构筑物必须坚决拆除，且保证满足消防要求。

（2）建设控制区：指为了保护文物的完整和安全所必须控制的周围地段，即在文物保护单位的范围以外划一道保护范围，一般视现状建筑、街区布局等具体情况而定。用以控制文物古迹周围的环境，使这里的建设活动不对文物古迹造成干扰，一般是控制建筑的高度、体量、形式、色调等。

（3）环境协调区：对有重要价值、对环境要求十分严格的文物古迹，在其建设控制区的外围可再划一道界线，并对这里的环境提出进一步的保护控制要求，以求得保护对象与现代建筑空间的合理空间与景观过渡。

此外，国家城乡建设部门，在城乡规划体系中，在不同层次的城乡规划和专项规划中，以紫线控制的形式对城乡历史文化保护和文物保护做出明确的规定，并制定了相应的国家及各级的城市紫线管理办法、城市紫线规划。

3）历史文化保护与地下空间开发利用的意义

我国城市中的历史文化遗存在城市空间的分布上大多呈现"一集中一分散"的分布格局。以无锡市老城区为例，无锡老城及周边地区集中了众多历史文化遗产，除市级保护单位外，无锡全国和省级文物保护单位大部分均集中在这个地区，是地下空间开发利用影响较为集中的区域，也是地下空间开发利用规划的重点；同时，无锡市区范围内，还有众多的省、市级文物保护单位散布在无锡中心城区纵深区域的"二环十二片"生态保护用地中，这些生态保护用地大多是控制地下空间开发的区域，地下空间的开发利用对这些文物保护和控制单位的影响相对较小。针对无锡城市的发展特点，合理科学地处理好城市发展与历史文化保护之间的关系，建造生态型宜居城市，确保无锡实现城市既定的发展目标。[6]如图12.1、图12.2所示。

在城市历史文物保护与发展问题上，地下空间依据自身的特点，体现出更特殊的优势，有些甚至是地面空间所无法替代的。地下空间开发

12 历史文化保护下的地下空间开发

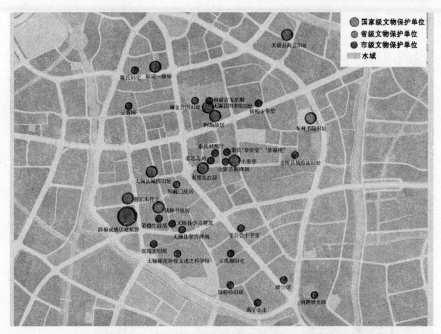

图12.1　无锡老城区历史文化保护单位分布图

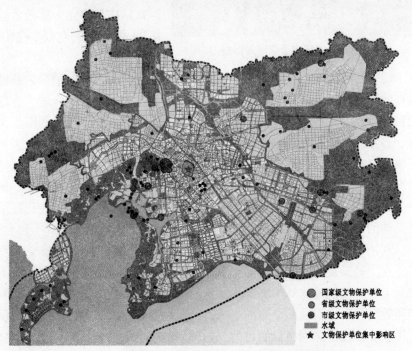

图12.2　无锡市区历史文化遗存分布图

利用对历史文物的保护作用主要体现在下面三点。

（1）拓展城市空间容量。我国城市中的历史文化遗存大多集中在城市的中心地区，在多数历史文化保护区的改造中，最突出的矛盾是原有空间容量不足，而在地面上扩大空间容量，又因保护传统风貌而使建筑高度和容积率受到限制。例如传统民居的改造，如果拆除原有的平房而代之以现代的多层楼房，传统风貌是难以保存的，但是若以适当开发地下空间以弥补地面空间之不足，则不失为一个解决的办法。同时，地下空间的用途很广，可以对现有城市功能和各类地面文物建筑使用功能起到补充和调配作用，使总体功能更趋综合完善，这些功能包括交通、商业、市政、防空、防灾、仓储等。以著名的卢浮宫为例，有限的城市空间中，适度开发地下空间资源，将主要人流通过金字塔引入到地下，从而将卢浮宫前广场净化为旅游者驻留的主要开放空间，如图12.3所示。

图12.3　卢浮宫金字塔入口处

（2）更新城市基础设施，改善城市环境。在历史文物保护区，基础设施的落后往往表现在交通拥挤、停车位缺乏、路网结构不合理、道路通行能力差、市政设施容量不足、管线陈旧失修。在北京市有些旧居民区，多年来一直没有自来水和下水道，电缆、电线露天架设，更无天然气供应。在北京前门地区，明清时期的砖砌雨水道至今还在使用。这些情况都应在保护区的改造与发展中得到改善，而基础设施的综合化、地下化，为在不影响地面上传统风貌的前提下实现基础设施的现代化提供了足够的空间。

利用地铁线网、地下停车场和地下交通换乘枢纽形成地下交通系统，在交通最集中地区实现人车分流。以地下输送的高效率来支撑地下和地上各功能设施运转的高效率。通过地下停车系统来提高地下车库的使用效率，形成对地面交通的支持，减弱地面道路的压力，从而达到保护历史文物街区路网格局的目的，如著名的历史文化名城那不勒斯在城市建设、改善城市交通而兴建地铁时，充分考虑地下文化遗存对地下空

12 历史文化保护下的地下空间开发

间开发的影响，通过地下空间开发利用将部分地面城市功能转移至地下，在地面上增加休息场所，降低地面建筑强度，改善历史文物保护区整体环境质量，扩大空间容量，达到保护历史文化风貌的目的。那不勒斯地铁建设见图12.4所示。

图12.4 那不勒斯地铁建设

（3）确保文物的安全，增强不可移动文物遗址完整性及展示性。在一些历史文物保护区，保存有大量的珍贵文物，但是在保存环境和防火、防盗等方面条件很落后，甚至状态很危险。因此在改造过程中，利用地下空间的防护性、抗震性、环境稳定性、与外界隔离性、抗御自然和人为灾害的优良性能，把文物贮藏和防灾条件提高到现代化水平，对文物的长期安全保存和展出是十分必要和有利的。

从保护历史文物和历史地段风貌角度，应重视不可移动文物遗址的地下空间利用，在文物古迹地段、历史地段通过前期调查、可行性论证，利用良好的地质、自然条件，将新建博物馆中更多的功能放到地下空间，腾出地面空间，从而满足保存地面原有历史环境的需要。从节约能源角度，地下空间由于岩土具有良好的隔热性，可防止地面温度变化等不利因素，将建筑物全部放在地下岩土中，比地面建筑要明显少消耗能量，地下建筑相对于地上建筑的节能率为：服务性建筑为60%，仓库为70%，半地下覆土建筑节能69%，利用地下空间建博物馆的环境成本较低。在技术手段应用方面，博物馆对室内环境的要求较高，在良好的地下环境中，离不开先进的技术手段和精良的设备支持。[7]然而，由于地下热稳定性、抗震性、隔离性等特点，使得许多先进技术在保护文物方面得到比地面保护更佳的效果，雅典在蒙纳斯提拉奇地铁站建设时，尽可能将古代历史文化遗存与地铁建设进行整合，将文化遗址作为地铁站点的重要景观，使旅游者既能享受快捷的城市公共交通，又能领略古希腊历史文化，成为历史文化保护与地下空间开发的典范，如图12.5所示。

图12.5　雅典蒙纳斯提拉奇地铁站古希腊遗址一景

12.2　历史文化保护与地下空间开发模式

12.2.1　文化保护与地下空间开发模式

随着城市化与现代化的发展，城市始终重复着不断地更新与改造的过程。综合考察国内外历史文化名城与文化遗产保护的更新和改造的经验，如能将文化保护与城市发展、地上空间与地下空间统筹考虑，充分利用城市空间资源，城市历史文化保护与城市发展建设并不矛盾，而且通过地下空间资源的开发与利用，能有效弥补或缓解城市地段或区域城市功能的不足，改善城市交通环境，提升区域人居生活品质。

12 历史文化保护下的地下空间开发

通过分布与类型分析,结合上位规划、城市发展趋势,以及国内外历史文化保护与地下空间开发的成功案例与模式,针对城市历史文化遗存分布特点与类型,提出下面几类开发与保护模式,以资借鉴。

1) 标志性开放空间的保护与开发——西安钟鼓楼广场地下步行系统

城市标志性开放空间包括城市广场、城市公园等,其规划设计应立足城市,反映时代,融入城市文化内涵,彰显城市文脉,突出交通功能,地上地下统筹考虑,城市子城地块即属此类型。

西安钟鼓楼广场就是近年来较为成功的案例之一。该设计通过视觉效果突出了"钟楼"和"鼓楼"的标志形象,采用绿化广场、下沉式广场、下沉式商业街、传统商业建筑、地下商城等多元化空间设计,创造层次丰富又富有历史内涵的空间,增加了钟鼓楼广场作为"城市客厅"的吸引力和包容性。同时,为了解决交通组织上的人、车分流问题,以钟鼓楼广场为中心,南连南大街、书院门、碑林,北至壮院门、化觉寺和清真寺,组成一个步行系统,使钟鼓楼广场成为西安古都文化带的重要枢纽。并且,钟鼓楼广场在设计元素上采用有隐喻中国传统文化的多项细节设计,使在广场上交往的人们可以思接古今,神驰八极,充分感受中国传统文化的底蕴。西安钟鼓楼广场地下步行系统及交通商业设施如图12.6所示。[8]

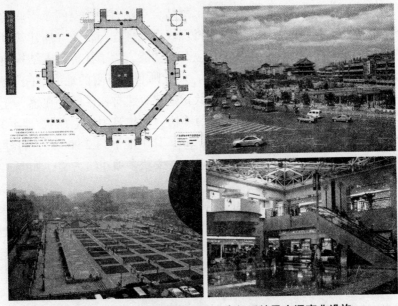

图12.6 西安钟鼓楼广场地下步行系统及交通商业设施

由上可知：① 标志性开放空间是城市重要的景观及功能空间，也是地下空间开发的重要方面和资源。② 在此类地下空间开发规划时应以服务于大众的公共设施为主体，以改善动静态交通为先导。③ 此类开发应以综合地下空间效益与效率的复合功能为特征，社会投资，市场运作。

2）历史保护建筑类的保护与开发——日本京都东本愿寺地下参拜接待所

建筑是人类赖以生存、标志人类文明进程与发展的重要的物质条件，是我国历史文化遗存中占有重要地位的文化遗产。城市内的古建筑可分为宗教建筑、私家园林、名人史迹、住宅民居等。历史建筑的保护与开发应在充分尊重历史环境、保护历史文化遗存的前提下，采取保护与开发相结合的原则，充分利用有限的可塑空间，如地下空间等提升保护对象的各类功能，同时，也能有效控制风景协调区域的建筑密度、建筑风格、建筑高度和体量等的影响。

东本愿寺，是京都最大的木结构寺院，是日本最大佛教教团之一，净土宗大谷派总寺院，1994年12月被列为世界文化遗产，位于寺院中心的御影堂是世界最大的木结构建筑物。

该寺位于京都城市内，用地狭小，而寺院空间有限，无法接待更多的游客与信众。1998年由高松伸设计完成的"参拜接待所"，大大扩充了东本愿寺的接待与传授场所，该工程结合寺院有限的空间及寺庙的需要特点，充分利用地下空间资源，将现代设计理念与传统寺庙建筑风格融于一体，新颖、别致而又不失其应有的功能。为了让传统木结构建筑和新式现代建筑共存在同一个空间，设计师利用有限的地面空间资源，将主体功能建筑沉入地下，从而降低新式建筑建材构件的存在感，让到访的人们完全感觉不到新建筑突兀与不协。该建筑为地上1层、地下3层连体式建筑，总建筑用地面积3 487 m²，其中地下约2 900 m²，自建成后迅速成为日本现代建筑的一大景观，并荣获多项建筑大奖，如图12.7所示。[9]

由上可知：① 应明确历史保护建筑的禁建与可建的界限与深度，地下空间开发必须与地面建筑风貌相融合。② 此类地下空间开发以服务于保护对象为目的，以满足保护对象的基本需求与功能要素为主旨。③ 规划设计时应尽可能地将各类设施地下化，地面设施体量、规模不宜超过保护建筑。

3）地下埋藏物(区)的保护与开发——墨西哥城皮诺苏亚雷斯地铁站

12　历史文化保护下的地下空间开发

图12.7　京都东本愿寺参拜接待所地上与地下设施实景图
资料来源：日文网站
http://ja.wikipedia.org/wiki/%E5%A4%A7%E8%B0%B7%E5%AE%B6
http://hukumusume.com/366/world/isan/itiran_j/023.htm

　　地下埋藏物(区)既包括人类对自然环境利用和加工而遗留的一些场所，如洞穴、沟渠、仓窖等，也包括不同用途所营造的各类建筑群体残迹，如宫殿、官署、寺庙、作坊等，根据相关法律法规和城市规划，大多城市都以法律文件的形式，明确规定地下文物埋藏区，在没有准确掌握地下文物古迹现状的情况下，除国防战备、城市重大建设项目、重要基础设施建设外，不提倡大规模的地下空间开发。

　　皮诺苏亚雷斯站位于墨西哥城南部中心的库奥特莫克，建于1967年，是墨城轨道1号线与2号线的换乘站，该地铁站每天15万～20万人次，在墨西哥城175个轨道站点中，是人流最密集、交通最繁忙的一座。

　　该站建设在墨西哥城历史中心的重要考古区内，地铁站建设初期的1968年，便发现了一座阿兹特克人建造的祭艾维卡托的祭坛，经过文化保护部门的干预，地铁建设方及时修改了地铁站的设计方案，将祭坛作为重要的文化景观进行设计，形成以祭坛为中心的下沉式天井，将地铁站的步行通道沿下沉天井进行布置，人行通道延伸到周边地块，逐步形成兼具文化展示、商业娱乐为主的地下步行系统，如图12.8。[10]

城市地下空间总体规划

图12.8 墨西哥城皮诺苏亚雷斯地铁站阿兹特克祭台及地下商业设施

由上可知：① 如必须在地下埋藏区开发地下空间，开发前应勘探埋藏的范围及深度并编制影响评价书。② 规划预留空间，建设提倡文保部门的同步监督与干预，协调发掘保护与工程建设之间矛盾。③ 在有条件的情况下，地下埋藏物宜实行就地保护与展示，形成地下景观节点，引发更多关注。

12.2.2 文化保护与地下空间开发规划策略与内容

根据对城市文化保护现状分布、保护类型以及文化保护与地下空间开发模式分析与梳理，结合城市地面建设动态，提出城市文化保护与地下空间开发的规划策略与规划内容：

1）根据相关法规及上位规划，确定文物保护单位的地下空间开发"三区"属性

依据国家保护单位、保护范围及建设控制地带的相关管理规定，城市总体规划、历史文化名城保护规划等，参考国内外历史文化保护与地下空间开发的经验，将历史文物保护单位(点)的保护等级、保护类型、保护范围等要素进行适建性分析，确定文物保护单位(点)地下空间开发平面范围与竖向深度的三类属性：

12 历史文化保护下的地下空间开发

(1) 地下空间开发禁建区

地下空间开发禁建区是指平面以文物保护单位建筑外轮廓垂直投影为基线,地下空间开发不影响文物或保护建筑安全的范围为界,竖向范围根据文物和保护建筑的等级、类型与建筑材质及建筑基础外延一定空间范围来确定,如图12.9所示。

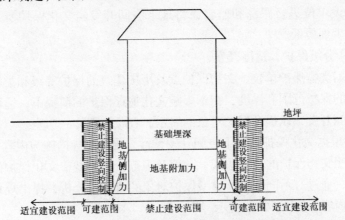

图12.9 地下空间开发禁建区平面及竖向范围控制图

(2) 地下空间开发可建区

地下空间开发可建区是指在禁建区以外,紫线控制范围内的平面范围及竖向深度的地下空间资源,可根据保护对象的需要,进行地下空间的适度开发,开发功能应以服务或提升保护对象为目的。

(3) 地下空间开发宜建区

地下空间开发宜建区是指紫线控制范围外,包括地面建筑风貌控制带等区域,为改善和提升保护对象的功能与品质,根据保护对象需要,安排地下停车、地下人行过街道、地下市政设施等功能设施为主。

2) 根据文化保护类型,区分保护特性,明确"三限"控制

(1) 整体保护,控制开发

针对城市文物及文化遗存分布众多的特点,根据保护对象的类型、等级,把承载城市历史文脉、标志城市人文形象、对城市有着重要意义的文物或历史建筑等,按照上位规划要求,进行整体保护。如对老城数百年形成的城市格局与肌理,纵贯老城的水系,承载城市历史、象征城市形象的重要城市标志或历史建筑等,控制其地下空间的开发。[5]

(2) 重点保护,"三限"控制

对国家、省级文物保护单位,重要的地下埋藏区在城市建设时,

应确定为重点保护对象，原则上不对保护对象及周边一定范围下的地下空间资源进行开发。如必须进行开发建设，在建设项目立项时，应编制环境影响评价书、地下埋藏物勘探书等相关可行性分析和说明；在规划设计时，应根据相关法律法规、规范标准、上位规划，限制其地下空间开发的规模、功能和深度；在建设施工时，文物保护部门应协同建设单位进行跟踪和监督，将地下空间开发给文化保护所带来的影响减少到最低。[11]

（3）分级保护，适度开发

根据文物保护单位、文物保护点及历史建筑的保护等级和类型，划定不同的保护范围和深度，在不影响文化遗存保护的前提下，适度进行地下空间开发，以提升保护对象的展示、收藏和宣传的功能。

3）根据文化保护与地下空间开发特性，提出引导措施与内容

参照文物保护的相关法规、政策及规范，结合城市文化保护的分布及类型，通过对不同等级、类型保护对象的梳理与分析，提出规划引导措施与内容，如图12.10所示。

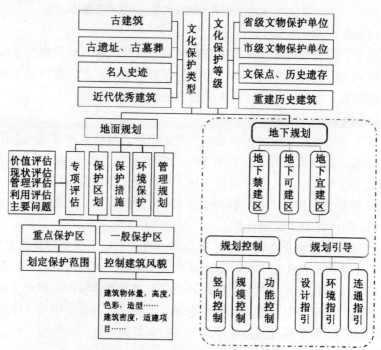

图12.10　历史文化保护与地下空间开发规划引导图

12.2.3 城市历史文化保护与地下空间开发规划引导

1) 地下空间开发"三建"控制

(1) 地下空间禁建区：保护区域为地下空间禁止开发区，保护区域内地下空间原则上不允许进行开发利用。地下空间禁止开发区面积约为 7.10 hm^2。

(2) 地下空间可建区

在历史文物的建设控制地带范围内，将范围内的更新、整治、改造等区域划分地下空间限制开发区。地下空间限制开发区域面积约为 45.0 hm^2。

(3) 地下空间宜建区

地下空间可适度开发区为建设控制地带内的重建、拆除等区域。地下空间可适度开发区在开发过程中遵循"规模适度，功能相似"的原则，主要是结合用地的更新改造、再建等建设文物自身发展需要的一些新增的功能空间，同时考虑地下交通的建设，从而能更好地维护旧城历史风貌，更好地保护文物。地下空间可适度开发区域面积约为30.0 hm^2。图12.11~图12.13是嘉兴老城区地下空间规划中历史文化保护规划控制图。[5]

图12.11 嘉兴老城区地下"三建"分析图

2) 城市历史文化保护的地下空间开发规划控制

地下空间规划中可按照文物保护的相关规定，根据地下空间开发特点，历史文化保护与地下空间开发深化规划控制的内容如下：

(1) 开发规模控制

根据文物保护单位及历史建筑的等级及保护类型，其"三建"范围也不尽相同，因此，地下空间开发的规模应根据具体开发建设项目进行确定，但原则上其开发规模不应超过规划建筑基地面积。

城市地下空间总体规划

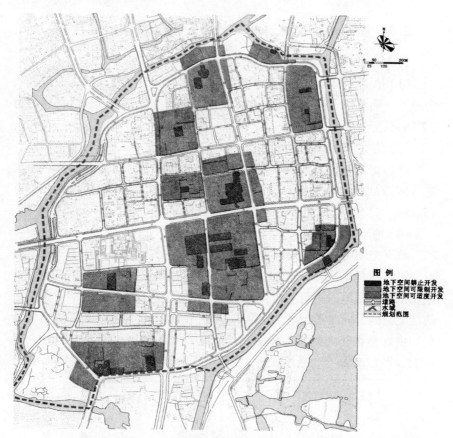

图12.12 嘉兴老城区地下"三建"控制图

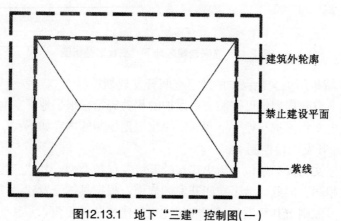

图12.13.1 地下"三建"控制图(一)

12　历史文化保护下的地下空间开发

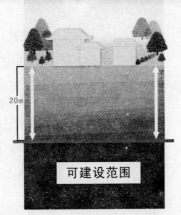

图12.13.2　地下"三建"控制图(二)

(2) 开发功能控制

文物保护单位及历史建筑的地下空间开发功能应优先考虑保护对象的市政基础设施、收藏展示、公共服务设施、停车等功能性需要。规划可建、宜建范围与开放空间用地相连时，可适当统筹其地下空间功能类型的开发。

(3) 开发深度控制

由于文物保护单位及历史建筑类型、建设时间、建造材质的不同，其对可利用地下空间资源的影响也有所不同，因此，地下空间开发深度与层数应根据文物保护单位和历史建筑的具体条件进行控制。考虑到我国大多数城市的地下文化堆积层都在-20 m左右，随着城市建设与发展的需要，规划远景时期轨道交通、综合管沟等大型地下空间建设项目穿越文物保护单位或历史建筑时，应以此为开发深度的上限进行控制。

(4) 标高与连通控制

开发标高与层高控制应与本规划其他设施一致；应预留与公共地下通道的对接口部。

3) 城市历史文化保护的地下空间开发规划指引

(1) 环境设计指引

地下空间内外部设施的建筑色彩、标识、灯光、建筑小品应与文物保护单位或历史建筑相互融合，通过适当的环境设计增强其景观和展示效果。如图12.14为雅典地铁——罗马浴室。

城市地下空间总体规划

图 12.14　雅典地铁——罗马浴室

（2）外部设施规划指引

随地下空间设施建设的出入口、通风井、管线设备等外部附属设施在规划设计时应尽量结合绿地等进行设置，建设风格应与文物保护单位或历史建筑保持协调。

（3）防灾规划指引

文物保护单位或历史建筑的地下空间开发地面多为开放空间下的单建式工程，宜适用平战结合人防工程或兼顾人防要求地下空间项目进行规划建设；地下空间开发项目还应符合防震设计规划、建筑设计与人防工程设计防火规范等相关规范标准。

本章注释

［1］郑欣淼. 故宫的价值与地位［N］. 光明日报，2008-04-24

［2］张平，陈志龙. 历史文化保护与地下空间开发利用［J］. 地下空间与工程学报，2006(3)

［3］邓慧秀，杨建，罗映光. 历史文化保护在我国城市规划建设中面临的危机与出路［J］. 科学与管理，2008(1)

［4］单霁翔. 城市化进程中的文化遗产保护［J］. 中州建设，2006(11)

［5］解放军理工大学地下空间研究中心. 嘉兴市老城区地下空间控制性详细规划. 2010

［6］解放军理工大学地下空间研究中心，无锡市城市规划设计研究院. 无锡市主城区地下空间开发利用规划. 2007

［7］李其荣. 城市规划与历史文化保护［M］. 南京：东南大学出版社，2003

［8］唐奕. 论文化广场设计［J］. 中外建筑，2000(2)

［9］高松伸建筑设计事务所. http://www.takamatsu.co.jp

［10］维基百科. http://en.wikipedia.org/wiki/Metro

［11］王景慧等. 历史文化名城保护理论与规划［M］. 上海：同济大学出版社，1999

第13章 城市地下空间综合防灾

13.1 综合防灾现状分析

13.1.1 国外现状综述

防灾减灾是一个社会化的问题,也是一个系统工程问题。一个时期以来,城市防灾减灾成为国际社会高度关切的一件大事。世界各国对城市防灾减灾都给予了极大的重视。以联合国发起的"国际减灾十年(1990～2000年)"为标志,全球160个国家分别成立了国家减灾委员会。近10年来,国际组织和各国减灾委员会设立了诸如"联合国全球灾害网络"、"欧洲尤里卡计划"、"日本灾害应急计划"、"全球分大区的台风监测计划"以及"美国飓风、洪水预报及减轻自然灾害研究"等数以百计的防灾减灾项目,取得了许多重要的成果,为21世纪防灾减灾的深入研究奠定了基础。本章将其分为规划体系外及规划体系内两部分进行分别总结。

1. 城市规划体系外的综合防灾现状

从体制上看,根据防灾学者金磊的分析,最近五十年来国外城市综合减灾应急管理体制的发展过程大致可归纳为三个阶段:[1]

第一阶段(大多在20世纪60年代以前):是以单项灾种部门的应急管理为主的体制,在观念上以救灾、应急救援为主导思想,并制定若干单项灾种法规。

第二阶段(从20世纪60年代到90年代):从单项灾种应急管理体制转向多灾种的"综合防灾减灾管理体制",其主要特点是:对主要自然灾害链(如地震与火山爆发、台风与水灾等)的应急对策综合起来进行立法,制订规划;把灾害或危机事件的"监测、预防、应急、恢复"全过程的减灾管理对策综合起来,协调实施;按减灾管理的行为主体(中央政府、地方政府、社区、民间团体、家庭)纵向综合起来,形成一体化管理;程度不同地强调灾害或危机的预防工作,并把灾害预防作为主要内容纳入防灾减灾规划，甚至与国民经济发展规划或国土开发规划综合起来。

第三阶段（从20世纪90年代联合国开展国际减灾十年活动以来，特别是"9·11"事件之后）：由于国际政治环境的变化，除重大自然灾害外，国际恐怖活动日益猖獗，因此各国把"综合防灾减灾管理体制"上升到"危机综合管理体制"，形成"防灾减灾—危机管理—国家安全保障"三位一体的系统。其中，"危机管理"既承担原来自然灾害和人为灾害等危机事件的综合应急管理，又承担危及国家安全的重大自然灾害事件或重大恐怖活动的综合应急管理。[2]

从具体技术方面来看，在自然灾害危险性评估方面，发达国家多从工程角度出发研究各类灾害危险性的评估方法，建立了相应的信息库。在防灾减灾工程技术方面，美国、日本、加拿大、英国、澳大利亚等国家走在前面，但这些研究大多只考虑单一灾种，没有同时考虑地震、洪水、火灾等灾害的综合危险性分析和损伤评估。

在地震方面，从工程角度出发，主要关心地震的作用，地震危险性分析，结构的抗震、耗能、隔震技术；从灾害角度出发，则涉及震灾要素、成灾机理、成灾条件、地震灾害的类型划分等课题；从灾害对策的角度，则主要研究减灾投入的效益，防震减震规划等。目前，国际工程地质学会向国际科学联合会和联合国"国际减灾十年"科技委员会建议以洛杉矶、拉巴斯、莫斯科、东京等城市综合防灾作为示范研究，然后把管理模式、控制环境恶化的模式、费用效益分析方法、预防措施和加固方法等成果再推广应用到第二批城市。

在洪水方面，对洪水成灾的研究，洪水发生时空分布规划，洪水的预测预报，防洪设防标准的研究，洪水造成经济损失的预测，洪水淹没过程的数值模拟，洪水发展的水力学模型，防洪应急的对策研究等均取得了不少成果。

城市防火研究也是城市防灾的重要课题。目前国内外的主要发展趋势是：在研究火灾探测和扑救设备的同时，重视对火灾发生、发展和防治机理和规律的研究，在火场观测和模拟研究两种方式中，更加重视火灾过程的模拟研究以及现代高新技术在火灾防治上的应用等。

20世纪80年代以来，美国（洛杉矶、纽约、旧金山、休斯敦）、日本（东京、大阪）、新加坡、瑞典、挪威等国家都先后建设或建成了城市救灾、防灾中心。这些防灾救灾中心都配置了大屏幕图像显示（包括城市基本面貌、灾情分布、应急救援效果等)、多媒体通信手段、大型数据库和地理信息系统(GIS)以及计算机决策支持系统等初步的数字化减灾系统。伴随着数字风洞、数字地震、数字振动台等概念的出现，数字减灾系统将综合利用数值模拟与仿真技术、多维虚拟现实技术、网络技术、遥感技术、全球定位系统和地理信息系统，大规模地再现灾象和灾势的成因与机理、灾害的传播与破坏过程以及社会对灾害的应急反应与效果。

2001年美国"9·11"事件以来，反恐和减少恐怖主义袭击对城市造成的危害，是国际上城市防灾减灾领域的又一重要研究方向，包括爆炸引起的次生灾害的研究，灾害的模拟研究，公共建筑防恐怖主义袭击的工程措施和手段等，在很多国家被列入政府及相关单位的重要工作任务中。

近年来，灾害事故的发展还表现出一些新的特点和趋势：城市重大自然、人为灾害和事故隐患加剧，一些新的致灾隐患不断出现（恐怖袭击、流行性疾病传播等）；原有的致灾隐患的内涵和外延可能不断扩展、激化，灾害连锁效应日趋严重；人为事故造成的灾害影响在不断攀升。无论是从灾害事故产生的根源、表现形式、危害对象及灾损程度的层面，还是从防灾减灾科学技术及灾后快速重建的角度，均可以看出灾害与人、社会、自然、技术、经济系统交织于一体，使得任何单一的、局限于某一领域的行政与技术手段都无法应对。因此，综合防灾减灾的理念越来越受到世界各国的广泛认同。

从总体上看，当前国际上的指导理念，已转向资源的全方位整合和加强灾害事故的预警和应急体系建设，更多地应用系统论的视角和可持续发展的观念，从体制设计、机制健全、法律保障、政策支持、能力提升、资源供给进行全过程、全方位管理，从而大大提高政府和全民抗危机能力。[3]

2. 城市规划体系内的综合防灾现状

防灾都市建设规划一般由城市规划管理部门制定，是地域防灾规划在城市空间建设方面的具体落实。如日本，规划由都市层级的对策和地区层级的对策两部分组成，具体内容包括防灾据点的整备、避难路的整备、都市防灾区划的整备、密集市区防灾街区的整备和以地区居民为主体及推动建构防灾街区等。

在美国大部分城市总体规划中，安全减灾要素是作为单独的章节出现的，但可能更有效地促进和推动减灾概念、策略和政策实现的方法是将它们彻底整合到现有的其他总体规划要素中。

城市总体规划中的"安全要素"对于编制和修订城市自然灾害减灾、准备和恢复规划这些由城市应急行动组织编制和保持的规划起着总体的长期导则作用。应急行动组织的这些规划被作为城市总体规划"安全要素"的执行工具。[4]

"区划法令(Zoning Ordinance)"和"土地细分规划(Subdivision Regulations)"也被作为减轻灾害暴露、风险和易损性的有效工具。

13.1.2 国内现状综述

我国建设部1997年公布的《城市建设综合防灾技术政策》纲要，把地震、火灾、洪水、气象灾害、地质破坏五大灾种列为导致我国城市灾害的主要灾害源。对我国大多数城市来说，地震、洪水、火灾是最主要的灾种。近年来，随着城市建设的加快，高层、超高层、高耸、大跨度建筑物抗风问题日益突出，城市地质灾害问题也相当严重。[5]

1. 城市规划体系外的综合防灾现状

我国从20世纪50年代后期开始相继颁布了一系列减灾法律法规，如《中华人民共和国水法》、《中华人民共和国水土保持法》、《中华人民共和国防洪法》、《中华人民共和国消防法》、《中华人民共和国气象法》、《中华人民共和国人民防空法》、《草原防火条例》、《地震预报管理条例》、《核电厂核事故应急管理条例》、《突发公共卫生事件应急条例》等。

目前来说，我国无论在城市防灾方面还是应急救援方面都已初步建立了相应的技术标准。例如，在抗震减灾方面，颁布了《建筑工程抗震设防分类标准》、《构筑物抗震设计规范》、《城市抗震防灾规划标准》、《建筑抗震鉴定标准》及《建筑抗震加固技术规程》等；在火灾安全方面，制定了《建筑设计防火规范》、《高层民用建筑设计防火规范》、《人民防空工程设计防火规范》、《建筑内部装修设计防火规范》等；在防洪减灾方面，制定了《防洪标准》、《堤防工程设计规范》、《灌溉与排水工程设计规范》、《市政工程质量检验评定标准》、《城市防洪工程设计规范》等；在防治地质灾害方面，制定了《岩土工程勘察规范》等国家标准；编制了《国家处置城市地铁事故应急预案》、《建设部破坏性地震应急预案》、《城市供水系统重大事故应急预案》、《城市供气系统重大事故应急预案》、《城市桥梁重大事故应急预案》、《建设工程重大质量安全事故应急预案》等。

据不完全统计，已制定涉及突发事件的法律35件，行政法规37件，部门规章55件。截至2006年年底已制定各级各类应急预案130多万件，按时间顺序，其中标志性的事件如下：

1989年4月，国务院成立了由28个部门组成的"中国国际减灾十年委员会"，草拟了《中国国际减灾活动纲要》，确立了以防为主，防、抗、救相结合的方针，建立了自然灾害综合防治体系，各级地方政府也相应建立了减灾综合协调机构。

2001年3月，九届全国人大四次会议审议通过的《国民经济和社会发展第十个五年计划纲要》，明确写入了"加强防御各种灾害的安全网建设，建立灾害预报预防、灾情监测和紧急救援体系，提高防灾减灾能力"。

2002年4月，中华人民共和国"民政部国家减灾中心"正式成立，减灾中心是中国政府对各类自然灾害进行信息服务和辅助决策的专业机构，通过灾害信息的收集与分析、灾害现场的紧急救援和灾情的快速评估，借助卫星遥感(Remote Sensing, RS)等先进技术手段，进行灾害分析和科学研究，为灾害管理部门提供决策参考，为中国的综合减灾事业提供技术支持。

2004年9月，十六届四中全会《中共中央关于加强党的执政能力建设的决定》明确提出："建立健全社会预警体系，形成统一指挥、功能齐全、反应灵敏、运转高效的应急机制，提高保障公共安全和处置突发事件的能力。"

2005年1月，经国务院批准，中国国际减灾委员会更名为国家减灾委员会，其主要任务是：研究制定国家减灾工作的方针、政策和规划，协调开展重大减灾活动，指导地方开展减灾工作，推进减灾国际交流与合作。同时，国家减灾委员会专家委员会成立，专家委员会委员的职责是对国家减灾工作的重大决策提供政策咨询和建议，对我国的重大减灾项目进行评审和评估，研究我国减灾工作的发展思路等。专家委员会专家的职责是为各成员单位部门提供减灾领域的政策咨询和技术支持。

2005年3月，温家宝总理在十届全国人大三次会议上的《政府工作报告》中再次提出，"提高保障公共安全和处置突发事件的能力，减少自然灾害、事故灾难等突发事件造成的损失"。

2006年1月9日，我国《国家突发公共事件总体应急预案》正式出台，1月22日，9项事故灾难类突发公共事件专项应急预案相继发布。105项专项和部门应急预案已编制完成，即将陆续发布，全国灾害应急预案框架基本形成。

2006年3月，十届全国人大四次会议审议通过的《国民经济和社会发展第十一个五年计划纲要》再次强调"增强防灾减灾能力"，并将其单列为一节，重点指出："加强防洪减灾薄弱环节建设，重点加强大江大河综合治理、病险水库除险加固、蓄滞洪区建设和城市防洪，增强沿海地区防台风、风暴潮、海啸的能力。加强对滑坡、泥石流和森林、草原火灾的防治。提高防洪减灾预警和指挥能力，建立洪水等灾害风险管理制度和防洪减灾保障制度。加强对三峡库区等重点地区地质灾害的防治。完善大中型水库移民后期扶持政策。加强城市群和大城市地震安全基础工作，加强数字地震台网、震情、灾情信息快速传输系统建设，实行预测、预防、救助综合管理，提高地震综合防御能力。"充分表明了党和国家对做好防灾减灾事业的重视和决心。

2007年8月国家出台《国家综合减灾"十一五"规划》，其意义在于将防灾、抗灾、救灾和减灾工作纳入到国家和地方经济发展的规划之中，确保中央和地方政府的政策措施的落实。它是从可持续发展理念上对国家安全减灾的梳理，它是在人口、资源、环境诸方面纳入大安全观的科学探索。如能源安全从本质上讲是个供给风险问题，这里涉及安全预警和应急措施，是比"清洁、稳定、经济"更为广泛的宏观规划概念，这是任何一个现代化城市的安全发展所必须思考的大事。《国家综合减灾"十一五"规划》在分析了八大薄弱环节后，特别提出"十一五"期间要完成的八大重点建设任务，其中以巨灾综合应对能力建设和城乡社区减灾能力建设最合乎城市安全要求为主要任务。重点是要研究城市面临巨灾风险考验的体制、机制及政策措施，有针对性地制定出城市高风险区的巨灾应对方案。还在2007年7月建设部就出台建设系统防灾减灾意见，它体现了在城市管理上的一次综合减灾总动员，因为在这里政府作为组织者，已责无旁贷地担负起防灾减灾的责任，现在的问题是如何落实《国家综合减灾"十一五"规划》在城市中的任务。

2007年11月1日施行的《中华人民共和国突发事件应对法》是一部"龙头法"，它将自然灾害、事故、公共卫生及社会安全四类，一并列为突发事件。它是新中国第一部应对各类事故灾难的综合性基本法律。

这些法律法规的颁布，提升了灾害管理工作的水平，大大增强了灾害管理的法制化水平，取得了一定的成效。但是，目前我国在综合防灾方面的法律和法规尚不完善，需要建立综合防灾的法律体系，用法律、法规和条例来规范城市建设综合防灾事业，明确政府、企业、事业单位和公众的职责、法律责任和权力、义务，以保证防灾工作的顺利进行。

目前，我国依靠科技进步，支持研究开发，发展了一系列城市综合防灾减灾的技术手段。随着城市的发展，在结构抗震、城市防火、抗风、防治地质灾害、防洪等的基础研究和新技术应用方面，取得了一系列可喜的成绩。如20世纪90年代初，国家自然科学基金委员会立项开展了"城市和工程减灾基础研究"，我国的"九五"、"十五"科技攻关计划都将其列入重大研究项目，在城市的洪涝、地震、滑坡、泥石流灾害防御方面都开展了试验示范研究，取得了丰硕成果。

2. 城市规划体系内的综合防灾现状

从城市综合防灾规划来看，当前我国大陆，依部门行业和不同灾种编制有各种城市灾害应急预案和防灾专项规划，在城市总体规划层面，编制有防灾专业规划，也主要是单灾种罗列，实际的指导作用并不大。从城市综合防灾归纳来看，我国大陆目前还没有真正意义上的城市综合防灾规划。原因可能是多方面的，有对城市综合防灾规划编制认识层面的问题，如城市综合防灾规划与一般城市防灾规划的区别，城市综合防灾规划的编制内容、编制方法等。课题组认为通过系统的国内外对比研究可以尽快弥补这方面的不足，也有规划编制实施层面的问题，如缺乏相应的综合防灾规划组织机构保证，缺乏系统、全面、公开的灾害及财产信息等，这需要相应的制度建设才能解决。

近年来国内城市综合防灾规划领域也出现了一些具有积极意义的探索，如由北京工业大学组织编制的"厦门市城市建设综合防灾规划"，是城市综合防灾规划编制的一次尝试。由于未能建立一个跨部门的强力编制组织机构，所以该规划局限在城市建设相关方面的防灾资源整合。该规划体现了多灾种的特点，主要包括了地震、台风和滑坡等灾害；体现了全过程的特点，在防灾规划基础上还制定了相应的应急预案和灾后恢复重建规划，也强调了多手段的应用。

9·11恐怖袭击，尤其是2003年的"非典"事件以后，国内城市总体规划的防灾专业规划开始尝试对公共安全问题加以考虑。"北京市通州新城规划"的公共安全规划，强调了综合防灾减灾体系、应急管理机制的建设以及生命线系统综合减灾，考虑的安全防灾因素包括了洪水、地震、地质灾害、消防、人防、气象灾害、环境安全、公共卫生安全、重大危险源、大型社会活动安全、反恐等其他突发公共事件,大大拓展了城市防灾规划的范畴。[6]

13.2 地下空间主动防空防灾理念

所谓城市总体防灾能力,包括对各种灾害的预测和预警能力,对灾害的防御能力和快速应变能力,灾害发生的自救能力和恢复能力。一个城市只有拥有较完善的防灾体系,方能有效地防抗各种城市灾害,并减少灾害的损失。一般城市综合防护体系包括防灾工作、防灾机构和防灾工程三个部分,如图13.1所示。

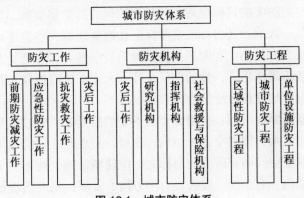

图 13.1 城市防灾体系

城市地下空间是防灾工程的一个重要组成部分,城市要想保证灾难到来时有足够的安全避难空间、救护场所和疏散通道,就必须充分有效地开发利用地下空间。

目前一般主要从技术经济角度考虑对地下空间进行开发,很少从城市防灾角度对地下空间的需求进行考虑(除防空外),本课题的主要思路就是利用地下空间进行主动防灾。如利用地铁、地下快速路、地下物流系统缓解地面交通堵塞的压力,减小气象灾害的影响,降低环境公害。[7]

13.2.1 地下空间综合防灾的地位

(1) 地下空间是综合防灾的重要和必要组成部分

城市是一个经济社会综合体,是一个有机的复杂巨系统。作为一个整体，地上与地下是有机联系的整体，不能分割、孤立。而大量地下空间必然是城市综合防灾一个重要组成部分，如何发挥其防灾潜力是研究的重要课题。

同时，城市地下空间对气象灾害、生命线灾害等具有天然的防护能力，而对于地上诸多难以解决的防灾矛盾如城市的内涝、空袭以及交通堵塞等灾害，也必须通过地下空间的开发弥补，才能保证城市的可持续发展。因此，利用地下空间防灾是城市综合防灾系统的必要组成部分。

地上空间和地下空间防灾的联系主要表现在功能的对应互补，地下空间的开发应是地面防灾功能的扩展及延伸，在平面布局上应与地面的主要防灾功能相对应。

（2）地下空间主动防灾应纳入城市综合防灾总目标

地下空间防灾的目标也就是其所要达到的目的和结果，与城市防灾的总目标是一致的。其目标就是要保证在遭受地震、空袭等自然和人为灾害时，减少人员伤亡和财产损失，保存战争潜力；在遭受灾害后，能保证救援队伍迅速出动，救治伤员，扑灭火灾，抢险抢修，及时恢复秩序，最大限度地发挥系统的整体效益。

根据系统原理可知：在组成要素不变的前提下，通过改变要素之间的相互作用关系，即改变系统结构，就可以实现改变系统总体功能的作用。利用地下空间防灾研究的目标之一应使城市地上地下两个防灾系统不断向有结构、有组织（或者说有序方向）发展，最终出现整体协同效应，或者说整体涌现性，也就是"整体大于部分之和"，从整体中必定可以发现某些在部分中看不到的属性和特征。按照西蒙（A.Simon）的说法，就是"已知部件的性质和它们相互作用的规律，也很难把整体的性质推断出来"。[8]

在特殊情况下，当整体与部分具有同质的特性，可以进行量的比较时，整体涌现性就是"整体不等于部分之和"，可以用公式表示为

$$W \neq \sum P_i$$

其中，W 代表整体，$\sum$ 为加和符号，P_i 代表系统的第 i 个部分。意指整体不等于部分之和，合理的结构方式产生正的结构效应，整体将大于部分之和；不合理的结构方式产生负的结构效应，整体将小于部分之和。

将地下空间设施纳入城市综合防灾的目标就是产生正的结构效应，

出现特有的、能与别的系统区分开来的整体涌现性。[9]

13.2.2 地下空间主动防灾理念的含义

从某种意义上说,城市地下空间主动防灾不是一个新的概念,我国为在非和平时期,保障人民生命财产安全,维持城市基本运作的人防工程建设就是为了满足预防极端灾害的需要而主动开发利用地下空间的。

目前我国城市中,很少有意识为了满足防灾要求,利用地下空间防灾特性来开发地下空间的。本章中的地下空间主动防灾是指从城市可持续发展的角度,充分考虑地下空间的防灾特性,将地下空间作为城市防灾的综合体系的重要和必要组成部分,利用地下空间形成防灾系统,或者说为满足防灾的需要开发利用地下空间。

一般来说,主动防灾包括两方面含义,一是为了满足平时需要开发利用地下空间要主动兼顾防灾;二是将地下空间作为防灾工程的重要和必要组成部分,主动利用地下空间防灾。本章主要研究将地下空间作为防灾工程的重要和必要组成部分,主动利用地下空间防灾。

13.2.3 地下空间在防灾中的主要功能

城市地下空间利用的内容和范围非常广泛,但以往主要是预防战争等自然或人为的极端灾害为对象,因此,我国城市的防灾是按战时用途,将地下空间的利用分为防护工程、地下空间兼顾防护要求的工程和普通地下空间。以北京市为例,地下空间兼顾防护要求的工程包括:地铁、地下快速路、地下综合管沟等城市重要的地下设施。

地下空间平时的开发利用通常可以分为下面六类。

(1)地下交通空间:交通空间是迄今为止城市地下空间利用的最主要类型之一。交通空间主要是指发展城市交通事业,提高城市内车辆运行时速,减少对城市的空间污染和环境干扰而建造的地下铁道、地下公共轨道交通(地铁)、地下隧道、地下机动车快速通道、地下停车库和地下步行道等。

(2)地下商业、文娱空间:商业、娱乐空间是为改善人们的生活居住环境而建造的,有地下综合体、地下商业街、地下商场、地下会展中心、地下演艺中心、地下体育健身馆等,这些建筑即使在地面上,也多采用人工通风照明,若将其设置在地下,使用功能与地面无异,相反还不受地面噪音、尘灰及气候等的影响。

(3)地下公共服务设施空间：此类地下空间包括行政办公、会议、教学、实验、医疗等各种公共服务空间。对于有些不需要光线的活动内容，又具备空调条件时，在地下是较合适的。

(4)地下基础设施空间：此类包括两种形式，一种是各种城市公用设施的管道、电缆等地下空间形成的地下市政网络系统；一种是服务于城市的市政基础设施场所、站场，如地下变电站场、地下自来水厂、地下污水处理厂、地下垃圾分拣和处理厂、地下雨水贮留和中水处理场等站场。

(5)生产经营空间：在地下进行某些轻工业、手工业的生产是完全可能的，特别对于精密性生产的工业，地下环境就更为有利。还有一些利用自然或人工形成的溶洞、洞窟、坑道等以经营性为目的的种养殖场所。

(6)仓储物流空间：地下环境最适宜于贮存物质，为使用方便、安全和节省能源而建造的地下储库，可用来贮存粮食、食品、油类、药品等，具有成本低、质量高、经济效益好，且节约大量地上仓库用地等特点。

根据以上分类，结合灾害类型对城市的威胁程度，地下空间按其灾时的用途又可分为下面四类。

(1)避难空间：灾时为人员提供避难的地下空间，包括战时人员掩蔽工程，平时商业、文娱空间等。

(2)疏散空间：灾时为人员提供疏散的地下空间，包括战时的疏散干道，平时的交通空间。

(3)救援空间：灾时为救援提供的地下空间，包括战时的人防专业队工程等空间。

(4)仓储空间：灾时为应急物资储备所提供的地下空间，包括战时的配套工程，平时仓储空间等。[10]

13.3 地下空间的抗灾特性

13.3.1 地下空间的抗爆特性

地下空间一般都具有良好的抗爆性能，主要是由覆盖在结构上部的岩土介质发挥了重要的消波作用。对于核爆而言，空气冲击波遇到地面建筑时，在其迎爆面将会形成比入射超压提高2~8倍的反射压力峰值；但对地下结构而言，经过一定深度的覆盖层后，冲击波的动荷效应已经被大大减弱了。与此同时，岩土在覆盖层对核爆炸的光辐射、早期核辐射、放射性沾染等杀伤因素都具有突出的屏蔽效能，例如0.5 m厚的混凝土可以使中子数量减少到1%，1.5 m的土层可使γ射线剂量降低到0.1%，放射性沾染物更被阻挡在岩土覆盖层的表面，从而使上述几种因素对地下工事内的人员不再产生杀伤作用。

在常规战争条件下，除专为防空袭而构筑的各类防护工程之外，其他地下建筑，如地铁、隧道、地下快速路等其他地下设施，都不同程度地具有抗航弹、炮弹爆炸的能力。这些地下结构的顶部均有不同厚度的土（岩）防护层，除可有效防护爆炸冲击波和破片的作用之外，还在一定程度上具备了抗航弹侵彻作用的能力，防护层愈厚，抗侵彻能力愈强。[11]

13.3.2 地下空间的抗震特性

在同一震级条件下，跨度小于5 m的地下建筑物的抗震能力一般要比地上建筑物提高2~3个烈度等级；整体式钢筋混凝土地下结构，或埋深在20 m以下的各类地下结构将不会遭受明显的地震损坏；只有处于松软饱和土中的浅埋结构抗震能力较差，但仍比地上同类建筑物要提高1个地震烈度等级。对于跨度较大的地下空间而言，根据日本阪神震害的现有资料，如果折换成我国的烈度划分，则其抗震能力至少也可以比同类地面建筑提高1~2烈度。

在地震波水平力的作用下，地面建筑的上部成为自由端而产生横向振动，建筑越高则振幅越大，越容易遭受破坏。而地下建筑被岩土介质所包围，对其结构自振具有阻尼作用，并为结构提供了弹性抗力以限制其位移的发展。因而，在其相同地震烈度条件下，同一地点地下建筑的破坏程度要比地上建筑轻得多。此外，在离震源稍远的地区，沿地表传播的地震波最先到达，强度也最大。随着距离地表深度的增加，地震强度和烈度将趋于减弱。据日本的一项测定资料，地震强度在100 m深处仅为地表的1/5。我国唐山煤矿震害的调查结果表明，当地表的地震烈度达Ⅺ度时，450 m深处的地震烈度则已降为Ⅶ度。由此可见，地下建筑埋设越深，抗震性能越高，只要通往地表的出入口不被破坏或堵塞，则人员在这样的地下空间内是安全的。

13.3.3 地下空间对地面火灾的防护能力

众所周知,地下建筑结构的覆土具有一定的热绝缘,具有天然的防火性能。火灾对地下空间的影响主要由内外温度传递决定。由表13.1可以看出热绝缘层(覆土)的隔热性能尽管不是很高,但对延迟顶板内表面升温的作用较为明显。因大多数的情况下地下建筑不一定位于火暴(表13.1中火灾A)中心,故按连片火灾考虑,即使顶板厚度为200 mm,覆土250 mm,内表面温升至30℃和40℃也需要8 h和10 h。如果按通常的做法,采用板厚300 mm,覆土400 mm,则延迟时间可达24 h和36 h,很可能已超过地面大火的燃烧时间,因而是安全的。同时也表明,当地下建筑的防护设计能满足早期核辐射的等级要求后,城市大火对其内部人员基本上没有危害。显然,对具有相当厚度自然覆盖层的岩石中的地下建筑,就更为安全。

表13.1 地下空间对火灾的绝缘性[12]

火灾阶段	覆土厚度(mm)	顶板厚度(mm)	内表面温度最初出现的延迟时间(h)	
			30℃	40℃
火灾A（火暴）	250	200	6	7
	400	200	11	13
	250	250	7	9
	400	250	13	17
	250	300	9	10
	400	300	15	21
火灾B（连片火灾）	250	200	8	10
	400	200	14	24
	250	250	9	12
	400	250	18	28
	250	300	11	17
	400	300	24	36

13.3.4 地下空间的防毒性能

在平时的城市灾害中,有毒化学物质泄漏及核事故造成的放射性物质的泄漏,由于发生突然,在没有防护措施的情况下,对城市居民的危害十分严重。1984年印度帕博尔市化学毒剂泄漏和1986年前苏联的切尔诺贝利核电站的核泄漏所造成的严重后果都说明了这个问题。在现代战争中，如果发生核袭击或大规模使用化学和生物武器的情况，对于暴露在地面上的和在地面有窗建筑中的人员，防护相当困难，因而会造成严重伤亡。但是由于地下空间具有封闭特点，在采取必要的措施后，能有效地防止放射性物质和各种有毒物质的进入，因而其中的人员是安全的。

国际上虽然有禁止使用化学武器的公约，但仍不能阻止有些国家制造和准备使用化学武器，海湾战争中伊拉克实际上已到达使用化学武器的边缘。因此不能不对这种大规模杀伤武器进行必要的防护，如果城市地下空间全面具备了战时的防毒能力，那么对于平时相对局部的化学或核泄漏事故，就自然不难提供有效的防护。[13]

13.3.5 地下空间对风灾、洪灾的减灾作用

城市灾害的历史回顾表明，高层建筑诸如电视塔、烟囱等风灾事件甚多。据测定，如果在建筑物 10 m 高处风速为 5 m/s，则在 30 m、60 m、90 m 处分别增加到 8.7 m/s、12.3 m/s、15 m/s，因而高层建筑在风力场中会发生偏移和振动破坏。有关研究表明，风速不是平稳的，有时大有时小，而且其振动周期越大，风荷所带来的影响就越严重；风吹过建筑物会在其后形成负压区，使其他建筑物受到不良影响。国外一项针对风灾的风洞试验还证明，风灾中建筑物的短向位移不致造成破坏，所有风灾的后果集中表现在填筑物的长向上。

地下空间由于有地面覆盖层的保护，风只能从地面以上水平吹过，风力对地下空间的直接影响非常小，因此很明显，地下空间具有很强的防御风灾的能力。

如果因地制宜地利用城市地下空间来防御风灾，无疑会提高城市的综合减灾能力。例如，易受风灾的城市在规划设计中适当地把生命线工程或管理部门置于地下空间之中，如电、气、水、通信、交通以及防灾指挥中心和与抢险有关的单位等，这样即使受灾，也能保存部分城市功能，减少经济损失，同时还增强了城市自救能力和灾后重建能力。风灾警报发出后，市区的地下空间还可作为市民的紧急避难所。

以北京为例，洪灾是北京可能发生的自然灾害之一，由于水流方向是从高向低，故地下空间在自然状态下并不具备防洪能力，当城市的局部或全部遭到水淹时，向地下空间中灌水的情况时有发生，成为地下空

间的一种内部灾害。如图13.2为2006年8月通往首都机场的一处因大雨而受淹的地下机动车道。

图13.2 北京一处因大雨而受淹的地下机动车道

因此，地下空间的防洪能力差应视为防灾特性上的一种缺陷。但可以从两个方向上进行探讨，一是依靠地下空间的密闭特性对洪水实行封堵，另一个则是在更高的科技水平上，综合解决城市在丰水期洪涝，在枯水期又缺水的问题，充分发挥深层地下空间大量储水的功能。

北京洪灾的起因一般有两个，一是大气降水量在短时间内过于集中，超过排水系统的能力，使街道积水，并灌入低于水面的房屋；二是北京市附近的河湖在汛期最高洪水位高于城市地面，一旦决堤则城市被淹。除改善城市排水系统，提高排洪能力外，如果及时对地下空间的各种孔口加以封堵，有可能保护地下空间不被水淹，因为相对于空袭、地震、爆炸等突发性灾害，气象和水文预报有可能使城市在洪水到来前有一定的准备时间。有一定强度的高质量密闭门，应在防止地下空间灌水上起主要作用。

现在的城市排水，多是经过一定的排水系统，将雨水和污水排向河、湖，最终入海。从生态学角度看，这是一种自然循环。在大气降水总量中，除28%～30%的水量渗入土层作为地下水的补给源外，还有约1/4的水量成为地表径流，有组织或无组织地排走，成为弃水。例如，北京市的年平均弃水量在10亿m^3以上，相当于20世纪80年代中期北京市需水量与供水量之差。这说明，一方面城市严重缺水，另一方面又大量弃水，对水资源是很大的浪费，如遇连续暴雨，弃水量超过排水能力，就要造成洪灾。因此，如果能建立起一个在丰水期蓄水，供枯水期使用的封闭循环系统，则不但可缓解城市用水不足的矛盾，从城市防洪的意义上看，也是一项积极有效的措施。

在地面上建造水库，一般只解决供水问题，受到地形的限制，要占用大量土地，蒸发损失也较大，地下空间则有比较理想的条件。如果在雨季城市地面积水能通过竖井快速排入到深层地下空间的蓄水库中，比在地面上提高排水系统的宣泄能力可能更为合理，因为不但解决了排水问题，还可同时贮存起大量淡水，补充水资源的不足。当然建造人工的地下蓄水池需要巨额的资金，当城市财政还不具备这种能力时，可先利用已疏干的地下含水层储水。当地下含水层已被疏干又得不到新的补给时，形成自然的地下空间，这种数亿立方米计的地下空间如能用于贮水，所获的综合效益可能大大超过建设投资。从长远来看，如果结合城市深层地下空间的开发，建立起覆盖整个城市地下贮水供水系统，则不但可解决水资源的合理循环使用问题，还可以比较彻底地解除洪水对城市的威胁。从这个意义上看，地下空间在城市防洪中，仍然可以起到积极的作用。[14]

13.4 地下空间综合防灾规划引导内容

13.4.1 地下空间防空

1. 地下防护空间的构成与作用

按我国城市防护的相关政策和要求，城市防护空间是指战时能够保护人民生命和财产安全的城市空间。按照空间层次的不同划分为地上防护空间和地下防护空间，如图13.3所示。地下防护空间包括防护工程、地下空间兼顾防护要求的工程和普通地下空间三大部分。

防护工程由于深埋在地下，加上在设计和施工时充分考虑了战时对爆炸冲击和侵彻的影响，因此对地震和战时常规武器及核武器袭击具有极好的防护能力，防护工程又具有防毒和滤毒功能，因此对放射性沾染和有毒气体泄漏也具有极强的防护能力，因此成为灾时人员掩蔽和物资掩蔽的主体。

城市地下空间总体规划

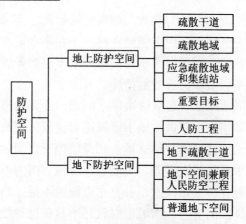

图 13.3　城市防护空间构成图

可利用的普通地下空间（如地下步行街、地下综合体、地下停车场、普通地下室等），虽然不像防护工程那样对灾害具有极强的防护能力，但是由于土壤本身可以削弱空气冲击波和土中压缩波，因此也可以有效地防止常规武器的碎片杀伤作用，从而弥补防护工程数量和面积的不足。[15]

地下空间兼顾人民防空部分，在防护工程与普通地下空间之间起到桥梁和纽带的作用，这三个部分结合在一起，形成一个相互连通的地下防护体系，战时可以最大限度地发挥出各种工程的防护优势，提高整体防护效能，平时也可以通过合理开发和建设，发挥平时的经济效益。

2. 地下防护空间的规划要求

地下防护空间作为灾时人员避难和物资掩蔽的主体，平时在规划和建设时应以人员的迅速可靠掩蔽和物资的顺畅流动为目标，战时保存战争潜力，赢得防空袭斗争的胜利；灾时确保城市能够迅速开展救援救护和为灾后重建提供物质基础。

对于普通地下空间，主要是在战时空袭开始阶段充当掩蔽空间的作用，弥补防护工程的不足，灾时可以充当物资储存空间的作用，置换出一部分人防物资库工程充当人员避难和掩蔽工程的作用。

对于地下空间兼顾防护要求的工程，主要是地铁和地下快速路，其作用是连接防护工程和地下空间，使地下防护工程和地下空间成为一个有机整体，与兼顾防护要求的工程共同构成地下防护空间体系，发挥其机动防护能力，提高整个地下防护空间的防护效能。

3. 地下防护空间规划布局要求

地下防护空间的规划布局形式是影响防护系统整体防护效率的重要因素，合理的规划布局形式是地下防护规划目标之一。从为战时服务的角度考虑，地下空间布局不满足或不完全满足地下空间中的"集聚"以及"等高线"等开发布局原则，这是因为地下空间的战备效益与经济效益并不完全统一（如从经济效益考虑，地下空间需按集聚效应原则进行开发，但从防护效率考虑则应适当分散，减小毁伤），因此地下防护空间规划布局有自身的规律。对于地下防护空间的布局问题，首先要遵循以下原则：

（1）与城市建设相协调

在城市规划和建设过程中，逐渐形成了由城市中心向外放射状分散式布局结构，因此，城市地下防护空间的布局原则也是与城市建设相适应，适应城市当前及未来的城市格局。

（2）与功能分布相适应

城市地下防护空间必须与地面的城市功能相适应，在居住区，主要修建人员掩蔽和应急避难工程；在重要设施周围，则主要配备建设救援队、抢修抢险队设施和人员；对于医疗救护和配套工程，则根据地面人口密度和分布，按照所建防护工程的服务范围，根据需要进行合理建设和布局。

（3）与地下空间开发相配合

城市的防护空间布局要与地下空间开发相配合。地下交通项目尤其是地铁是地下防护空间的发展轴，地下空间建设要以地铁建设为契机，沿地铁沿线进行合理开发，并与之连通，发挥地铁沿线灾时、战时的机动防护能力；以重大地下空间建设项目为发展源，通过地下空间项目的开发，促进周围的防护工程建设和开发力度，使之成为相互连通的地下空间网络防护体系，形成规模优势。北京市地下防护空间布局如图13.4所示。

城市地下空间总体规划

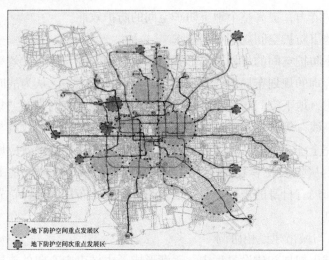

图 13.4　北京市地下防护空间布局示意图

13.4.2　地下空间抗震

1. 国内外利用地下空间抗震现状

从国内来看，在城市的抗震规划中，一般都考虑到了地面疏散干道和避难场所的规划，但很少有城市考虑地下空间在抗震中的作用，或者是重视的程度不够。

如"青岛防灾规划"中规定："规划以城市快速路、主干道、港口、飞机场组成抗震疏散救助通道，抗震通道两侧的建筑必须满足抗震规范要求，清除现有的影响防灾的障碍物，改造沿途的危险建筑物。以居住区的公共绿地、中小学操场、集贸市场和邻近的人防工程为近地疏散场所，以城市公园、山头绿地、体育场、城市广场和地下人防工程为分流疏散场所，市南、市北人口密集地区的旧区改建应结合公共绿地和人防工程的建设设置近地疏散场所。"

在"泉州市抗震减灾规划"中规定："①救灾干道，以城市对外交通性干道为主要救灾干道。②疏散主干道：以城市主干道（生活性主干道、交通性主干道）为主要疏散干道。③疏散次干道：以城市次干道作为疏散次干道。④避难场所：利用城市公园、绿地、广场、停车场、学校的操场和其他空地、绿地作为避难场所。避震疏散的有效面积在 2 m^2 / 人以上，疏散半径在 2 km 以内；居住区疏散半径为 300 m，最大不得超过 500 m。避难场所要避开危险地段和次生灾害源。"

在"北京市抗震减灾避难场所规划(草案)"中规定:"一般临时(紧急)避难场所,用地面积不低于4 000 m²;固定(长期)避难场所中型的应在10 000 m²以上,大型的应在20 000 m²以上。"其人均面积标准:"临时(紧急)避难场所人均面积标准确定为1.5~2 m²;固定(长期)避难场所为2~3 m²。但考虑到一些地区,尤其是旧城区实际用地情况,临时(紧急)避难场所可略低于人均面积标准,但最低不少于1 m²。"

上述城市都没有就震时利用地下空间功能和作用作出要求,如作为应急物资储备及避难所等。

在国外利用地下空间抗震具有代表性的国家是日本,在日本城市抗震预案中,地下空间一般具有如下功能:

(1) 灾时日用品、设备以及食品的存储空间。

(2) 人口疏散与救援物资的交通空间(指当地震发生后,地面车行和人行交通被严重损坏或倒塌物体塞住,地面客货运输已不可能时,可以利用地下交通)。

(3) 人员临时掩蔽所。

(4) 急救站(临时)。

(5) 地下指挥中心(Underground Emergency Headquarters)。

(6) 地下信息中心(Underground Information Hubs):建立地下信息枢纽可以增加受灾地区与外部地区的信息畅通,并可以处理不同类型的震时信息,如次生火灾、不能通行的街道等,为灾时指挥决策提供参考。[16]

2. 我国城市地下空间抗震功能要求(以北京市为例)

(1) 灾时日用品、设备以及食品的存储空间。北京已建成的第一个系统规划的应急避难场所——元大都遗址公园避难场所中,就是利用地下空间完成应急物资储备的(见图13.5)。其中应急物资主要包括帐篷、床铺、被褥、脸盆、毛巾、暖瓶、水杯、饭盒、卫生纸等家庭

图13.5 雕塑的台基地下空间藏应急物资

生活必备品，这些应急物质供附近居民发生灾难时使用。据报道，元大都遗址公园避难场所总占地面积为 600 980 m^2，最多共可容纳 253 300 人，主要是为与其相邻的亚运村、小关、安贞及和平街四个街道办事处的居民提供避难场所。北京也是我国第一个进行应急避难场所建设和悬挂应急标志牌的城市。

(2) 人口疏散与救援物资的交通空间。当地震发生后，地面车行和人行交通被严重损坏或倒塌物体塞住，地面客货运输已不可能时，可以利用地下交通。

(3) 人员临时的掩蔽所。当地震发生时，一般都伴有恶劣的天气。如夏季的阴雨、冬季的低温等，这时地面的开敞空间就不是很合适作为掩蔽所。在地面建筑被震毁之后，地下空间(如人员掩蔽工程)可以作为临时避难所。

(4) 急救站(临时)。

(5) 地下指挥中心。利用地下空间可以在灾时作为震时指挥中心场所，根据地下信息中心提供的信息进行决策。

(6) 地下信息中心。灾时利用地下信息中心的信息资源为指挥中心提供服务，其信息处理主要包括伤员、紧急物质的调配、应对火灾处理、街道被堵等。并及时与政府各部门联系，帮助解决地震灾害发生时的各种问题。[17]

3. 城市地下空间抗震布局要求(以北京市为例)

在城市地震灾害发生时，地下空间只是作为地面避难空间的补充。因此，其地下空间的布局主要结合地面避难空间。避难空间的规划建设应充分利用绿地、公园、广场和道路等城市开放空间。

根据北京地震局的材料显示，北京八城区可作为临时避难所的小面积空地有数千处之多，可改建为长期应急避难场所的开阔地带面积有 5 300 hm^2。建筑物相对密集的北京城八区内有 100 多处可以改建成与"元大都"差不多的应急避难场所。2008 年北京举办奥运会之前，北京市地震局及相关部门陆续对这些地带进行实地考察，有计划地将它们改造为功能性避难场所。而条件较为成熟的皇城根遗址公园、东单体育场等场地已被作为近期改造目标。如图 13.6 所示。

(1) 绿地系统的抗震规划布局要求

城市绿地、广场不仅仅担任城市的绿肺和休闲娱乐空间，起到改善环境质量和自然景观的作用，而且对战争、地震等灾害都有一定作用。

13 城市地下空间综合防灾

图 13.6　北京皇城根遗址公园应急避难场所图

普通的居民完全可以利用绿地广场进行地震灾害发生时的逃生避难。根据上述分析，规划北京市的绿地广场在建设和改造时应符合以下防空防灾要求：

① 城市各组团间的绿化隔离带是天然的防护措施，对减少灾害的蔓延将起到很大作用。在旧城区各组团间或防护片区之间应尽量设施绿化隔离带，在区域内严格按照北京市的城市绿化条例规定的 25%要求进行绿化，无条件时应将重点目标和重要经济目标远离。新城区应保证组团之间具有 500 m 以上的绿化隔离带，在区域内按 30%的要求进行绿化。

② 地上重要设施和重要经济设施是防救灾的重点，因此在地上重要设施和重要经济设施与其他民用设施之间设施绿化隔离带或广场非常重要。旧城区一般地上重点目标和经济目标周围应保证有 50 m 的绿化隔离带或广场，可能产生次生灾害的地上重要设施和重要经济设施应保证 100 m 的绿化隔离带或广场。新城区一般地上重点目标和经济目标周围应保证有 80 m 的绿化隔离带或广场，可能产生次生灾害的地上重点目标和重要经济目标应保证 120 m 的绿化隔离带或广场，以保证灾害发生时能够使当班工人和附近居民避难逃生。

③ 结合绿地规划和交通规划，将大型的城市绿地、高地和广场作为应急疏散地域和疏散集结地域。当发生地震灾害时，作为居民的应急疏散地域，同时也可作为疏散集结地域，其面积标准为 3.0 m²/人，疏

散半径为 2 km 以内。在绿地、高地和广场下建设大型人防物资库工程，以保障疏散人口的食品和生活必需品。

④ 居住区应结合地面规划建设必要的绿地和广场，作为应急疏散地域和疏散集结地域，其面积标准为 2.0 m²/人，疏散半径为 300 m，最大不超过 500 m。

⑤ 城市公园绿地广场必须在一侧有与之相适应的城市道路相邻，以保证战时的疏散集结和运送物资的需要，如图 13.7 所示。

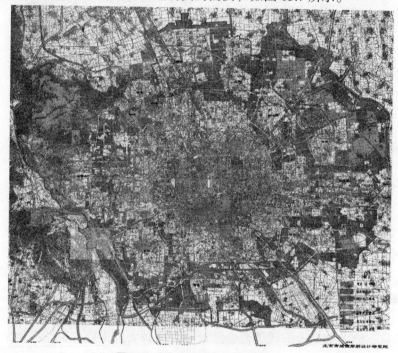

图 13.7　北京市区绿地系统规划

（2）地下空间抗震的布局要求

在北京人口密集区，地面绿地面积不足时，应考虑利用地下空间作为避难所。

在作为震时避难所的城市绿地、广场附近，应考虑建设相应的地下空间储备应急救灾物资。

在处理好通往地表的出入口不被破坏或堵塞的前提下，深层地下空间可以作为震时的指挥及医疗救护场所。[18]

13.4.3 利用地下空间防化学事故

(1) 化学危险源界定与分类

20世纪五六十年代以来，曾多次发生震惊世界的火灾、爆炸、有毒物质的泄漏等重大恶性事故。如1978年7月11日西班牙巴塞罗那市和巴来西亚市之间双轨环形线的340号通道上，一辆过量充装丙烷的槽车发生爆炸，烈火浓烟造成近300人伤亡，100多辆汽车和14幢建筑物被烧毁的惨剧。1984年12月3日凌晨，印度中部博帕尔市北郊的美国联合碳化物公司印度公司的农药厂发生甲基异氰酸酯泄漏的恶性中毒事故，数日之内2500多人毙命，到1984年底，该地区有2万多人死亡，20万人受到波及，侥幸逃生的受害者中，孕妇大多流产或产下死婴，5万人永久失明或终生残疾，成为世界上绝无仅有的大惨案。随着城镇化、工业化的快速发展，我国也时常面临着因重大危险源事故而引发对城市和社会的正常生产生活、生态环境所带来的危害。仅刚刚过去的2010年，就发生了福建上杭"7·14"紫金山铜矿污水渗漏事故、大连"7·16"输油管爆炸事故、吉林"7·28"三甲基一氯硅烷化工用桶冲入松花江中的污染事故、南京"7·28"丙烯管道泄漏爆炸事故、伊春"8·16"烟花厂爆炸事故等多起因危险源引起的重大事故，造成重大生命、财产损失和生态灾难。如图13.8~图13.11为2010年几处危险源事件实景图。

这些恶性事故都造成了大量人员伤亡，社会财产和环境也遭受了巨大的损失。因此，预防重大事故的发生已成为各国政府和人民普遍关注的重要课题。因几次影响全球的重大事故的发生及事故的危害程度，世界各国对重大工业事故的预防已高度重视，随之产生了"重大危害(major hazards)"、"重大危害设施(major hazard installations)"（国内通常称为重大危险源）等概念。

英国是最早系统地研究重大危险源控制技术的国家。英国卫生与安全委员会设立了重大危险咨询委员会(ACMH)并在1976年向英国卫生与安全监察局提交了第一份重大危险源控制技术研究报告。英国政府于1982年颁布了《关于报告处理危害物质设施的报告规程》，1984年颁布了《重大工业事故控制规程》。

城市地下空间总体规划

图13.8 吉林"7·28"化工用桶污染松花江事故

图13.9 大连"7·16"输油管爆炸事故

图13.10 南京"7·28"化学品泄漏事故

图13.11 上杭"7·14"紫金山铜矿污染事故

1993年，第80届国际劳工大会通过的《预防重大工业事故公约》，将"重大事故"定义为：在重大危害设施内的一项活动过程中出现意外的突发性的事故，如严重泄漏、火灾或爆炸，其中涉及一种或多种危险物质，并导致对工人、公众或环境造成即刻的或延期的严重危险。对重大危害设施定义为：不论长期地或临时地加工、生产、处理、搬运、使用或储存数量超过临界量的一种或多种危险物质，或多类危险物质的设施（不包括核设施、军事设施以及设施现场之外的非管道的运输）。

我国相关法律法规和国家标准规范中，对重大危险源都有明确的界定和分类。

《中华人民共和国安全生产法》的第九十六条明确规定："重大危险源，是指长期地或者临时地生产、搬运、使用或者储存危险物品，且危险物品的数量等于或者超过临界量的单元（包括场所和设施）。"而在《危险化学品重大危险源辨识》（GB 18218—2009）的国家标准中，对危险化学品重大危险源的定义为："长期地或临时地生产、加工、使用或贮存危险化学品，且危险化学品的数量等于或超过临界量的单元。"

单元指一个(套)生产装置、设施或场所，或同属一个生产经营单位的且边缘距离小于 500 m 的几个(套)生产装置、设施或场所。

根据上述危险源的定义，我们也可以将重大危险源理解为超过一定量的危险源。

另外，从重大危险源另一英文定义"major hazard installations"来看，还直接引用了国外"重大危险设施"的概念。确定重大危险源的核心因素是危险化学品的数量是否等于或者超过临界量。所谓临界量，是指对于某种或某类危险化学品规定的数量，若单元中的危险化学品数量等于或者超过该数量，则该单元应定为重大危险源。具体危险物质的临界量，由危险化学品的性质决定。

控制重大危险源是企业安全管理的重点，控制重大危险源的目的，不仅仅是预防重大事故的发生，而且是要做到一旦发生事故，能够将事故限制到最低程度，或者说能够控制到人们可接受的程度。重大危险源总是涉及易燃、易爆、有毒的危害物质，并且在一定范围内使用、生产、加工、储存超过了临界数量的这些物质。由于工业生产的复杂性，特别是化工生产的复杂性，决定了有效地控制重大危险源需要采用系统工程的理论和方法。

（2）危险品源地下化

城市对于上述危险品源，一般主要考虑三种灾害形式：爆炸危险、火灾危险和毒物泄漏扩散危险。而将易燃易爆或有毒有害物质储存在地下工程等措施，利用覆盖层的保护，避免地震、战争等极端灾害，或其他意外事故(如撞击、雷电)的干扰，避免发生上述灾害。即使发生上述灾害事故时，其蔓延或扩散的机会也很小，并利于战时伪装。

（3）在危险品源附近建设地下救援设施

从灾时抗灾救灾、战时防空的角度来考虑，在贮存大量有毒液体、重毒气体的工厂、贮罐或仓库等重要设施周围，应充分考虑次生灾害的影响，危险品源的附近应建设地下救援设施。如抢险抢修、消防和防化等专业防灾救援设施和人员配备，危险品源目标可以看做是点目标，对点目标的防灾、救灾设施和人员配备的规划布局，应在重要设施或危险源周围按环形布局的模式进行规划建设。

防灾、救灾设施及人员配备在所保障危险源周围进行建设，距离不能过远，同时又不能距离所保障的危险源过近，避免"灾时双损，战时双毁"，并参照我国防空防灾设计标准的有关指标，在危险源周围考虑次生灾害的影响，同时方便救援，专业队工程可以内环半径为 100 m，外环半径为 1 000 m 的环形区域内布置建设。

根据重大危险源在城市中的分布，将重大危险源全部地下化是不现实也是没有必要的。但对于城市的一级重大危险源的大部分、二级重大危险源的部分和个别三级重大危险源地下化是可能的，也是必要的。以北京市为例，结合危险源的分布数量、类型和等级，利用地下空间将北京市八城区防化学及危险源地下或半地下化的策略如下：

① 从综合防灾角度考虑，将危险品源尽量地下化和在危险品源附近建设地下救援设施等措施，利于灾前的预防，灾时的救护救援；战时伪装、救援和坚持生产，并增强战争潜力。平时可以利用覆盖层的保护，避免其他意外事故（如撞击、雷电）的干扰，使其即使发生事故，蔓延或扩散的机会也很小。

② 规划可将五环内的一级重大危险源（其中贮罐类 11 个，生产场所类 3 个）的大部分、二级重大危险源的部分和个别三级重大危险源地下化，并尽量转移到下风向。尤其是生产场所类转移至地下，利于灾时防灾抗灾，战时坚持生产。

③ 在部分有条件的危险品源附近，结合防灾、救灾专业人员及设施配备，修建地下救援设施。

北京市重大危险源在八城区的分布见图 13.12。

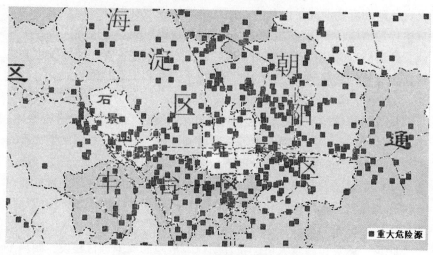

图 13.12　重大危险源在八城区的分布

13.4.4 地下空间防生命线系统灾害

1. 生命线系统灾害现状分析

城市生命线系统包括交通、能源、通信、给排水、电力、电信、燃气、热力等主要的基础设施。地下管道网是生命线的主体部分之一，是现代化城市的大动脉。合理规划和建设好各类地下市政管线，是维持城市功能正常运转和促进城市可持续发展的关键。随着城市的现代化和土地开发强度的增加，现代城市对市政管线的需求量也越来越大，但由于许多老城区城市道路的狭窄和管沟位置的不足，致使各类管道的新建、扩建和改建显得日益困难，管道的安全可靠性也受到了严峻的挑战。

城市地下主干线有上水、下水、煤气、天然气、电力、热力、电信等七大类十几种管网，形成了密集的地下设施系统。但由于年久失修及信息不清，很多城市对地下管线都没有一个较为系统全面的数据库，因而时常引发一系列严重事故。以北京市为例，1967年复兴门地铁施工中，切断了广播电缆，中断对外广播十多个小时。1974年挖护城河时，切断供电局三条电缆，工人体育馆一片漆黑，国际体育比赛中断十多分钟。1975年和平门施工，铲坏供电局电缆，影响了中南海供电。1984年9月24日，在土城某工地钻探时将国庆阅兵总指挥专用电话线钻断，严重妨碍了预演的进行。1988年1~10月市内电话电缆损坏41处，影响全市2 700多用户正常使用。1993年5月白云路地下自来水干管爆裂，造成数百户居民受水害。因地下管线而引发的其他灾害还包括：

（1）供水管线事故及次生灾害：北京每年发生供水管线事故三千多起。

（2）城市燃气供应的事故隐患：管网超期服役，每年因腐蚀造成漏气事故八十余起；城区内还有28个液化石油气供应站在拥挤的旧居民区内，防火防爆都不合要求；非法占压燃气管线和野蛮施工造成漏气事故每年有六十余起之多。

（3）城市供热存在的事故隐患：占全市供热行业60%以上的小型供热单位，基本上不具备事故应急抢修力量；城市热网布局不合理，西部用热负荷多，而大型热源呈东多西少格局，一旦某种热源故障，将造成大面积停热的重大后果。

（4）城市道桥及排水管网存在的事故隐患：明清旧砖沟不堪重负，至今还有170 km旧沟在超期服役；高新技术工业废水已排入市政污水管网，产生毒气及化学物质，腐蚀管道，造成爆炸事故。

电力系统灾难是指市电力公司管辖范围内供电设施因故障、外力破坏、火灾、水灾、雪灾、地震等自然灾害或突发事件，造成的供电中断或人员伤亡及财产损失的应急状态。从供电安全规划上考虑，城区220 kV供电网络、增加单回线路的送电能力、电网结构的可靠性都是应总体考虑的防灾规划内容。[19]

分析上述事故发生的原因，其施工挖断和检修不到位占有相当的比例。以2000年供水管线突发性事故为例分析，发生生命线事故原因，如表13.2所示。

表13.2　2000年供水管线突发性事故分析

	施工挖断	地基下沉	接口漏	材质缺陷	柔口裂	其他	合计
处　数	250	75	34	7	6	11	383
所占百分比（％）	65.27	19.58	8.88	1.83	1.57	2.87	100

注：其他指腐蚀、管漏、轧坏等。

将上述管线纳入地下综合管沟（共同沟），可以明确地下管线的位置、便于维修，可以很好地防止如施工挖断、接口漏等突发事故。

2. 利用地下综合管沟整合生命线系统

从城市生命线的体系构成、设施布局、结构方式、组织管理等方面提高城市生命线系统的防灾能力和抗灾功能，是现代城市防灾的重要环节。城市防灾对生命线系统的依赖性极强。如我国的城市消防主要依靠城市给水系统，城市灾时与外界联系和抗灾救灾指挥组织主要依靠城市通信系统，城市交通必须在灾时保证救灾、抗灾和疏散的通道畅通，应急电力系统要保证城市重要设施的电力供应等。这些生命线系统一旦遭受破坏，不仅使城市生活和生产能力陷入瘫痪，而且也使城市失去抵抗能力。所以，城市生命线系统的破坏本身就是灾难性的。日本阪神大地震时，由于神户交通、通信设施受损，致使来自20 km外的大阪援助不能及时到达。[20]

目前我国城市的生命线大部分在地下，但利用综合管沟可以在平时减小由于对地下多种生命线情况不明而造成的灾害，并便于在平时和灾时的维护与检修。

就一些已经建设综合管沟的城市的成熟经验来看，一般埋设于自然地平以下，其上覆土 1~3 m，最深的可以达到 5-6 m。覆土的深度主要考虑到地面道路的路基要求和防止涨冻的冰冻线要求。同时，考虑道路荷载、地下水浮力、土压力的作用，其剖面结构形式一般做成拱形或矩形，在其外缘按照相互影响因素，分割成若干个功能分区，内部形成一个工作空间。

3. 利用地下空间整合生命线系统的优势

（1）利用地下管线综合管沟整合城市生命线工程在灾时、战时可以有效地抵御冲击波带来的地面超压和土壤压缩波；平时可以减小由于对地下多种生命线情况不明而造成的灾害，并便于在平时和灾时的维护与检修。由于地下结构天然具有抗震、防洪、防风等作用，地下管线综合管沟在灾害发生时可有效减轻灾害对城市管线的破坏，大大提高了城市管道的防灾能力。

（2）建议结合城市市政基础设施规划、地下空间规划、人防工程规划、轨道交通规划等专业规划，以地下综合管沟系统建设为专题，对城市商业中心区、交通枢纽地区、城市重要地段进行市政管线地下化、集约化的研究与规划，将地下综合管沟建设纳入科学、合理、有序的途径上来。

13.5　主要结论

地下空间资源的开发利用，已成为人类摆脱发展进程中遇到的生存空间危机，有效缓解城市发展与土地资源紧缺之间的矛盾，提高土地利用率、扩大城市的生存与发展空间，增强和完善城市功能、改善生态环境、提高城市总体防灾抗毁能力，实现城市可持续发展目标的重要手段和方法。主要结论如下：

（1）地下空间是综合防灾体系的必要和重要组成部分，利用城市地下空间进行主动防灾是完全可行的。

（2）开发利用地下空间是解决城市人民防空主要途径。城市应加强地下工程之间的联系和配套，通过功能整合，使地下防护空间形成系统，利于战时充分发挥地下空间的防护效益，平时取得经济效益。

（3）城市地下空间在抗震时可以作为：① 灾时日用品、设备以及食品的存储空间；② 人口疏散与救援物资的交通空间；③ 人员临时的掩蔽所；④临时急救站；⑤地下指挥中心；⑥地下信息中心。

（4）在城市地面交通发展受限时，发展地下交通是一种必然的选择。北京建设地铁、地下快速路和地下物流系统战时有利于提供应急保障，平时可以缓解北京交通拥堵，并可以解决由此带来的环境污染、用地紧张、历史文物古迹保护等一系列城市问题。

（5）从防空防灾角度考虑，将危险品源尽量地下化和在危险品源附近建设地下救援设施等措施，利于战时伪装、救援和坚持生产，并增强战争潜力。平时可以利用覆盖层的保护，避免其他意外事故（如撞击、雷电）的干扰，使其即使发生事故，蔓延或扩散的机会也很小。

（6）利用地下管线综合管沟整合生命线工程在战时可以有效地抵御冲击波带来的地面超压和土壤压缩波，并且对有侵彻作用的航弹，可以起到一定的遮蔽作用。平时可以减小由于对地下多种生命线情况不明而造成的灾害，并便于在平时和灾时的维护与检修。由于地下结构天然具有抗震、防洪、防风等作用，地下管线综合管沟在灾害发生时可有效减轻灾害对城市管线的破坏，大大提高了城市管线的防灾能力。

本章注释

[1]金磊. 北京奥运建设规划战略的安全减灾思考[J]. 建筑学报，2002(6)

[2]刘莉. 城市急需一件综合"防灾服"[N]. 科技日报，2004-12-17

[3]国务院发展研究中心，国际技术经济研究所. 我国灾害应急体系建设研究. 2009

[4]欧阳丽，戴慎志，包存宽等. 气候变化背景下城市综合防灾规划自适应研究[J]. 灾害学，2010(S1)

[5]建设部. 城市建筑综合防灾技术政策纲要. 1997

[6]中国城市规划设计研究院，北京大学，清华大学等. 通州新城规划(2005—2020). 2006

[7]陈浩峰. 城市火灾与消防规划[J]. 山东城市规划，1998(2)

[8]赫伯特·西蒙；武夷山译. 人工科学[M]. 北京：商务印书馆，1987

[9]张二勋. 可持续发展时代的环境观[J]. 城市问题，2004(1)

[10]郭少侠. 浅谈城市地下空间火灾预防与管理[J]. 企业技术开

13 城市地下空间综合防灾

发，2009(8)

[11] 廖祖伟，刘情杰，田志敏. 钢板—泡沫材料复合夹层板抗爆性能试验研究[J]. 地下空间与工程学报，2005(3)

[12] 建设部，国家质量监督检验检疫总局. 建筑设计防火规范（GB50016—2006）. 2006

[13] 贺少辉. 地下工程[M]. 北京：北京交通大学出版社，清华大学出版社，2008

[14] 王茹. 土木工程防灾减灾学[M]. 北京：中国建材工业出版社，2008

[15] 郭徽. 城市建设中地下空间开发的地位与作用[J]. 南北桥，2009(9)

[16] 吴敦豪. 城市地下空间开发利用与规范化管理实用手册[M]. 长春：银声音像出版社，2005

[17] 刘晶波，李彬，刘祥庆. 地下结构抗震设计中的静力弹塑性分析方法[J]. 土木工程学报，2007(7)

[18] 李彬. 地铁地下结构抗震理论分析与应用研究：[博士学位论文]. 北京：清华大学，2005

[19] 北京市商业委员会，北京市发展计划委员会. 北京商业物流发展规划（2002—2010）. 2002

[20] 张松. 日本阪神·淡路震灾复兴规划的特征及启示[J]. 城市规划学刊，2008(4)

全书参考文献

（按出版或发表时间为序）

一、专著、公开出版物

1 赫伯特·西蒙；武夷山译. 人工科学［M］. 北京：商务印书馆，1987

2 关宝树，钟新樵. 地下空间利用［M］. 成都：西南交通大学出版社，1989

3 张有恒. 大众运输系统之设计及运营管理［M］. 台北：黎明文化事业公司，1990

4 顾朝林. 中国城镇体系：历史·现状·展望. 北京：商务印书馆，1992

5 John Carmody, Raymond Sterling. Underground Space Design［M］. New York: Van Nostrand Reinhold, 1993

6 童林旭. 地下建筑学［M］. 济南：山东科学技术出版社，1994

7 童林旭. 地下汽车库建筑设计［M］. 北京：中国建筑工业出版社，1996

8 陈立道，朱雪岩. 城市地下空间规划理论与实践［M］. 上海：同济大学出版社，1997

9 施仲衡. 地下铁道设计与施工［M］. 西安：陕西科学技术出版社，1997

10 齐康. 城市环境规划设计与方法［M］. 北京：中国建筑工业出版社，1997

11 沈清基. 城市生态与城市环境［M］. 上海：同济大学出版社，1998

12 王景慧等. 历史文化名城保护理论与规划［M］. 上海：同济大学出版社，1999

13 吴良镛. 世纪之交的凝思：建筑学的未来［M］. 北京：清华大学出版社，1999

14 王文卿. 城市地下空间规划与设计［M］. 南京：东南大学出版社，2000

15 李德华. 城市规划原理. 第3版［M］. 北京：中国建筑工业出版社，2001

16 耿永常，赵晓红. 城市地下空间建筑［M］. 哈尔滨：哈尔滨工业大学出版社，2001

17 苏宏阳，郦锁林等. 基础工程施工手册［M］. 北京：中国计划出版社，2001

18 中国工程院课题组. 中国城市地下空间开发利用研究［M］. 北京：中国建筑工业出版社，2001

19 肖锦. 城市污水处理及回用技术［M］. 北京：化学工业出版社，2002

20 王文卿. 城市汽车停车场(库)设计手册［M］. 北京：中国建筑工业出版社，2002

21 李其荣. 城市规划与历史文化保护［M］. 南京：东南大学出版社，2003

22 陈志龙，王玉北. 城市地下空间规划［M］. 南京：东南大学出版社，2005

23 吉迪恩．S．格兰尼，尾岛俊雄；许方，于海漪译. 城市地下空间设计［M］. 北京：中国建筑工业出版社，2005

24 童林旭. 地下空间与城市现代化发展［M］. 北京：中国建筑工业出版社，2005

25 吴敦豪. 城市地下空间开发利用与规范化管理实用手册［M］. 长春：银声音像出版社，2005

26 陈刚，李长栓，朱嘉广. 北京地下空间规划［M］. 北京：清华大学出版社，2006

27 尚春明，翟宝辉. 城市综合防灾理论与实践［M］. 北京：中国建筑工业出版社，2006

28 钱七虎，陈志龙. 地下空间科学开发与利用［M］. 南京：江苏科学技术出版社，2007

29 朱建明，王树理，张忠苗. 地下空间设计与实践［M］. 北京：中国建材工业出版社，2007

30 王茹. 土木工程防灾减灾学［M］. 北京：中国建材工业出版社，

2008

31 贺少辉. 地下工程［M］. 北京：北京交通大学出版社，清华大学出版社，2008

32 潘家华，牛凤瑞，魏后凯. 中国城市发展报告（NO.2）. 北京：社会科学文献出版社，2009

33 刘皆谊. 城市立体化视角——地下街设计及其理论［M］. 南京：东南大学出版社，2009

34 牛凤瑞，潘家华，刘治彦. 中国城市发展30年（1978—2008）. 北京：中国社会科学文献出版社，2009

35 武进. 中国城市形态：结构、特征及演变［M］. 南京：江苏科学技术出版社，2009

36 亚历山大·格申克龙；张凤林译. 经济落后的历史透视. 北京：商务印书馆，2009

37 李德强. 综合管沟设计与施工［M］. 北京：中国建筑工业出版社，2009

38 刘贵利. 城市规划决策学［M］. 南京：东南大学出版社，2010

二、专题研究报告

1 李仲奎. 地下结构工程课程. 清华大学水利水电工程系，2003.2

2 北京市规划委员会. 北京城市空间发展战略研究. 2003

3 姜玉松. 城市地下空间开发与利用的几个问题［A］// 全国城市地下空间学术交流会论文集［C］. 2004

4 Liu, H. Feasibility of Underground Pneumatic Freight Transport in New York City, Columbia Missouri［R］. 2004

5 中国城市规划设计研究院深圳分院. 深圳城市发展战略咨询报告. 2005

6 赵景伟，周同，吕京庆. 城市地下空间开发研究［A］//2005年度山东建筑学会优秀论文集［C］. 2005

7 Montgomery B., S. Faifax, et al. Urban Maglev Freight Container Movement at the Ports of Les Angeles/Long Beach. Proceedings National Urban Freight Conference 2006［A］. Metrans，Los Angeles

8 李春，束昱. 城市地下空间竖向规划的理论与方法研究［A］// 中国土木工程学会第十二届年会暨隧道及地下工程分会第十四届年会论文集[C]．2006

9 武汉市城市规划设计研究院．武汉市主城区地下空间综合利用专项规划研究．2006

10 解放军理工大学地下空间研究中心．武汉市主城区地下空间开发利用需求量预测研究．2007

11 刘皆谊．城市地下空间与城市整体空间的和谐发展探讨——运用城市设计促使地下街与城市环境一体化平衡发展．中国建筑学会2007年学术年会，2007

12 解放军理工大学地下空间研究中心．深圳地铁沿线用地地下空间需求与价值研究．2007

13 稻垣光宏，龟谷义浩，知花弘吉．大阪梅田地下街のサインに関する研究．日本建筑学会近畿支部研究报告集，平成20年（2008）

14 国务院发展研究中心，国际技术经济研究所．我国灾害应急体系建设研究．2009

15 唐山凤凰新城开发建设投资有限责任公司．唐山市凤凰新城市政综合管沟项目可行性研究报告．2009

16 王富昌．鼓励企业建立产业联盟和研发平台．2010中国汽车产业发展国际论坛，2010

三、学位论文

1 杨旭．广州市中心区地铁物业建筑空间秩序组织初探：[硕士学位论文]．广州：华南理工大学，1996

2 曹继林．轨道交通与地区发展：[硕士学位论文]．上海：同济大学，1997

3 俞泳．城市地下公共空间研究：[博士学位论文]．上海：同济大学，1998

4 刘兰辉．大城市商业区停车行为研究：[硕士学位论文]．北京：北京工业大学，2002

5 黄睿．我国城市中心商业区停车问题现状及发展对策研究：[硕士学位论文]．西安：西安建筑科技大学，2003

6 李葱葱．城市地下空间利用规划初探——以重庆城市为例：[硕士学位论文]．重庆：重庆大学，2003

7 宗仁．中国土地利用规划体系结构研究：[博士学位论文]．南京：

南京农业大学，2004

 8 李彬. 地铁地下结构抗震理论分析与应用研究：[博士学位论文]. 北京：清华大学，2005

 9 王敏. 城市发展对地下空间的需求研究：[硕士学位论文]. 上海：同济大学，2006

 10 朱琳俪. 试析上海城市地下空间治理与城市安全：[硕士学位论文]. 上海：复旦大学，2007

 11 龚华栋. 城市地下空间资源评估及对策研究：[博士学位论文]. 南京：解放军理工大学，2007

 12 李春. 城市地下空间分层开发模式研究：[硕士学位论文]. 上海：同济大学，2007

 13 胡雄. 武汉 CBD 综合管沟项目风险管理研究：[硕士学位论文]. 武汉：华中科技大学，2007

四、期刊报刊

 1 叶耀先. 城市更新的理论与方法[J]. 建筑学报，1986(10)

 2 Jaakko Y, Spatial planning in subsurface architecture [J]. Tunneling and Underground Space Technology, 1989, 4(1)：5-9

 3 王时. 探索、创新、从实际出发——上海铁路新客站评析[J]. 建筑学报，1990(6)

 4 Boivin D J. Underground space use and planning in the Quebec city area [J]. Tunneling and Underground Space Technolonge, 1990, 5(1-2): 69-83

 5 童林旭. 地下空间的城市功能及其开发价值 [J]. 地下空间，1991(4)

 6 孔令龙. 欧美购物中心的内向组织结构原理研析[J]. 建筑学报，1991(5)

 7 唐建国. 无锡市区浅层地基工程地质条件及其评价 [J]. 铁道师院学报(自然科学版)，1994(1)

 8 蔡锦林，王宁，蔚承建等. 高等学校教育投资经济效益评价数学模型[J]. 南京建筑工程学院学报，1994(4)：73-79

 9 周翙民，孙章. 上海与东京的城市客运交通比较研究 [J]. 上海铁道大学学报，1994(4)

10 黄玉田，张钦喜. 北京市中心区地下空间资源评估探讨[J]. 北京工业大学学报，1995(2)

11 《城市规划》记者组. 中国城市轨道交通：步履艰难的行程[J]. 城市规划，1995(1)

12 陈雪明. 城市交通的联合开发策略——试论美国经验在中国的应用 [J]. 城市规划，1995(4)

13 于泽. 商业区中行人的活动流线[J]. 国外城市规划，1996(2)

14 张俊芳. 北美大城市中心区停车设施的发展与规划[J]. 国外城市规划，1996(2)

15 周健，蔡宏英. 我国城市地下空间可持续发展初探[J]. 地下空间，1996(3)

16 栗德祥，邓雪娴. 巴黎拉·德方斯区的发展历程 [J]. 北京规划建设，1997(2)

17 庄严等. 重写老街史，今日换新颜——记哈尔滨中央大街完全步行街建设[J]. 建筑学报，1997(12)

18 钱七虎. 城市可持续发展与地下空间开发利用 [J]. 地下空间，1998(2)

19 陈勇. 城市的可持续发展[J]. 重庆建筑大学学报，1998(2)

20 王文卿. 城市问题与城市地下空间的开发利用 [J]. 地下空间，1998(2)

21 童林旭. 城市的集约化发展与地下空间的开发利用[J]. 地下空间，1998(2)

22 陈浩峰. 城市火灾与消防规划[J]. 山东城市规划，1998(2)

23 田莉等. 城市快速轨道交通建设和房地产联合开发的机制研究[J]. 城市规划汇刊，1998(2)

24 Rönkä, K. , Ritola, J. & Rauhala, K. Underground Space in Land-use Planning, Tunneling and Underground Space. Technology, 1998, 13 (1): 39-49

25 张春华，罗国煜. 南京市地基的使用能力及其分区图的研究[J]. 水文地质工程地质，1999(1)

26 陈伟，胡江淳. 住宅小区地下停车库的设计 [J]. 地下空间，1999(3)

27 钱七虎. 岩土工程的第四次浪潮[J]. 地下空间，1999(4)

28 童林旭. 为21世纪的城市发展准备足够的地下空间资源[J]. 地下空间, 2000(1)

29 王保勇, 束昱. 探索性及验证性因素分析在地下空间环境研究中的应用[J]. 地下空间, 2000(1): 14-22

30 唐奕. 论文化广场设计[J]. 中外建筑, 2000(2)

31 祁红卫, 陈立道. 城市居住区地下空间开发利用探讨[J]. 地下空间, 2000(2)

32 王之泰. 电子商务与物流配送——探讨新经济与现代物流的关系[J]. 商场现代化, 2000(12)

33 Monnikhof, R. A. H. 荷兰利用地下空间前途的可行性研究[J]. 地下空间, 2000(3)

34 蒋群峰. 浅谈城市市政共同沟[J]. 有色冶金设计与研究, 2001(3)

35 薛禹群. 地下水资源与江苏地面沉降研究[J]. 江苏地质, 2001(4)

36 郭东军, 陈志龙等. 城市人防工程规划中的线性规划模型研究[J]. 解放军理工大学学报(自然科学版), 2001(5)

37 徐巨洲. 城市规划与城市经济发展[J]. 城市规划, 2001(8)

38 高文华, 杨林德. 模糊综合评判法在综采地质条件评价中的应用[J]. 系统工程理论与实践, 2001(12): 117-123

39 叶霞飞, 蔡蔚. 城市轨道交通开发利益还原方法的基础研究[J]. 铁道学报, 2002(1)

40 黄鹄, 陈卓如. 深圳大梅沙—盐田坳共同沟简介[J]. 市政技术, 2002(4)

41 吴靖, 李兵. 关注综合管沟的消防问题[J]. 山东消防, 2002(6)

42 金磊. 北京奥运建设规划战略的安全减灾思考[J]. 建筑学报, 2002(6)

43 张耀平, 王大庆. 城市地下管道物流发展前景及研究内容初探[J]. 技术经济, 2002(7)

44 石晓冬. 潜在而丰富的城市空间资源——北京城市地下空间的开发利用[J]. 北京规划建设, 2003(2)

45 陈志龙, 姜伟. 地下交通与城市绿地复合开发模式探讨[J]. 地

下空间，2003(2)

46 马保松，汤凤林，曾聪. 发展城市地下管道快捷物流系统的初步构想[J]. 地下空间，2004(1)

47 John Zacharias. 地下人行道路网络的规划与设计[J]. 北京规划建设，2004(1)

48 张二勋. 可持续发展时代的环境观[J]. 城市问题，2004(1)

49 钱七虎. 建设特大城市地下快速路和地下物流系统——解决中国特大城市交通问题的新思路[J]. 科技导报，2004(4)

50 孟东军，刘瑞娟. 综合管沟在市政管线规划中的应用[J]. 市政技术，2004(5)

51 马祖军. 城市地下物流系统及其设计[J]. 物流技术，2004(10)

52 陈志龙，伏海燕. 城市地下空间布局与形态探讨[J]. 地下空间与工程学报，2005(1)

53 朱合华，吴江斌. 管线三维可视化建模[J]. 地下空间与工程学报，2005(1)

54 张敏，杨超，杨珺. 发达国家地下物流系统的比较与借鉴[J]. 物流技术，2005(3)

55 廖祖伟，刘情杰，田志敏. 钢板—泡沫材料复合夹层板抗爆性能试验研究[J]. 地下空间与工程学报，2005(3)

56 梁浩栋，白光润，蒋海兵. 城市土地利用思想与物流园区布局规划研究[J]. 安徽商贸职业技术学院学报(社会科学版)，2005(4)

57 李彦鹏，黎湘，庄钊文等. 应用多级模糊综合评判的目标识别效果评估[J]. 信号处理，2005(5): 528-532

58 张荣忠. 全球性港口拥堵现象透析[J]. 港口与航运，2005(5)

59 蔡爱民，查良松，刘东良等. GIS数据质量的模糊综合评判分析. 地球信息科学，2005(2): 50-53

60 杨振茂. 郑州市地下空间开发利用的岩土工程安全问题[J]. 中国安全科学学报，2006(2)

61 秦云. 城市地下空间开发的现状与展望[J]. 上海建设科技，2006(3)

62 张平，陈志龙. 历史文化保护与地下空间开发利用[J]. 地下空间与工程学报，2006(3)

63 王璇，陈寿标. 对综合管沟规划设计中若干问题的思考[J]. 地

下空间与工程学报，2006(4)

64 何世茂. 浅议地下空间开发利用规划主要框架及内容——基于南京城市地下空间开发利用总体规划的认识[J]. 地下空间与工程学报，2006.7(Z)

65 郭东军. 港口城市发展地下集装箱运输系统动因初探[J]. 地下空间与工程学报，2006(7)

66 王璇，陈寿标. 对综合管沟设计中若干问题的思考[J]. 地下空间与工程学报，2006(8)

67 杨勇. 对管线综合规划设计常见问题的探讨[J]. 建设科技，2006(11)

68 单霁翔. 城市化进程中的文化遗产保护[J]. 中州建设，2006(11)

69 钱七虎，陈晓强. 国内外地下综合管线廊道发展的现状、问题及对策[J]. 地下空间与工程学报，2007(2)

70 苏云龙. 综合管廊在中关村西区市政工程中的应用和展望[J]. 道路交通与安全，2007(2)

71 房岭峰，陈承，李钧. 500 kV地下变电站深入市中心综述[J]. 上海电力，2007(5)

72 崔阳，李鹏，王璇. 地下综合体公共空间一体化设计[J]. 地下空间与工程学报，2007(5)

73 范文莉. 当代城市地下空间发展趋势[J]. 国际城市规划，2007(6)

74 刘晶波，李彬，刘祥庆. 地下结构抗震设计中的静力弹塑性分析方法[J]. 土木工程学报，2007(7)

75 陈志龙，王玉北，刘宏等. 城市地下空间需求量预测研究[J]. 规划师，2007(10)

76 邓慧秀，杨建，罗映光. 历史文化保护在我国城市规划建设中面临的危机与出路[J]. 科学与管理，2008(1)

77 张松. 日本阪神·淡路震灾复兴规划的特征及启示[J]. 城市规划学刊，2008(4)

78 王咏梅. 第三方物流在新疆的发展现状及对策[J]. 当代经济，2008(22)

79 沈利杰. 关于市政管线和管沟的综合规划设计探讨[J]. 科技信

息，2008（16）

80 殷永生，苗海燕. 第三方物流顾客满意度影响因素分析[J]. 当代经济，2008（12）

81 顾晨. 仓储物流业的作用和地位[J]. 知识与创新，2009（1）

82 刘景矿，庞永师，易弘蕾. 城市地下空间开发利用研究——以广州市为例[J]. 建筑科学，2009（4）：72-75

83 郭少侠. 浅谈城市地下空间火灾预防与管理[J]. 企业技术开发，2009（8）

84 郭徽. 城市建设中地下空间开发的地位与作用[J]. 南北桥，2009（9）

85 张国建. 促进城市地下管线设计建设有序发展的思考[J]. 中国建筑金属结构，2009（6）

86 薛敏蓉，郭林，孙元慧. 青岛市重庆路市政管线综合管沟规划设计[J]. 给水排水，2009（9）

87 吕明合. 城市共同管沟：一条挑战体制的地下管道[J]. 中州建设，2010（9）

88 欧阳丽，戴慎志，包存宽等. 气候变化背景下城市综合防灾规划自适应研究[J]. 灾害学，2010（S1）

89 刘巽浩，高旺盛. 21世纪中国农业如何持续发展[N]. 科技日报，2000-12-24

90 王健宁. 综合协调、经营运作、技术标准——城市地下管线共同沟建设亟待解决的问题[N]. 中国建设报，2003-05-09

91 刘莉. 城市急需一件综合"防灾服"[N]. 科技日报，2004-12-17

92 牧歌. 没有运输效率哪有城市效率——香港公交优先的经济学[N]. 中国经济导报，2007-01-09

93 郑欣淼. 故宫的价值与地位[N]. 光明日报，2008-04-24

94 张小玲，王莹等. 深圳墓地价格直逼豪宅 上涨速度与房价相当[N]. 南方都市报，2010-04-05

五、法律、法规、标准、规范

1 国际现代建筑协会. 雅典宪章. 1933

2 建设部. 城市工程管线综合规划规范（GB 50289—1998）.

3 建设部. 建设部关于修改城市地下空间开发利用管理规定的决

定. 2001

4 建设部. 建筑地基基础设计规范(GB 50007—2002). 2002

5 深圳市规划委员会. 深圳市城市规划标准与准则. 2004

6 国家发展和改革委员会. 35 kV~220 kV 城市地下变电站设计规定（DL/T 5216—2005）.

7 北京市园林局. 北京地区地下设施覆土绿化指导书. 2006

8 建设部，国家质量监督检验检疫总局. 建筑设计防火规范(GB 50016—2006). 2006

9 全国人民代表大会常务委员会. 中华人民共和国城乡规划法. 2007

10 重庆市规划局. 重庆市城乡规划地下空间利用规划导则（试行）. 2007

11 上海市标准化研究院，上海城市发展信息研究中心等.《城市地下空间设施分类与代码》征求意见稿. 2010

12 上海市绿化和市容管理局，上海市规划和国土资源管理局. 上海市新建公园绿地地下空间开发相关控制指标规定. 2010

六、城市规划

1 建设部. 城市建筑综合防灾技术政策纲要. 1997

2 南京市城市规划设计研究院. 南京市城市总体规划调整(2001)

3 北京市商业委员会，北京市发展计划委员会. 北京商业物流发展规划(2002—2010). 2002

4 北京交通委员会，北京工业大学. 北京公路总枢纽总体布局规划[R]. 2003

5 南京市城市规划设计研究院. 南京市地下交通控制性详细规划. 2003

6 无锡市人民政府. 无锡市城市总体规划(2001—2020). 2004

7 南京市城市规划设计研究院. 南京主城区城市地下空间开发利用规划. 2004

8 清华大学地下空间研究中心，解放军理工大学地下空间研究中心，青岛市城市规划设计研究院. 青岛市城市地下空间开发利用规划. 2004

9 常州市城市规划研究院. 常州市主城区地下空间开发利用规划. 2005

10 无锡市规划设计研究院．无锡市中心城区控制性详细规划（2005—2020）．2006

11 无锡市规划局，无锡新区管委会．无锡新区总体发展规划（2005—2020）．2006

12 北京市规划委员会，北京市人民防空办公室，北京市城市规划设计研究院．北京中心城中心地区地下空间开发利用规划[M]．北京清华大学出版社，2006

13 中国城市规划设计研究院，北京大学，清华大学等．通州新城规划（2005—2020）．2006

14 中国城市规划设计研究院．苏州市城市总体规划纲要(2004—2020)．2007

15 解放军理工大学地下空间研究中心，无锡市城市规划设计研究院．无锡市主城区城市地下空间开发利用规划(2006—2020)．2007

16 厦门市规划设计研究院，清华大学，同济大学．厦门地下空间开发利用规划．2007

17 解放军理工大学地下空间研究中心．无锡市城市规划设计研究院．无锡市主城区城市地下空间开发利用规划．2007

18 解放军理工大学地下空间研究中心，扬州市城市规划设计研究院有限公司．扬州市主城区城市地下空间开发利用规划(2008—2020)．2008

19 解放军理工大学地下空间研究中心．淄博中心城区地下空间开发利用规划．2008

20 解放军理工大学地下空间研究中心．珠海城市地下空间开发利用规划(2008—2020)．2008

21 解放军理工大学地下空间研究中心，郑州市规划勘探设计研究院，郑州市人防工程设计研究院．郑州市中心城区地下空间开发利用规划(2008—2020)．2009

22 解放军理工大学地下空间研究中心．莱芜市城市地下空间开发利用规划．2009

23 解放军理工大学地下空间研究中心．杭州临平新城核心区地下空间规划及城市设计．2010

24 解放军理工大学地下空间研究中心．嘉兴市老城区地下空间控制性详细规划．2010

七、年鉴、公报

1 上海市地铁工程建设指挥部，上海市地铁总公司编．上海地铁年鉴［M］．上海：上海科学技术出版社，1995

2 武汉市统计局．2002—2007年武汉统计年鉴．武汉统计信息网 http://www.whtj.gov.cn

3 北京市统计局．北京统计年鉴2007．北京统计信息网．http://www.bjstats.gov.cn

4 上海市统计局．上海统计年鉴2007．上海统计信息网．http://www.stats-sh.gov.cn

5 广州市统计局．广州统计年鉴2007．广州统计信息网．http://www.gzstats.gov.cn

6 郑州市统计局．郑州统计年鉴2007．北京：中国统计出版社，2007

7 中华人民共和国国土资源部．2008年中国国土资源公报，2009

八、网络资源

1 深圳市统计局办公室．深圳市正式实施"效益深圳"统计指标体系．深圳统计信息网

2 武汉国土资源和规划局．数字武汉—国土资源和规划网

3 伦敦地铁线网图：http://mappery.com/

4 上海地铁线网图：http://www.chinaodysseytours.com

5 维基百科：http://zh.wikipedia.org/zh-cn

6 en.wikipedia.org/wiki/Empire_State_Plaza; www.empirestateplaza.net/

7 川崎アゼリア株式会社：http://www.azalea.co.jp

8 Yurikousa blog: http://www.1go2go.or.tv

9 高松伸建筑设计事务所：http://www.takamatsu.co.jp

10 维基百科：http://en.wikipedia.org/wiki/Metro